알기쉬운
무기체계

남기봉 · 김용현 · 김성우

도서출판 진영사

알기 쉬운 무기체계

남기봉 · 김용현 · 김성우

2008년 3월 5일 초판1쇄발행
2009년 2월 25일 초판2쇄발행
2017년 8월 18일 개정판 인쇄
2017년 8월 22일 개정판 발행

발행인 ‖ 박진영
발행처 ‖ 도서출판 진영사
인천광역시 부평구 갈산동 185번지 풍진빌딩 303호
tel. 032-505-4207
fax. 032-505-4206
e-mail. 0183734207@hanmail.net

ISBN 978-89-6541-328-8 93390

책값은 뒤표지에 있습니다.

Preface 머리말

현대전에서는 군사 과학기술의 발달로 무기체계가 정밀화·복합화되어가고 있으며, 이와 같은 무기체계를 효과적으로 운용하기 위해서는 간부의 기술적인 마인드와 장비의 기본적인 동작원리를 이해하는 것이 중요하다.

따라서 과학화·정보화된 기술군 육성을 위해 간부의 무기체계 기본 지식 및 기술을 함양할 수 있도록 「알기 쉬운 무기체계」를 발간하게 되었다.

이 책의 구성은 먼저 무기체계의 정의와 특성을 비롯하여 무기체계별 각국의 개발 현황 및 발전 추세를 알아보고 마지막으로 보병무기로부터 해·공군 무기에 이르기까지 무기 체계 원리와 제원·특성 등의 순서로 되어있다.

본 내용이 간부의 무기체계에 대한 지식을 넓히고 무기체계에 대한 관심과 연구 동기를 부여하는 계기가 되기를 바라며 장차 한국군의 무기가 세계에서 가장 우수한 무기가 되는 데 일조하는 기회가 되었으면 한다.

끝으로 전 장병들이 본 책자를 탐독하여 「강한 대한민국 국군」 육성에 도움이 될 수 있기를 바라며, 이 책의 발전을 위하여 여러분들의 많은 지도와 고견을 바란다.

양지골에서

Contents

차례

제1장 총론

제2장 무기체계별 개발현황 및 발전추세

제3장 무기체계 원리 및 제원 · 특성

제1장

총 론

WEAPON SYSTEM

제1절 무기체계 정의

1. 협의 · 광의의 구분

협 의	무기 자체
광 의	무기 + 관련된 물적·인적 요소의 종합체계

2. 사전 · 문헌상의 정의

구분	정의
군사학 대사전	·군수 지원적 용어 무기체계는 폭격기, 미사일과 같은 하나의 전투용 기구와 이 기구를 표적이나 표적상공에 운반하는데 동원되는 모든 부수적 장비, 지원 시설 및 근무 등을 포함하는 하나의 총체적 체계 ·무기 분석적 용어 무기체계는 기능을 가진 구성요소가 복잡하게 결합되어 있는 하나의 전투용 기구
합동무기체계 교범	·무기체계란 '전투수단을 형성하는 장비와 그의 조작 및 운용기술을 망라한 복합체'라고 규정
미군 교범	·무기체계란 '장비와 숙련기술로 이루어진 완전한 전투도구로써, 무기자체 뿐만 아니라 무기를 보관, 운용 및 유지하는데 소요되는 제반 시설, 보조지원 장비, 보급물자, 서비스, 그리고 일정수준의 기준을 가지고 이들을 운용 조작하는 인적자원 등을 총 망라한 것'이라고 정의

종 합

무기체계란 무기와 이와 관련된 물적·인적 요소의 종합 체계로서, 물자·시설·인원·보급 및 전술·전략·훈련 등을 총 망라한 총체적 체계라고 할 수 있다.

제2절 무기체계 특성

재래식 무기로 전투를 했던 과거의 전쟁양상과는 달리 제2차 세계대전이 원폭으로 종결되고 아프칸전, 걸프전 및 이라크전 등에서의 최신 전차와 정밀유도무기의 위력은 우리들에게 현대무기체계가 고도의 과학기술 무기체계임을 암시해 주고 있다. 따라서 현대 무기체계는 질 우선주의로 과학무기가 경쟁적으로 개발되어 현대무기는 체계란 접미어를 꼭 붙여야 설명이 될 정도로 기술적으로 복잡 다양한 전투도구가 되고 있다. 더구나 이러한 무기체계가 사용될 전쟁의 형태 및 상황은 더욱더 복잡하고, 불확실하게 변화되어 기계로서의 무기, 이를 조작 및 운용하는 병사, 그리고 전장이란 작전환경이 급변하는 관계에서 무기체계를 효과적으로 구상, 선정하고 범국가적인 여건 하에서 비용을 절감하면서 획득효과를 제고시킬 수 있도록 관리하기가 어렵게 되어 가고 있다. 현대무기 체계의 일반적이며 공통적인 특성을 열거하면 다음과 같다.

① 다양성
② 복잡성
③ 고가성
④ 가속적 진부화
⑤ 개발기간 장기화 및 개발 실패의 위험성
⑥ 비밀성
⑦ 수요의 제한성
⑧ 파급 효과 심대

1. 무기체계의 다양성

과거에는 무기가 무기 자체의 고유한 특성임무 하나만을 수행할 수 있도록 연구, 개발되어 주어진 군사목표를 어떤 무기를 사용하여 그 목적을 달성할 것인가를 깊게 고려할 필요가 많지 않았다. 그러나 최근 급속하게 발달해 온 현대 과학기술이 군사목표에 적극적으로 응용되자, 한 무기체계의 기능과 역할이 다양화(diversification)되고, 또한 특정 군사적 임무를 수행할 수 있는 대체 무기체계 또는 이들의 조합의 수가 현저히 증가되었다.

예를 들면 과거에는 적 전선의 후방에 위치한 군사목표를 파괴하는 임무는 폭격기에만 할당될 수밖에 없었던 것이 오늘날에는 폭격기 외에도 지대지미사일, 함대지미사일 등의 중장거리 미사일이나 헬리콥터에 의한 공중기동, 상륙작전 등의 방법으로 수행할 수 있게 되었다.

2. 무기체계의 복잡성

과학기술의 발전은 무기체계의 성능과 형태에 일대 혁신을 초래하여 무기의 사거리, 정확도, 파괴력 등의 발전적 추세와 이에 대한 대응 무기체계와의 경쟁적 발전관계는 계속 추가적인 장치를 부가시킴으로써 무기체계를 확장시키고 복잡성을 한층 더 야기시키고 있다. 이들 무기체계의 복잡성은 특히 항공기, 미사일, 핵무기, 우주항공, 전자통신 및 전장감시 수단등의 분야에서 획기적인 발전을 하여 왔다.

최근 전자기술의 비약적인 발전은 무기체계의 복잡성을 더욱더 촉진시키고 있다. 전자기술은 정찰, 조기경보장치, 지휘통제장치에 응용되는 것은 물론, 표적을 획득 및 식별하고, 화력을 배분하고, 표적에 유도하는데 이용되고 있으며, 또한 최신 항법장치로 정밀도를 향상시키고 있다. 그 예로서 C-141 수송기는 약 25만 개의 부품으로 구성되어 있고, 기술도면만 하여도 약 2만 가지 이상이나 되는 복잡다양한 구조를 가지고 있다. 일반적으로 현대무기체계는 공군 및 해군 무기체계와 같이 한 무기체계가 수행 할 수 있는 임무를 확대, 팽창시키려는 방향과 재래식 육군무기체계와 같이 임무를 축소, 단순화시키는 방향의 2가지 흐름을 가지고 있다고 볼 수 있다. 그러나 육군무기체계도

전차와 같은 것은 개량 사격통제장치나 자동 송탄 및 장전장치와 같은 고도의 과학장치를 구비하고 있기 때문에 결코 단순하지는 않다.

무기체계의 기술적인 복잡성을 경제학적 용어를 빌려 자본집약형과 노동집약형으로 표현하기도 한다. 자본집약형 무기체계는 병사 1인당 무장도가 높은 복잡한 고가무기이며, 노동집약형 무기체계는 병사 1인당 무장도가 낮은 단순무기로서 무기운용에 많은 병력을 요구한다.

일반적으로 현대무기체계가 점차 자본집약형으로 발전되어 감에 따라 군사계획자들에게 다음과 같은 문제가 제기되고 있다.

① 정비의 곤란성과 정비요원의 전문화

② 운용요원의 교육 및 훈련

③ 무기체계의 전술적 운용에 있어서 제병과 협조

④ 전후방 병력구조의 재편성

상기와 같은 문제는 필연적으로 무기체계를 최초 구상할 때부터 정비, 조작 및 훈련이 용이하도록 설계되어야 한다는 것을 의미하고 있으며, 또한 기술적 복잡성에 따른 전문화 및 장기복무관리 등 인사관리문제로도 파급된다.

3. 무기체계의 고가성

현대무기체계는 복잡다양하고 질적 수준이 계속 향상되어 가고 있으며, 또한 무기의 질적 향상 추세는 무기체계의 획득비용 및 부수장비, 시설비용, 운용유지비, 조작요원의 훈련비 등을 급격히 증가시키고 있다. 예를 들어 주요 지상무기의 구매단가를 보면 1975년도 155mm 자주곡사포가 15만 달러인데 비해, 2004년도 Stryker 장갑전투차량이 150만 달러가 넘고 있고, 일본의 무인정찰기 개발비용은 20억엔에 달한다고 한다.

따라서 무기체계의 획득관리에 있어서 핵심적인 과제는 비능률적인 낭비를 제거하고 비용을 절감하면서 양질의 무기를 획득하는 것에 있다고 하겠다. 국방관리의 기본은 비용인식이며, 계획예산제도(PPBS: Planning, Programing and

Budgeting System) 개념의 비용절감운동인데, 특히 무기체계의 획득비용이 고액이므로 국방관리의 중점을 무기체계에 두어야 비용절감의 효과가 가장 크게 될 것이다.

한편 군사기술의 혁신에 의한 무기의 진부화 속도가 빨라지고 있으므로, 현재의 노후된 무기를 잡다하게 장비하기 위하여 많은 경비를 사용하는 것보다 고성능의 신무기를 개발할 수 있는 능력을 보유하기 위하여 경비를 사용하는 것이 최우선적으로 고려되지 않으면 안 된다.

4. 무기체계의 가속적 진부화

과학기술 발전속도의 가속화는 무기체계의 평균유효수명을 대복 단축시키고 있으며, 극단적인 경우 어떤 무기체계는 연구, 개발되어 야전에 배치되기까지 수년간의 긴 기간과 많은 비용이 투입되었으나, 신기술의 도입으로 인하여 불과 수개월 만에 도태되거나 개발도중에 포기되는 예가 허다하다. 이것은 적국 또는 잠재적국의 군사과학기술 수준을 파악하지 못한 채 몇 년 후에 실용화할 무기를 연구개발하거나, 현재 개발 중인 무기가 야전에 배치되기도 전에 차기세대의 무기가 구상되어지기 때문이다.

특히 현대전에서는 과거 제2차 세계대전처럼 전쟁이 발발된 이후에 적의 무기와 비교하면서 실전무기를 개선하거나, 신무기를 개발할 시간적 여유가 없다. 그러므로 무기체계의 진부화(obsolescence) 문제는 군사기획자들이 항상 염두에 두고 충분히 검토하며 획득 관리하여야 한다.

5. 무기체계 개발기간의 장기화 및 개발실패의 위험성

무기체계를 선진국으로부터 직접 구입한다면 그 무기체계의 군사적 소요제기에서부터 획득에 이르기까지 경과된 기간, 즉 획득기간(lead time)이 짧지만, 자체생산을 할 경우에는 연구-개발-시제생산-평가-생산-배치 및 운용하는데 긴

기간이 소요된다. 일반적으로 표준개발기간은 일반무기는 2~3년이 소요되는데 비해, 첨단무기는 10년 이상이 소요된다.

그런데 통상 군사적 소요는 시간적으로 제약된 상태에서 긴급하게 제기되므로, 시한충족성이 크게 문제가 되고, 또한 많은 경우 군사소요는 질적 우선주의에 의해 과잉요구를 하게 되고, 장기간에 걸친 연구사업이므로 도중에 규격 및 계획을 자주 변경하기도 하고, 연구개발비용의 증대로 자금조달이 지연되기도 하여 획득기간을 지연시키게 된다. 따라서 군사기획자들은 무기체계의 질(quality), 시간(time), 그리고 비용(cost)간의 상관관계 분석을 하여야 한다. 또한 무기체계의 연구개발은 장기간이 소요되므로 연구개발의 실패 위험성도 높게 된다. 실패한 사업은 결국 막대한 국방자원을 낭비하는 것을 의미하는 것이기 때문에, 연구개발의 실패에 의한 위험부담을 감소시킬 수 있도록 하는 노력이 반드시 필요하다.

6. 무기체계의 비밀성

무기는 적을 제압하는 목적을 달성하기 위하여 적에게 기습적 충격효과를 가할 수 있어야 하며, 그러기 위해서는 무기체계의 구상으로부터 배치에 이르기까지 비밀을 유지하여야 한다. 이 비밀 유지는 적에게 뿐만 아니라 동맹국에게까지도 적용하는 경우가 허다하다. 예를 들어 제2차 세계대전을 종식시킨 원자폭탄은 'Manhattan 계획'이라는 베일에 싸여 일본 히로시마에 투하될 때까지 아무도 몰랐다. 또한 무기체계의 비밀성은 무기의 추가적인 획득 및 획득능력이 군비경쟁을 자극한다는 점에서도 통제되어야 할 것이다.

7. 무기체계 수요의 제한성

무기체계는 국가가 유일한 수요자이다. 이와 같이 수요의 한정은 경제적인 양산체제의 생산규모를 갖출 수 없게 되고 양산체제를 갖추지 못하기 때문에 생산단가가 높아지고 많은 공장기계 시설이 유휴화되어 기업은 채산성을 잃게 된다. 뿐만 아니라 무기소요는 간헐적으로 긴박하게 제기되므로 생산시설의 적정규모의 책정이 어렵게 된다. 이에 부가하여 앞에서 기술한 무기체계의 진부화와 연구개발의 실패 위험성으로 방산기업의 위험부담이 많아지기 때문이다. 따라서 국방당국의 입장에서는 무기체계의 수요 제한으로 인한 방위수익률(defense profit)을 보상해 주는 방안을 고려하여야 한다는 어려움이 있다.

일반적으로 유도탄, 전차, 포, 핵무기, 잠수함 등과 같이 전적으로 군수품인 자본집약형의 무기체계일수록 수요의 제한성이 높고, 민수품과 같이 노동집약형의 무기체계일수록 제한성이 낮다. 노동집약형 무기는 비교적 시장기구에 의한 경쟁제도 하에서 어느 정도는 합리적으로 가격이 결정되지만, 자본집약형 무기는 수요자가 국가로 한정되어 있고, 공급자도 무기체계가 지니고 있는 기술수준의 고도성, 자본규모의 거대성으로 소수 기업에 한정되는 경향이므로 시장가격기구에 의한 무기획득이 사실상 어렵게 된다. 따라서 군사정책의 책임자는 이와 같은 특성을 고려하여 무기체계의 획득방안을 수립하여야 한다.

8. 무기체계의 파급효과심대

무기체계를 연구, 개발, 생산하는 과정에서 소요무기체계를 획득할 뿐만 아니라, 부차적으로 얻는 이익이 많으며, 특히 기술적 · 경제적 파급효과가 크다.

일반적으로 자본집약형의 무기는 복잡다양하고, 비용이 많이 들며, 위험부담률도 높은 반면에, 고급무기일수록 최신기술을 개척할 수 있는 기회를 많이 갖게 되므로 군사과학기술뿐만 아니라 민간산업의 기술향상에도 크게 기여한다. 또한 연구개발 및 생산체계가 거대하여 많은 과학자, 기술자, 노동자를 흡수하게 되어 고용증대의 효과를 거두게 되고, 기업이 만들어 낼 수 있는 부가가치도 크게 된다. 예를 들어 미국의 경우, 세계최대의 방위산업체인 Lockheed Martin은 2004년을 기준으로 13만 명의 종사자가 있었으며, 2003회기연도 기준으로 무기판매고는 319억 달러에 달하였다고 한다.

이와 같이 무기체계의 연구개발로 인한 기술 및 경제적인 파급효과는 무기체계의 획득관리를 단순히 국방차원에서 국가차원의 과제로 발전시키는 주요인이 된다. 예를 들면 군사적 요구만을 충족시키는 수준에서는 무기를 외국에서 직수입하는 것이 보다 효율적일 수도 있으나, 상기한 기술 및 경제적 파급효과를 고려하여 무기체계의 자체개발 및 생산은 새로운 기술분야를 개척하고, 제품의 품질을 향상시키며, 기술혁신에 의한 비용절감 및 수출을 증대시킨다는 견지에서 더욱더 유리할 수도 있다.

제3절 무기체계 기본요소

무기체계 특성의 발전, 진화는 무기체계의 향상을 의미하고 있다. 그러면 왜 무기체계의 질적 수준은 향상되어야 하는가? 무기의 어떤 성능을 왜 발전시키며, 앞으로의 발전 전망은 어떠한가? 이러한 문제는 어려운 문제들이지만 반드시 분석되어야 장차 무기체계를 기획하고 계획, 발전시킬 수 있는 것이다. 무기는 적을 섬멸, 무력화시키지 않으면 자신의 생존이 위협되는 전쟁상황 하에서 전투원이 전투효율을 증대시키기 위하여 사용하는 일종의 기계적 도구이다. 즉 무기는 전투원의 팔, 다리, 두뇌 및 오감기능을 확대하여 발전시킨 것이라고 볼 수 있다. 이와 같이 무기체계는 인간이 자신의 능력한계를 극복하고자 노력한 결과를 획득된 전쟁의 기계적 수단으로서, 무기를 획득하기 위하여 투자된 비용은 국가의 생명보험이 되고 있다.

지휘관들은 자주 '전쟁의 승패는 화력, 기동력 및 지휘통신능력에 달려 있다.'라고 말한다. 이들 3가지는 생존성, 가용성 및 신속성과 더불어 무기체계의 전투능력을 결정하는 주요 효과요소가 되기 때문이다. 중요한 것은 이들 효과요소들이 균형있게 조화되어 기대하는 전투효과를 얻을 수 있도록 노력하여야 된다. 이와 같은 무기체계의 기본요소들을 열거하면 다음과 같다.

1. 화 력

화력(fire power)은 기동성과 함께 전투에서 핵심적인 요소이다. 일반적으로 대 전차전에서 전차 주포의 화력은 전투에서 승리의 주원인이 되며, 주포의 화력은 구경에 비례한다.

화력의 크기는 흑색화약이 도입된 이후 기동성을 무력화시켰으나, 전차와 수륙양용전차가 출현하여 다시 기동성이 제기되었다. 그러나 최근 핵무기의 초대화력은 다시 기동장비를 지하에 고착시키고 있다. 그러나 핵무기의 확산 및 다변화 현상이 정치적·전략적 위협무기로 변질되어 감에 따라 화력과 기동성이 공존하는 시대에 놓여있다. 즉 기동성의 향상으로 부대는 소단위로 분할하여 분산운용하고, 화력은 점차 실용적인 소위력의 전술적인 무기로 발전되어가고 있다.

2. 기동성

기동성(mobility)은 화력과 함께 무기의 가장 기본적인 효과요소이다. 특히 기동성은 병력 집중 및 분산의 기본수단이기 때문에 전투에서 매우 중요하다. 일반적으로 기동성이 없는 군대는 화력이 월등하게 우세하지 않는 한 기동성이 우수한 군대에게 패하기 마련이다. 예를 들면 프랑스가 쌓은 Maginot선은 인류 최대의 값비싼 정치적 차원의 방어 무기였으나, 기동성이 없는 방어무기였다. 따라서 전투초기에는 훌륭한 방어선이었으나, 일단 Verdan 숲이 독일의 기동성 있는 전차군단에게 돌파되자 이 방어선은 무용지물이 되어버렸다. 기동성은 전투에서 병력 절약의 효과를 주며, 동시에 병력 집중과 분산의 수단이 된다. 따라서 집단 살상을 방지하고, 또한 분산되어 있는 병력을 집중하여 적에게 일시에 충격을 줄 수 있는 속도전에도 이 기동성은 필수적인 요소가 되는 것이다.

3. 생존성

무기는 극한적 전쟁상황 하에서 적을 제압하기 위한 것이기 때문에, 적의 제압에 앞서서 자신이 보호되어야 한다. 따라서 모든 무기는 절대성능과 함께 생존성(survivability)을 고려하여 개발되고 운용되어야 한다. 보병의 헬멧과 위장, 기사의 갑옷과 방패, 전차의 장갑, 그리고 항공기의 방어적 전자전(ECCM) 장비 등이 모두 자신을 방호하기 위한 조치이며, 수단이다.

현대무기는 전자기술의 발전으로 대응무기 간에 서로 먼저 탐지하려고 경쟁하고 있다. 일반적으로 공산권의 무기는 무기의 안전도보다도 절대성능을 강조하고 있지만, 미국제무기는 무기성능에 못지않게 생존성을 강조하고 있다. 그러나 생존성을 너무 강조하면 무기에 불필요한 장비나 장치가 많아져서 중량이 증가하고 전투효율이 감소하기 때문에 신중을 기하여야 한다.

4. 지휘 및 통신

현대전은 입체전이다. 해저에서는 잠수함, 해상에서는 전함 및 기동함대, 육상에서는 전차 및 야포로 장비된 기동부대, 공중에서는 헬리콥터, 공중기동부대 및 공수부대가 있는 가운데, 전투기와 폭격기가 비행하고 수륙양용 전투차량이 바다에서 육지로 상륙하는 등 공간적 입체전이다. 이 거대한 장비와 부대의 입체적 전투를 지휘·통솔하는 수단으로서의 지휘 및 통신(command & control)시설은 대단히 중요하다.

현대과학기술의 발달은 무전기, 레이더, 컴퓨터 및 인공위성을 발명하여 군사적 목적에 많이 기여하고 있으며, 특히 조기정보체제의 도입은 전선에서 적의 징후를 사전포착 하는데 많은 도움을 주고 있다. 따라서 앞으로의 현대무기체계는 화력, 기동성 및 통신수단이 조화가 되는 상태에서 발전되도록 구상하여야 할 것이다.

5. 가용성 및 신뢰성

무기체계는 일단 계획되어 완성된 후에 실전단계에서는 개선이 어려우며, 개발단계에서만 개선될 수 있기 때문에 무기개발에 있어 장차의 가용성 및 신뢰성(availability & reliability)을 확보하여야 한다. 무기체계가 화력이 좋고, 기동성이 우수하며, 통신력이 양호하고, 생존성이 높도록 설계되었다 하더라도 주어진 성능을 제대로 발휘하지 못하고 고장빈도가 높다거나, 고장 수리시간이 많이 소요되어 사용할 수 있는 기간이 제약된다면 우수한 무기라고 말할 수 없다. 즉 정비시간이 많이 소요되면 무기의 가용성에 제한을 받으며, 고장빈도가 높으면 임무수행이 실패하게 될 확률이 높게 된다.

무기체계의 신뢰성을 좌우하는 요인들에는 다음과 같은 것들이 있다.

가. 무기체계의 책임

무기체계의 신뢰성은 그 무기체계를 조립하는 책임자들의 책임소재와 권위있는 계약 책임 하에 모든 노력이 얼마나 집중적으로 통합되는가에 달려 있다.

나. 시험과 평가

무기개발단계의 부단한 시험과 평가는 무기체계의 신뢰성을 확보하는 요소이다. 오늘날의 첨단과학기술 발전은 무기의 수명을 극단적으로 단축시키기 때문에 신뢰성이 낮은 무기체계는 곧 폐기되어야 한다.

다. 정비대책

적절한 정비 및 유지 대책은 무기체계의 신뢰성을 좌우하는 요소가 된다. 간편한 정비책과 유지를 위한 예비품, 임무수행을 위한 사전 품질검사와 예방정비는 무기체계의 신뢰성을 증가시킨다.

라. 인 원

무기체계의 신뢰성에 영향을 줄 기술요원을 군에서 확보하고 교육, 훈련시키는 것은 중요하며, 군복무 때 무기체계에 관련되는 기술요원이 전역 후에 어느 정도 같은 무기개발업체에 취업하느냐 하는 것도 신뢰성에 영향을 주는 문제이다.

마. 보도체계

무기체계 발전에 공동목적을 가지고 있는 군과 개발업체가 이용할 수 있는 모든 보도수단을 단일체계 하에 통합조절하는 것도 무기체계의 신뢰성에 큰 영향을 주게 된다.

제4절 무기체계와 전술·전략

무기와 전투는 밀접한 관계가 있다. 어떠한 무기를 선택하느냐에 따라서 어떻게 전투를 수행할 것이냐 하는 것이 결정되고, 또 어떠한 작전을 전개할 것인가에 따라서 어떠한 무기를 사용할 것인가도 결정된다. 어떠한 작전에 있어서는 무기체계의 약간의 변경으로 그 작전을 가장 효과적으로 수행할 수 있는 경우도 있으며, 또한 약간의 작전변경으로 기존무기를 가장 효과적으로 이용할 수도 있는 것이다. 따라서 무기체계에 관한 연구는 필수적으로 전술 및 전략에 관한 연구가 병행되어야 한다.

예를 들어 프랑스는 1346년 Crecy 전투에서 영국보다 2배나 되는 병력 우세에 있었음에도 불구하고 패하였다. 그 원인은 영국의 긴 활(long bow)은 프랑스의 짧은 활(cross bow)보다 사거리나 정확도 면에서 훨씬 우세한데, 프랑스는 병력수의 우세만을 믿고 상대방의 무기특성을 고려한 적절한 전술을 개발하지 않았기 때문이었다. 또 다른 예는 영국의 전차를 들 수 있다. 영국은 전차를 최초로 개발하였으며, 전차를 이용한 전술 및 전략을 처음으로 발전시켰는데도 불구하고 독일전차에게 유린당하였다. 그 이유는 영국은 전차를 방어전용으로 사용하였는데 반해 독일은 영국이 개발한 전차와 전술을 도입한 전차를 방어전용으로 사용하였는데 반해 독일은 영국이 개발한 전차와 전술을 도입한 후 이를 발전시켜 PANZER 부대를 편성하여 전격전에 사용하였기 때문이었다.

고대전장으로부터 현대전에 이르기까지 무기체계와 전술의 변천과정을 〈표 1-1〉에 도시하였다.

〈표 1-1〉에서는 무기체계의 변천과정을 4개 기로 나누었는데 무기 제1기는 고대전쟁에서 사용된 창, 칼, 화살, 그리고 방패 등이며, 제2기는 중세전쟁의 화승총과 화포를 포함하고 있으며, 제3기는 현대전쟁에서 사용하는 기관총, 야포, 전차, 항공기, 그리고 잠수함까지 포함한다. 최근의 현대전의 냉전과 비정규전에 사용되는 핵무기, 전자무기, 그리고 유도무기 등은 제4기로 분류할 수 있다.

〈표 1-1〉 무기체계와 전술의 변천과정

전 쟁	무 기 체 계	전 술
고대전쟁 (BC 490~249)	무기 제1기 ·공격용: 창, 칼, 화살, 투석기 ·방호용: 갑주, 방패	집단전투 / 종대대형
중세전쟁	무기 제2기 화승총, 화포	선전투(1차원) 횡대대형
근대전쟁 (1775~1913)	총검	종대대형 / 내선작전
	철도, 전신	외선작전
현대전쟁 (1914~)	무기 제3기 기관총, 야포	평면전투(2차원) 후티어 돌파전술*, 구로우 종심방어**
	무기 제4기 핵폭탄	전격전, 입체전투(3차원) / 냉전
	전자무기, 회전익 항공기 COIN 무기	비정규전
	정밀 유도 무기	공세이전

* 후티어(Hutier) 돌파전술(독일): 공격부대가 포병탄막사격을 후속하면서 공격을 실시, 신속한 전과 확대로 적을 포위, 섬멸하는 전술개념

** 구로우(Gouraud) 종심방어(프랑스): 후티어 전술에 대응하기 위한 종심방어전술로, 조직적인 경계지대를 형성, 진지를 기만하고, 적의 돌파를 저지할 수 있는 종심 깊은 방어편성

일반적으로 무기에 대한 거대한 투자는 전술 및 전략을 그 무기에 고착시키는 경향이 있다. 만일 한 국가가 어떤 무기체계를 획득하기 위하여 많은 예산을 투자하였다면, 투자된 비용을 고려하여 자연히 그 무기체계를 사용하지 않을 수 없으며, 그 무기체계에 따른 특유한 전술을 선택하지 않을 수 없게 된다. 더구나 현대무기체계는 핵무기를 비롯하여 그 획득비용이 한층 더 거액화되어가고 있으며, 현대과학기술의 급속한 발전으로 군 및 민간기업에서도 무기체계 개발에 많은 노력을 기울이고 있다. 따라서 군과 국가의 중요한 임무는 새로이 개발되고 등장하는 현대무기체계 특성을 잘 이해하는 것이며, 이 특성이 군사적 전술과 전략에 미치는 영향을 면밀히 분석하여 적합한 무기를 선정하고 적합한 전술을 발전시켜 무기체계가 전략과 전술 및 부대구조와 병행하여 발전되도록 하여야 하는 것이다.

제 2 장

무기체계별 개발현황 및 발전추세

WEAPON SYSTEM

제1절 소화기

1. 분 류

소화기는 개인 및 공용화기로 운용되는 무기체계로서, 적 인원 또는 경 장갑차량을 제압하기 위하여 사용되는데, 그 용도와 특성에 따라 다음과 같이 분류하고 있다.

① 권총(handgun) •리볼버(revolver): 탄창 회전식 권총 •권총(pistol): 반자동식 권총 •기관권총(machine pistol): 전자동식 사격기능 부가한 권총
② 기관단총(SMG: submachine gun) 소총보다 짧으며, 총구속도도 낮으나, 발사속도가 큰 화기
③ 소총(rifle) •돌격소총(assault rifle): 일반적인 소총 •저격소총(sniper rifle): 정밀사격용 소총 •카빈소총(carbine, short rifle): 경량 소형화된 단소총
④ 기관총(machine gun) •경(輕)기관총(LMG: Light Machine Gun, SAW: Squad Automatic Weapon): 소총과 동일한 구경인 7.62mm 미만의 탄약과 양각대를 사용하는 화기 •범용기관총(GPMG: General Purpose Machine Gun): 소총보다 약간 큰 구경인 7.62mm이상 12.7mm 미만의 탄약과 삼각대를 사용화는 화기 •중(重)기관총(HMG: Heavy Machine Gun): 12.7mm 이상의 탄약과 삼각대 혹은 거치대를 사용하는 화기
⑤ 유탄발사기(grenade launcher) •유탄기관총: 차량탑재 및 지상 겸용으로 연속사격이 가능한 화기 •유탄총: 개인화기로 수동 또는 반자동으로 단발사격이 가능한 유탄발사 전용화기 •소총 부착식 유탄발사기: 소총의 총구부분에 직접 장착하는 부착식 유탄발사기
⑥ 특수화기 •산탄총(shot gun) •수중총(underwater weapon)

2. 국가별 개발 현황

가. 한국의 소화기

(1) M16A1 소총

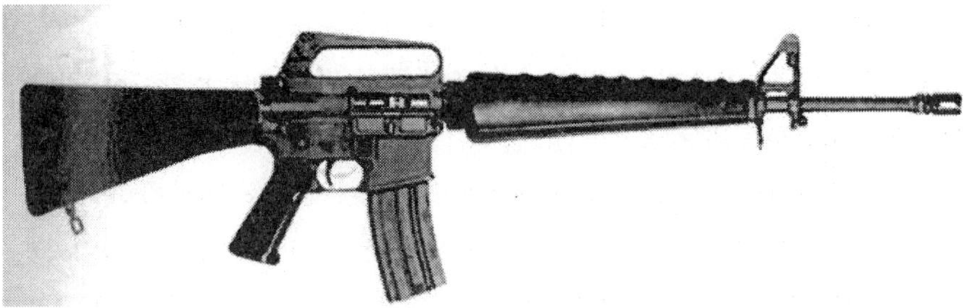

[그림 2-1] M16 소총

구 경	5.56mm	최대사거리	2,653m
무 게	3.1kg	유효사거리	460m
길 이	99cm	최대발사속도	700~800발/분

미국은 제2차 세계대전과 한국전쟁에서 사용되었던 M1소총의 한계(사거리, 중량, 수동식)을 극복하고자 자동소총 개발에 몰두하여 1955년 AR-10(구경 7.62㎜, 무게3.3kg)을 거쳐 1958년 소형화된 AR-15(구경 5.56㎜)을 개발하였다. AR-15는 1962년 베트남 군사지원물자로 보내 시험평가를 거쳤으며, 1963년 M-16소총으로 명명되었다. [그림 2-1]에서 보는 M16소총은 1967년에 미국 표준소총으로 채택되었고, 베트남 전쟁을 계기로 주력 소총으로 자리 잡았다. M16소총 및 카빈소총을 주력 소총으로 장비한 한국군은 베트남 전쟁 당시 미국으로부터 M16소총을 지급받아 운용하였다. 1967년 한국군 장비현대화의 일환으로 M16소총을 도입하였으며, 1971년 한국과 미국 콜트(COLT)사 간 생산기술협정을 체결하고, 1974년부터 1985년까지 M16A1소총을 면허생산하여 한국군의 주력 소총으로 장비되었으며, K2소총 보급 이후예비군용 소총으로 전환하였다.

참고로 소총의 유효사거리는 과거 전쟁의 통계적 수치와 적을 조준하여 철모를 관통하는데 필요한 에너지를 고려하여 결정하며, M16소총의 유효사거리는 460m이다. 먼저 통계적 수치는 제2차 세계대전, 한국전 및 베트남전 등의 전쟁에 대한 기록을 분석한 결과 대부분 소총의 교전사거리는 400m 이내라는 결론을 얻었다.

두 번째 고려사항으로, 총구를 출발한 탄환의 속도는 공기의 저항을 받아 계속감소하며 그에 따라 운동에너지도 감소하게 되는데, 표적이 너무 멀리 떨어져 있으면 탄환이 표적에 도달하더라도 관통하기에는 충분한 에너지를 갖지 못한다. M16A1소총의 총구 소도는 초속 990m이며, 탄환의 질량은 3.6g이다. 운동에너지 공식 Ev= 1/2mv2 을 사용하여 총구에너지를 계산하면 1,764 줄(Joule)이 되며, 탄환이 계속 비행하여 460m에 도달할 때 속도는 초속 480m 정동이고 잔여에너지는 철모를 관통하는데 필요한 420Joule 정도가 된다. 이렇게 하여 M16소총의 유효사거리는 460m로 결정된 것이다.

한국의 K2소총의 경우 M16소총의 유효사거리가 460m로 결정된 것이다.

한국의 K2소총의 경우 M16과 동일한 실탄을 사용할 경우에는 460m의 유효사거리를 갖지만, 성능 개량된 신형탄(M100)을 사용하면 신형탄 무게가 4.0g으로 유효사거리는 600m로 증가하게 된다.

(2) K2소총

[그림 2-2] K2 소총

구 경	5.56mm	최대사거리	2,653m
무 게	3.26kg	유효사거리	600m
길 이	98cm	최대발사속도	700~900발/분

K2소총은 M16A1 소총을 대체하기 위하여 한국이 국내 개발한 자동소총이다. 1985년부터 전력화되어 1990년 이후 한국군의 기본 개인화기로 운용하고 있다. 명중률이 높고 휴대가 용이하며, 신속히 조준할 수 있는 등의 장점이 있는 소총이다.

[그림 2-2]의 K2소총은 한국인의 신체조건을 고려하여 소총의 길이를 98cm로 짧게 하였으며, 접철식 개머리판(접었을 때 길이 73cm)을 적용하여 휴대를 용이하게 하여 기동성을 높였다. 사격방식은 단발, 3발 점사, 연발사격이 가능하며, 3발 점사장치를 추가하여 연발사격으로 인한 탄약의 낭비를 방지하였다. 빠르고 정확한 조준이 가능하도록 가늠쇠 구멍과 가늠자 구멍을 맞추는 동심원리를 적용하였으며, 총구들림억제 소염기를 개발하여 연발사격 시에도 명중률을 높였다. K201유탄발사기를 장착하여 40㎜유탄 발사가 가능하다.

(3) K11 복합형 소총

구 경	5.56mm / 20mm
길 이	86cm
유효사거리	500m
중 량	6.1kg
조준방법	통합 주·야간 조준경
탐지거리	500m
작동방식	가스작동식(소총), 노리쇠장전식(유탄발사기)

[그림 2-3] K11 소총

K11복합형 소총은 5.56㎜탄과 20㎜ 공중폭발탄 발사가 가능한 차세대 소총으로 한국이 2008년 세계 최초로 개발하였다

[그림 2-3]에서 보는 K11복합형소총은 단일표적과 밀집부대 등의 지역표적을

제압 및 무력화에 적합하도록 4.56mm탄과 공중폭발탄을 복합적으로 사용토록 개발되었다. 공중폭발탄은 레이저로 거리를 측정하여 목표물 상공3~5m에서 폭발토록 함으로써 은폐물 뒤에 숨어있는 적을 공격할 수 있다.

K11복합형소총은 기존 소총(구경 5.56mm)과 공중폭발탄 발사기(구경 20mm)를 하나의 방아쇠로 선택 운용하는 이중총열 구조이며, 사격통제장치는 레이저거리측정기, 탄도컴퓨터, 직접관측용 광학장비, 환경센서, 열영상 장비 등을 갖추어 주·야간 및 어떤 기후 조건에서도 효과적으로 운용가능토록 설계되었다.

또한 공중폭발탄은 공중폭발, 충격, 충격지연 등 3가지 모드를 지원한다. K11복합형 소총은 K2소총과 K201유탄발사기의 대체전력으로 운용한 계획이다.

(4) K1A 기관단총

[그림 2-4] K1A 기관단총

구 경	5.56mm	최대사거리	2,453m
무 게	2.9kg	유효사거리	250m
길 이	64.5cm	최대발사속도	700~900발/분

K1A기관단총은 특수부대용으로 소요제기되어 1981년 한국이 국내 개발한 최초의 기관단총이다. 기관단총은 기관총처럼 연속발사와 3발 점사가 가능하며, 매우 작고 가벼운 무게(3kg이하)로 근접한 거리에서 간편하게 사용할 수 있는 용도로 제작되었다.

[그림 2-4]의 K1A기관단총은 구경 5.56mm 탄알집 장전식이고, 권총탄을 사용

하며, 어깨받침쇠를 조정하여 휴대 및 사격할 수 있다. 총구들림억제와 소염효과를 높인 소염기가 부착되어 있으며, 야간 조준사격용 야광 유리관이 설치되는 등 특수부대 임무에 적합한 특성을 갖추고 있다.

(5) K7소음기관단총

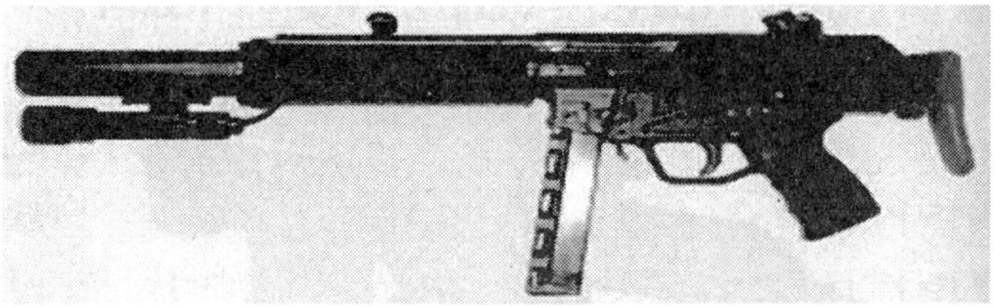

[그림 2-5] K7 소음기관단총

구 경	9mm	유효사거리	100/200m
무 게	3.4kg	최대발사속도	700~900발/분
길 이	61cm	소음기 소음	110-115dB

K7소음기관단총은 1980년대 대테러 등 특수목적 작전에 활용하기 위하여 1980년대 독일제를 구입하여 사용하였으나 수리부속 조달 등의 문제로 2001년 한국 국내에서 개발한 것이다.

[그림 2-5]의 K7소음기관단총은 K1A기관단총 아랫총몸과 K2소총 윗총몸의 가늠자와 가늠쇠 활용하여 외적인 모습은 K1A기관단총과 비슷하다. 소염기가 합쳐진 총열은 새로이 개발되었으며, 탄창 삽입구와 노리쇠 뭉치 등 내부구조가 개조되어 진흙과 빗물과 같은 악조건에서도 고장없이 작동되도록 개발되었다.

소음기를 장착하여 화기의 반동과 소리를 분산시켜 명중률을 향상시켰다. 사격 시 소음은 115dB 미만으로 M16소총의 165dB에 비해 상당히 낮은 수준이며, 사수의 사격위치노출을 최소화할 수 있다.

(6) K201 유탄발사기

[그림 2-6] K201 유탄발사기

구 경	40mm	최대사거리	400m
무 게	1.88kg	길 이	38.2cm

K201유탄발사기는 미국의 M203유탄발사기를 기본 모델로 하여 1987년 한국형으로 개발하여 K2소총에 장착하여 사용하는 유탄발사기이다. [그림2-6]에서 보는 K201유탄발사기는 비교적 근거리에 인원이 밀집한 지역에 유탄을 사격하여 피해를 주기 위한 화기이며, K2소총에 장착하여 분대급 화기로 운용되고 있다. K201유탄발사기는 경량, 총미장전식, 펌프작동식, 단발 사격식으로 주간사격, 급사 및 야간사격이 가능하다. 가늠자는 2개가 있는데, 사다리형 가늠자는 200m 이내의 돌연표적을 조준하는 근거리용이며, 호형 가늠자는 시간적 여유가 있고 정확한 사격이 필요할 때 조준하는 장거리용이다.

(7) 권총

[그림 2-7] 구경 45 권총(좌), K5권총(우)

권총(Pistol)은 한 손으로 조자할 수 있는 근접전투 및 호신용 총기이며, 한국군에는 [그림 2-7]에서 보는 미국에서 개발한 구경45 권총과 한국의 여건에 맞게 개발한 K5권총이 있다.

구경 45권총은 1926년 미국에서 개발되었으며 가스반동을 이용한 초영후좌반동이용식, 반자동식, 탄알집장전식, 파지사격식이고, 공이격발은 관성식이다. 단순하고 튼튼하며 강한 파괴력을 가지고 있어 지금까지 사용되고 있다. K5권총은 1989년부터 생산하여 야전에 보급하여 운용하고 있다. K5권총은 가벼운 방아쇠와 정확성을 가진 싱글액션(single action)방식과 연발사격 및 안정성을 가진 더블액션(double action)방식을 혼합한 패스트 액션(fast action)방식을 세계최초로 적용한 권총이다. 구경 45권총과 K5권총의 유효사거리는 50m이다.

(8) 기관총 (Machine Gun)

① M60 기관총

[그림 2-8] M60 기관총

구 경	7.62mm	최대사거리	3,725m
무 게	10.4kg	유효사거리	1,100m
길 이	110.5cm	최대발사속도	550발/분

M60기관총은 미국이 2차 세계대전 당시 경이적인 위력을 발휘했던 독일의 MG42기관총을 벤치마킹하고 한국전쟁 경험을 바탕으로 1957년에 개발한 다목

적 기관총이다.

한국전쟁에서 미군은 2차 세계대전에서 사용하였다 M1소총과 분대지원화기인 BAR기관총으로 무장하고 있어 인해전술로 달려드는 중공군의 대규모 병력을 반자동과 부족한 장탄량을 가진 자동소총만으로는 신속하게 제압하기에는 역부족이었다. M60기관총은 이러한 경험을 반영하여 탄생하였다.

한국은 [그림 2-8]의 M60기관총을 M16소총과 함께 1968년에 도입하였으며, 국내생산으로 분대지원 공용화기, 전차, 헬기 등에 운용하고 있다.

② K3 기관총

[그림 2-9] K3 기관총

<table>
<tr><td>구 경</td><td>5.56mm</td><td colspan="2">최대사거리</td><td>800m</td></tr>
<tr><td>무 게</td><td>6.85kg</td><td rowspan="2">발사
속도</td><td>최 대</td><td>700~1,000발/분</td></tr>
<tr><td>길 이</td><td>103cm</td><td>유 효</td><td>150~200발/분</td></tr>
</table>

K3 기관총은 5.56m탄을 사용하는 경기관총으로 한국이 국내 개발하여 1991년부터 배치하여 분대지원화기 등으로 운용하고 있다.

개인화기 탄약과 호환되며 다량의 사격이 가능하고 개인화기가 미치지 못하는 원거리 표적에 대한 사격을 할 수 있어 각종 전술상화에서 단일 및 지역표적을 효과적으로 제압할 수 있다.

[그림 2-9]의 K3 기관총은 한 사람이 운반 및 운용 가능하며, 소총처럼 개머리판이 있어 견착사격이 가능하고, 양각대를 이용하여 고정사격이 가능하다. 탄띠 송판 및 탄알집을 삽입하여 사격할 수도 있다.

③ K6 기관총

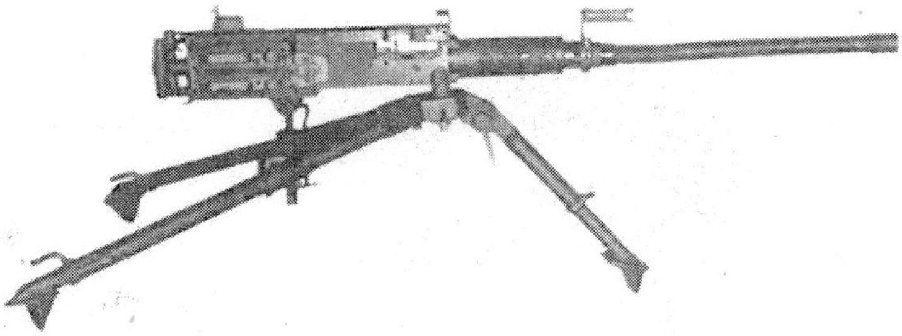

[그림 2-10] K6 기관총

구 경	12.7mm	최대사거리	6,800m
무 게	37kg	유효사거리	1,828m
길 이	165.1cm	최대발사속도	450~600발/분

K6 기관총은 한국군이 1962년에 미군으로부터 인수하여 사용해오던 구경50 M2중기관총을 신속한 총열교환이 가능토록 개선하여 국내 개발한 기관총으로 1989년부터 전군에 보급된 한국군의 주력 기관총이다. 기군의 M2중기관총은 나사회전식 총열교환방식이었으나 K6 기관총은 잠금턱 방식을 적용하여 5초만에 총열교환이 가능하다.

[그림 2-10]의 K6기관총은 분리식 철제 탄띠에 의해 장전되고 총열 후좌 반동이용식으로 작동된다. 사격 시 자동 및 반자동이 가능하고 삼각대에 의한 지상거치와 차량거치대, 전차 및 장갑차에 장착되어 운용되고 있다.

참고로 K6라는 명칭은 한국의 독자개발한 화기의 모델 순번으로 K1기관단총, K2소총, K3기관총, K4유탄기관총, K5권총에 이어 6번째라는 의미이다.

④ K4 유탄기관총

[그림 2-11] K4 유탄기관총

구 경	40mm	최대사거리	2,212m
무 게	34.4kg	유효사거리	1,500m
길 이	107.3cm	최대발사속도	지속: 40발/분 급속: 60발/분

[그림 2-11]에서 보는 K4유탄기관총은 적 밀집부대나 장갑차를 제압하기 위한 중대급 지원화기로 개발되었다. 유탄발사기는 수류탄을 손으로 멀리 날려 보내는 시도에서 개발된 무기이며, 고속 유탄기관총은 단발로만 발사되는 유탄발사기의 한계를 극복한 무기로, 보병이 보유한 무기 중 가장 강력한 화력을 자랑한다.

미군은 M79 유탄발사기에서 발사되는 유탄의 느린 속도와 사거리 및 관통력을 개선하여 고속유탄기관총을 개발하였으며, Mk19고속유탄기관총은 세계 20여 개국에서 사용하고 있다.

한국은 1985년 미군의 Mk19 Model3 고속유탄기관총에 영향을 받고 개발에 착수하여 1993년에 K-4 고속유탄기관총을 배치하였다. K-4유탄기관총 1정의 위력은 보병 1개 중대의 화력과 맞먹는 수준이며, 도수운반이 가능하나 주로 5/4톤 차량에 탑재하여 운용한다.

나. 북한의 소화기

(1) 소총

[그림 2-12] 북한 58식 보총(좌), 88식 보총(우)

구 분	58식 보총(AK-47)	68식 보총(AK-47개량)	88식 보총(AK-74)
구 경	7.62mm	7.62mm	5.45
길 이	89cm	87cm	94.3cm
중 량	4.3kg	3.61kg	3.03kg
발사속도	600발/분	600발/분	650발/분
유효사거리	300m	350m	500m

북한군의 소총은 [그림 2-12]와 같이 58식 보총(AK-47), 68식(AK-47개량), 88식 보총(AK-74)을 주력 소총으로 보유하고 있다.

(2) 기관총

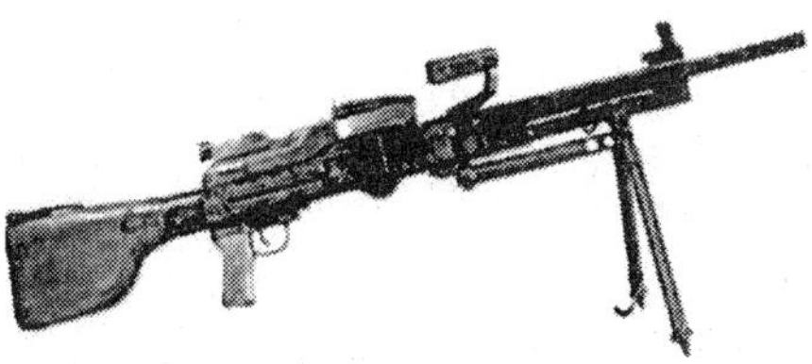

[그림 2-13] 북한 73형 기관총(좌), 74형 기간총(우)

구 분	73형 기관총	74형 기관총
구경 / 길이 / 중량	7.62mm / 119cm / 10.6kg	
발사속도	최대 600, 유효 150발/분	최대 650발/분
사거리	최대 3,600, 유효 1,00m	유효 800m

북한군의 기관총은 [그림 2-13]과 같이 73형 기관총, 74형 기관총, 등을 보유하고 있다. 73형 기관총은 탄창을 총몸 윗부분에 결합하도록 되어 있으며, 74형은 아래에 결합하도록 되어 있다. 북한군은 소대급에는 기관총이 편성되어 있지 않다.

다. 미 국

미국은 1980년부터 소화기 전 분야에 걸쳐 성능개량 및 신무기 개발을 추진하여 기존 소화기를 대체하였으며, 이와 병행하여 2000년 후반을 대비한 소화기 발전 종합계획에 따라 기존의 7종의 소화기 무기체계를 3종의 무기체계로 통합 운용하기 위하여 차기세대 소화기 체계의 연구개발을 추진하고 있다. 최근 차기소총으로는 XM8, 차기유탄발사기 대체용으로는 XM29, 차기공용화기로는 XM307의 개발계획을 활발히 추진하고 있다.

(1) 권총 및 기관단총

기존의 0.357인치, 0.38인치, 0.45인치, 9mm 등의 다양한 구경의 반자동 및 리볼버형 권총을 사용하고 있는데([그림 2-14](a) 참조), 1989년 새로운 단일화기인 구경 9mm M9 PDW(Personal Defense Weapon) 표준권총으로 통합대체하고 있다. 이 화기는 참모요원, 항공 승무원, 일부의 보병, 헌병 및 행정요원 뿐만 아니라, 전장이 긴 소총이나 기관단총 등을 무장하는 것이 부적합한 전투원이 사용하도록 하고 있다. 그밖에 1992년 이후 스위스의 9mm SIG-Sauer P228 권총이 미국의 M11 Compact Pistol로 선정되어 헌병 조사요원, 군 정보요원, 특수부대요원의 무기로 운용되고 있다.

기관단총은 독일 Heckler & Koch 사에서 미 해군의 SEAL(Sea-Air-land)팀 용으로 개발한 MP5N 해군모델, 이스라엘 Uzi Gal을 기본으로 하여 1994년 생산한 Ruger 9mm MP-9 기관단총([그림 2-14](b) 참조) 등이 있는데, 2종류 모두 9mm Parabellum 탄약을 사용한다.

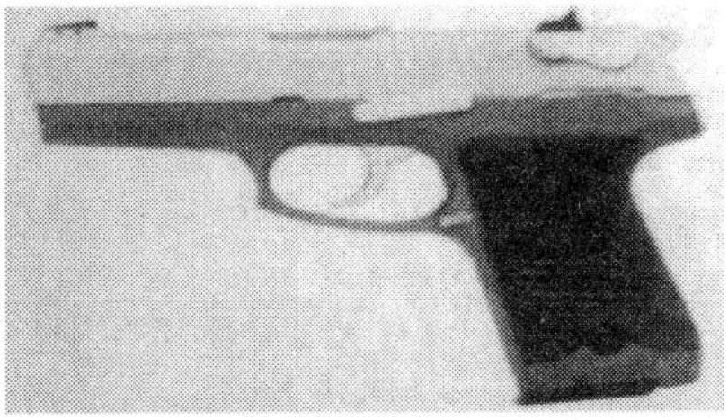

(a) Ruger 9mm KP94 권총

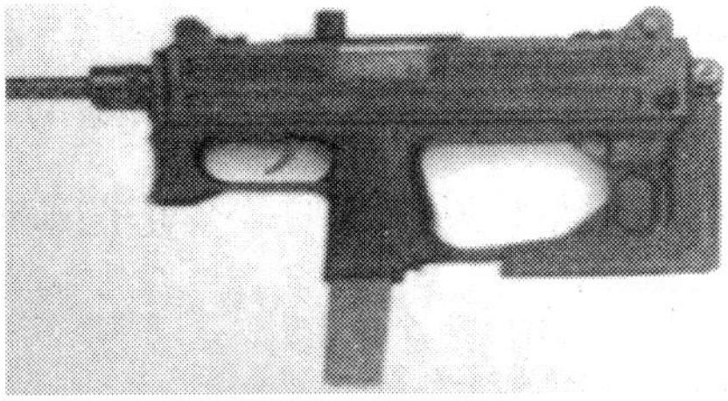

(b) Ruger 9mm MP-9 기관단총

[그림 2-14] 미국의 권총 및 기관단총

(2) 소총 및 카빈소총

월남전부터 운용되기 시작한 5.56mm M16A1은 미군에서 운용되고 있던 표준 소총이며 미국 이외의 여러 국가에서도 널리 운용되고 있다. M16A2([그림 2-15] 참조)는 미 해병대에서 성능이 향상된 NATO 제2차 표준탄인 SS109탄을 사용할 수 있도록 성능개량한 화기로서 현재 표준화기로 채택 운용하고 있다.

1980년대 중반, M16A2 소총의 전투상황하의 명중률 저하를 개선한 새로운 소총의 개발이 요구됨에 따라 성능개량 및 별도의 신형소총 개발계획이 수립, 추진되었다. 그리하여 1992년 반동력 감소를 위한 유압완충기와 조준능력을 향상시키기 위하여 주야간 광학조준경을 장착한 M16A2의 성능개량 형태인 M16A3 소총이 개발되었으며, 미 육군의 M16A2를 대체할 화기로 보급될 것으로 보인다.

카빈소총은 M16A2와 동일한 탄약을 사용하며 부품 호환성이 있는 형태인 신형 M4카빈을 1989년 말 개발을 완료되어 야전 배치시키고 있다.

[그림 2-15] M16A2 소총

저격소총은 대인 저격용도에서는 7.62mm 구경이 주류이며, 명중도와 정확도를 보다 향상시키기 위하여 총, 탄약 및 조준기구의 시스템 전반에 걸쳐 개량연구가 이루어지고 있다. 사거리 1000m에서 탄착군의 최대 분산이 3cm 이하인 대인저격총인 7.62mm M24저격소총이 보병대대, 특공부대, 특수군에 배치 운용되고 있다.

한편으로 경장갑 표적을 목표로 한 12.7mm 구경의 대물저격 소총(Anti-Material Rifle)은 Mod 500, Mod 600, Mod 82A1 및 A2 등 여러 모델이 개발되었다. 이들 대물저격총은 견착사격이 가능하도록 상당한 사격반동을 감소시키기 위하여 대부분의 대형의 총구제퇴기와 총몸에 완충장치를 적용하고 있다.

(3) 기관총

현재 운용되고 있는 경(輕)기관총으로는 5.56mm M16A2 소총과 7.62mm M60 기관총의 유효사거리 간 역할을 담당하는 운용개념의 화기로서, 소형화 및 경량화가 실현되어 1980년부터 5.56mm M249 분대급 자동화기(SAW: Squad Automatic Weapon)가 채택되었다(그림2.16(a) 참조). 이 기관총은 탄알띠 송탄이 기본이나 200발들이 플라스틱제 탄통이 총몸 하단에 장착되어 조작이 간편하며, 긴급시에는 M16A2 소총의 탄창을 삽입하여 사격할 수 있다. 또한 NATO 제2차 표준탄인 5.56×5mm SS109탄을 사용할 수 있다.

범용기관총의 표준화기로는 2명이 한 팀으로 운용하는 7.62mm M60 기관총이 있는데, 7.62×1mm NATO 표준탄을 사용하고 있다. 이 기관총은 손으로 직접 들고 사격할 수 있으나, 보통 양각대로 거치하여 운용되며, 차량이나 헬기용으로 별도의 마운트에 거치하여 사격할 수 있도록 형상이 변경될 수 있다. 최근 이 화기는 7.62mm M60E3 경(輕)기관총([그림 2-16] (b) 참조)으로 성능 개량되어 경량 소형화한 상태로 보급되고 있다.

중(重)기관총의 표준화기로는 1939년부터 운용되고 있는 12.7mm M2HB가 있으며, 주로 삼각대에 거치 운용되거나, 각종 전투차량에 탑재하여 주 무장으로 운용되고 있다. 최근 M2HB의 성능개량을 목적으로 반동력 감소를 위한 경량의 Soft Mount, 관통력이 증대된 SLAP(Saboted Light Armor Penetrator)탄, 두격 조정이 불필요한 총열 신속교환 방식 형태의 개발 등이 이루어졌다.

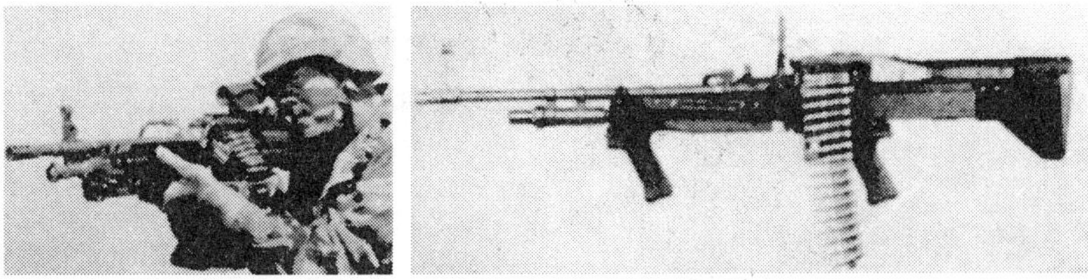

(a) 5.56mm M249 SAW (b) 7.62mm M60E3 LMG

[그림 2-16] 미국 기관총

(4) 유탄 발사기

① 유탄기관총

40mm MK19 Mod3 유탄기관총은 M384(HE), M430(HEDP: High Explosive Dual Purpose, 이중목적탄) 등의 폭발탄약을 총구속도 약 240m/s로 발사할 수 있으며, 유효사거리는 1500m로서, 기관총과 박격포의 중간사거리를 담당하는 화기이다([그림 2-17](a) 참조). 이 총은 도수운반용 또는 차량탑재용으로 사용하며, 총기 중량 34kg, 거치대 뭉치 중량 63kg, 전장은 1095mm이다. 기관총의 운용 편의성, 즉 직사화기로서의 신속성과 파편효과에 의한 화력과 성형장약탄에 의한 철판 관통능력 등을 보유하고 있다.

② 유탄총

개인 장비인 유탄총으로 수동식 40mm M79 유탄총([그림 2-17](b) 참조)이 있으나, 단시간에 여러 발의 유탄을 사격할 수 없는 결점이 있다.

③ 소총 부착식 유탄발사기

미군이 장비화한 40mm M203 유탄발사기는 유탄발사기 기능만 있는 M79의 대체장비로 M4 카빈 또는 M16 소총에 장착하여 사용되고 있다([그림 2-17](c) 참조).

(a) 40mm MK19 유탄기관총

(b) 40mm M79 반자동 유탄총

(c) M4 카빈 부착형 40mm M203 유탄발사기

[그림 2-17] 미국의 유탄발사기

라. 유 럽

유럽의 소화기 개발 및 생산은 주로 업체에 의해 주도되고 있는데, 대표적인 업체로는 독일의 Heckler & Koch사, 오스트리아의 Steyr-Daimler-Puch사, 벨기에의 FN(Fabrique Nationale)사 등이 있다. 유럽의 소화기는 NATO의 제1차 표준탄인 7.62×51mm탄으로부터 제2차 표준탄인 5.56×45mm탄으로 전환하였다.

대부분의 국가들이 국내 수요를 위하여 생산하는 한편, 군용 및 민수화기 수출시장의 확대를 위하여 부단한 노력을 경주하였으며, 그 결과로 유럽의 소화기는 운용성과 경제성에 있어서 세계적으로 호응을 받아왔다. 그러나 현재 유럽내에 분포되어 사용하고 있는 1300만정 이상의 소화기로 인하여 소화기 판로 개척은 더욱더 어려운 실정이다.

(1) 권총 및 기관단총

유럽의 권총 및 기관단총의 개발현황을 〈표 2-1〉에 예시하고 있는데, 기관단총은 대부분 자국소총의 설계개념을 기본으로 하여 중량과 유효사거리를 감소시키는 방법으로 개발되고 있다. 탄약은 9×19mm Parabellum을 기본적으로 채택하고 있다.

〈표 2-1〉 유럽의 권총 및 기관단총

명 칭	구경×탄피길이 (mm)	구분	제작국/제작사	발사속도 (발/분)	총구 속도 (m/s)	비 고
P7	9 × 19	권총	독일/H&K	–	351	
BDA9	9 × 19	권총	벨기에/FN	–	360	
MPi 81	9 × 19	기관단총	오스트리아/Steyr	550	381	
AUG PARA	9 × 19	기관단총	오스트리아/Steyr	650~750	400	AUG 소총개념으로 설계, 경량화
M95	9 × 19	기관단총	독일/H&K	900	375	G3 소총과 같은 작동구조
MP2000	9 × 19	기관단총	독일/H&K	880	–	
MGP-84	9 × 19	기관단총	영국/Bushman	650~750	412	
HK53	5.56 × 45	기관단총	독일/H&K	700	735	HK 33 돌격용소총을 단신화한 것
MC51	7.62 × 51	기관단총	영국/FR Ordnance international	–	690	단신 돌격용 소총

(2) 소 총

유럽의 소화기는 그 역사와 성능면에서 탁월하여 최고의 품질로 평가받고 있어서 미국을 비롯한 여러 나라에서 운용하고 있는 실정이다. 대표적인 소총 생산국가로는 독일, 오스트리아, 벨기에 등을 들 수 있다.

독일은 G11 소총 구매계획이 연기됨에 따라 기존의 7.62mm G3 소총의 노후 교체를 위하여 제2차 NATO 표준탄을 사용할 수 있는 5.56mm G36 소총을 개발하여 1996년부터 배치하였다.

오스트리아는 1977년 5.56mm AUG(Armee Universal Gewehr)를 소화기 체계로 채택하여 계속 운용해 오고 있는데, 이 화기는 구조가 아주 단순하며 좌, 우 사수용으로 변환이 가능하고, Bullpup 형(전장축소형)이므로 총의 전장이 기존 화기의 2/3수준에 지나지 않아 운용이 용이하다. 우수한 소총으로 판정되어 많은 국가에서 현재 운용하고 있으며, 1997년에는 기존 5.56mm AUG 소총에 광학조준경을 장착하고, 총열을 407mm와 508mm 2개를 선택적으로 장착할 수 있는 AUG-A2 모델을 개발하였다.

벨기에는 7.62mm FAL 소총을 생산한 이후로 많은 국가에서 이 소총을 운용하였으며, 1987년 이후 소구경화 추세에 따라 5.56mm 구경으로 전환된 신형 FNC가 채택, 보급되고 있다.

최근에는 FNC 소총을 대체할 차기소총으로 Bullpup형 설계로 전장을 크게 단축시키고, 전자사통 및 주야간 조준경 모듈, 산탄총 모듈, 저살상력 탄발사기 모듈, 20mm XM29탄을 발사할 수 있는 모듈 등 다양한 부수장치들을 장착하여 운용 편의성을 크게 향상시킨 5.56mm F2000 소총을 개발하여 2001년부터 보급해 오고 있다.

현재 유럽 각국의 대표적 소총의 개발현황은 〈표 2-2〉에 제시한 바와 같다.

〈표 2-2〉 유럽의 소총

명 칭	구경×탄피길이 (mm)	제작국/제작사	발사속도 (발/분)	총구속도 (m/s)	유효 사거리 (m)	비 고
G3	7.62×51	독일/H&K	500~600	780~800	400	
G11k3	4.73×33	독일/H&K	600	930	600	무탄피 소총
G36	5.56×45	독일/H&K	750	920	–	
G41	5.56×45	독일/H&K	850	–	–	
AUG	5.56×45	오스트리아/steyr	650	–	–	Bullpup 설계
Steyr ACR	5.56 flechette	오스트리아/steyr	–	1480	–	화살탄 소총
FAL	7.62×51	벨기에/FN	625~750	965	650	
F2000	5.56×45	벨기에/FN	850	900	–	Bullpup 설계

이상의 개인용 전투화기와는 별도로 저격용 소총의 개발도 이루어졌는데, 유럽의 대표적인 저격용 소총은 〈표 2-3〉과 같다.

〈표 2-3〉 유럽의 저격용 소총

명 칭	구경×탄피길이 (mm)	제작국/제작사	조준 기구	비 고
SP 66	7.62×51	독일/Mauser	망원, 야간 조준경	Muzzle Brake 장착
86 SR	7.62×51	독일/Mauser	망원, 야간 조준경	Muzzle Brake 장착
PSG 1	7.62×51	독일/H&K	6×42 광학조준경 (100~600m 6단계)	G3와 호환성
MSG 90	7.62×51	독일/H&K	×10 망원 조준경	G3와 호환성
AMR 5075	14.5	오스트리아/Steyr	×10 망원 조준경	총구속도 1500m/s, 800m에서 RHA 40mm 관통

(3) 기관총

유럽의 기관총은 기존의 소총을 기본으로 하여 총열 길이를 연장하여 사용하는 것이 일반화되고 있다. 그러나 견고성과 안정성을 고려하여 7.62×51mm 탄약을 사용하는 기관총도 계속 생산 중이다. 유럽의 대표적 기관총은 〈표 2-4〉와 같다.

〈표 2-4〉 유럽의 기관총

모델명	구경×탄피 길이(mm)	제작국/제작사	발사속도 (발/분)	총구속도 (m/s)	비 고
HK 23E	5.56×45	독일/H&K	750	950	HK 21E를 개량
HK 13	5.56×45	독일/H&K	750	950	QCB(Quick Change Barrel), Linkless 탄약사용
HK 21E	7.62×51	독일/H&K	800	840	견고성, 정확도 우수
MG3	7.62×51	독일/Rheinmetal	700~1300	820	견고성, 고속발사능력 우수
LSW	5.56×45	오스트리아/Steyr	680	1000	AUG의 총열 연장
MAG	7.62×51	벨기에/FN	650~1000	840	
Minimi	5.56×45	벨기에/FN	700~1000	965	미육군 채택화기(M249)
M2HB	12.7×99	벨기에/FN	450~550	916	QCB 가능
BRG-15	15.5×106	벨기에/FN	600	1055	대경량장갑 및 대공화기

(4) 유탄발사기

기존 소총에 장착하여 40mm 유탄을 발사하는 발사기는 큰 기술적인 혁신은 기대하기 어려우나, 고속자동 유탄발사기는 복합재료와 탄약기술 분야에서 최근 기술이 적용되어 최근 몇 년간 많은 화기들이 선보이고 있다. 유럽의 대표적인 유탄발사기([그림 2-18] 참조)는 〈표 2-5〉와 같다.

〈표 2.5〉 유럽의 유탄발사기

모 델	구경 (mm)	제작국/제작사	유효사거리 (m)	비 고
HAFLA DM34	35	독일/ Blue Werke	80	소이용 연기 발생, 연소시간 2분 이상 화염반지름 약 5m
HK79	40	독일/H&K	350	M203과 유사기능, G3, G41에 부착 가능
Granat Pistole	40	독일/H&K	350	
Salvo Grenade Launcher	40	독일/H&K	300	10발들이 컨테이너 구조 원경조정발사 장치
40mm GMG (Grenade Machine Gun)	40	독일/H&K	1,500	고속유탄기관총 15발들이 드럼식 탄창사용 발사속도 200발/분
SB40LAG	40	스페인/ santa Barbara	1,500	고속유탄기관총, 발사속도 200발/분

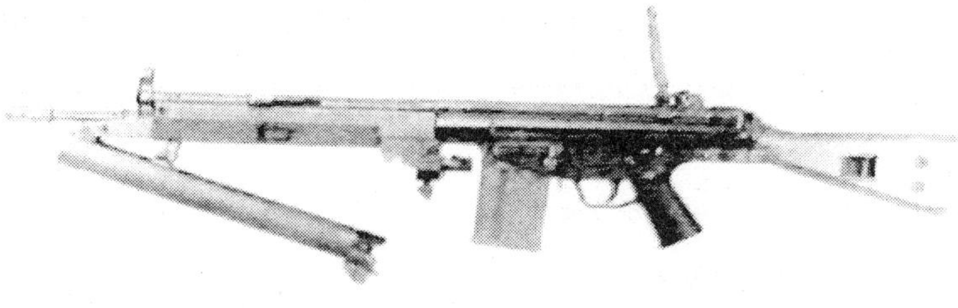

(a) G3 소총에 부착한 HK79 40mm 유탄발사기

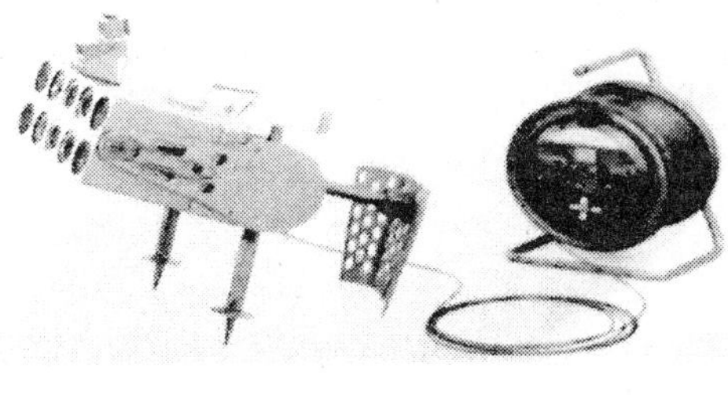

(b) 40mm Salvo Grenade Launcher

(c) 40mm GMG

[그림 2-18] 유럽의 유탄발사기

마. 러시아와 관련국

러시아는 냉전시대에 동구권의 대표적인 무기 개발국으로 다양한 소화기를 개발생산하여 왔으며, 구소련이 붕괴된 지금에도 소화기의 개발계획은 러시아에 의해 주도될 것으로 보이며, 실제 거의 모든 소화기 생산시설은 러시아 내에 위치하고 있는 실정이다.

(1) 권총 및 기관단총

현재 러시아 관련국에서 사용 중인 권총 및 기관단총은 〈표 2-6〉과 같다. 러시아가 특히 수출을 겨냥해 개발한 신형화기는 7.62mm 소음권총과 Mini-Uzi와 유사한 9mm 기관단총이 있으나, 정확한 제원은 확인되지 않고 있다.

〈표 2-6〉 러시아의 권총 및 기관단총

모 델	구경(mm)	제작국/제작사	발사속도 (발/분)	총구속도 (m/s)	비 고
PMM	9×18	러시아/국조창		410~430	자동장전 권총
Grach 6P35	9×18	러시아/국조창		460	자동장전 권총
SPP-1 1M	4.5	러시아/국조창	-	250	수중권총, dart 발사, 유효사거리: 공기중 20m, 수중 5m에서 17m
P-Gurza	9×21	러시아/국조창	40	415	방탄복(kevlar 30겹 관통), 경차량파괴
AKSU-74		러시아/국조창	800	800	AKS-74의 변형
Skorpion	9×19	체코	850		Skorpion 기관단총의 최신(1999) 변종 9×19mm Parabellum 탄약사용
KGP-9	9×19	헝가리	900	390	250mm 총열 대체로 카빈으로 사용
Zastava M56	7.62×25	세르비아	600	500	독일 MP40과 유사
Zastava M85	5.56×45	세르비아	650~750	790	러시아 AKS-74U과 유사한 형태

(2) 소 총

러시아는 7.62×39mm AK-47의 생산을 1970년대 중반에 중지시키고, 경량화된 5.45×39mm AK-74 소총([그림 2-19] (a) 참조)을 주요 소화기로 생산해 왔다. 서방국가에 수출을 목적으로 서구권의 5.56mm 제2차 표준탄약을 사격할 수 있는 K108 모델도 개발하였는데, 이 화기는 Counter Mass를 도입한 완충구조 설계로 반동충격력을 감소시켜 명중률을 향상시켰다. 한편으로 총기의 성능은 유지하면서 Bullpup형 설계로 전장을 축소시킨 A-91A 소총이 개발되었는데, 단신화로 운용편의성을 증대시키면서 탄피가 전방으로 방출되고, 좌, 우 사수가 동시 사용가능하도록 하였다.

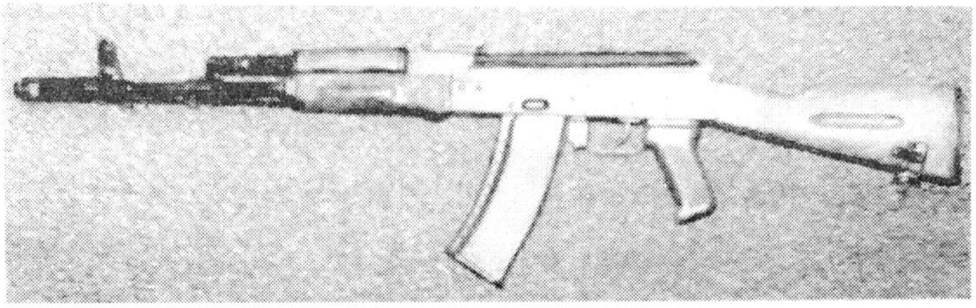

(a) 5.45×39mm AK 74 소총

(b) 5.45×39mm AN-94 소총

[그림 2-19] 소련의 소총

1994년 Abakan 계획 아래 AK-74 소총을 대체할 차기세대 소총에 대하여 연구개발을 추진하였으며, 니코노프(Nikonov) 설계국에서 개발한 5.45×39mm AN-94 니코노프 소총(설계자의 이름으로부터 명명)([그림 2-19] (b) 참조)이 가장 우수한 소총으로 선정되어 1997년 채택되었다. 이 소총은 명중률이 기존 AK-74 소총에 비교하여 1.5~1.7배로 향상되었으며, 자동발사속도 감소장치인 특수한 완충구조로서, 방아쇠를 당기면 처음 두발의 탄이 분당 1800발 속도로 발사되고, 사수에 가해지는 충격력은 두 번째 탄이 총열을 통과하는 후에 느끼도록 설계하였다. 자동사격시 발사속도는 거의 분당 600발 속도로 감소한다. 또한 실탄의 과다 사용에 대한 개선책으로 기존의 3발 점사에서 2발 점사로 설계를 바꾸었다. 설계자인 니코노프의 설명에 따르면 이 총은 소총설계에 있어서 인간공학적 측면뿐만 아니라 사수와 화기의 관계도 설계의 중요한 인자로 고려하여 사용자의 모든 운용성을 개선하였다고 한다.

새로운 설계개념의 AN-94 소총이 시험결과에서 최종 선택됨으로써 칼라쉬니코프(Kalashnikov) 총기 시대에서 니코노프 총기군으로의 전환이 예상된다. 그러나 현실적으로 AN-94 소총은 가용 예산과 야전 운용성에서 발생가능한 기술적 개선 요구사항 등으로 인하여 분석가들은 러시아의 병사들이 당분간 AK 소총을 계속하여 사용할 것으로 판단하고 있다.

APS라 부르는 특수소총([그림 2-20] 참조)은 5.56×150mm의 화살형태의 탄을 사용하는 수중소총으로, 소총형태 뿐 아니라 권총형태도 개발되었는데, 잠수병 및 특수작전에 효과적이라고 한다.

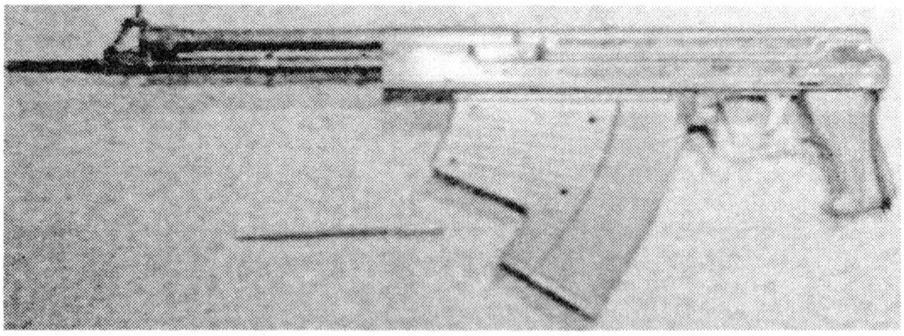

[그림 2-20] APS 5.56mm 수중소총

러시아와 그 관련국의 주요 소총을 소개하면 〈표 2-7〉과 같다.

〈표 2-7〉 러시아 관련국 소총

명 칭	구경×탄피길이 (mm)	제작국	발사속도 (분/발)	유효사거리 (m)	비 고
AK-47	7.62×39	러시아	600	400	돌격총
AKM	7.62×39	러시아	600	300	AK-47의 개량형
AK-74	5.45×39	러시아	650		제퇴기 설치
Abakan	5.45×39	러시아	400, 1800	-	
APS	5.56×150	러시아	-	공기 중: 100 수심 5m: 30 수심 40m: 11	수중 사용화기
GM	5.56×45	헝가리	900	500	AK74 모방형, NATO탄 사용
M77B1	7.62×51	세르비아	600	790	NATO탄 사용

최근 러시아는 독특한 9×37mm 아음속 탄약을 사용하는 신형 소음총을 선보였는데, 일체형 소음기가 부착되어 있는 소음소총과 이를 기본으로 하여 야간 조준경 및 광학조준경을 장착하여 저격소총 용도로 개발한 VSS(또는 BV) 소음 저격총이 있다. 신형 9×37mm탄은 아음속이지만 400m 사거리에서 철갑판을 관통하도록 탄자가 길고 내부에 관통자가 장입되어 있다. 러시아 관련국에서 사용 중인 저격소총은 〈표 2-8〉과 같다.

〈표 2-8〉 러시아 관련국 저격소총

명 칭	구경×탄피 길이(mm)	제작국	SIGHT	유효사거리(m)	비 고
AS(BA)	9 × 37	러시아	-	400	아음속 탄
VSS(BV)	9 × 37	러시아	야간 및 광학조준경	-	아음속 탄
SVD	7.62 × 54R	러시아	광학조준경	800	
GEPARD M11	7.62 × 51	헝가리	-	2000	제퇴기 부착

(3) 기관총

러시아와 그 관련국들에서 사용중인 기관총은 〈표 2-9〉와 같다.

〈표 2-9〉 러시아 관련국 기관총

명 칭	구경×탄피 길이(mm)	제작국	발사속도 (발/분)	총구속도 (m/s)	유효사거리 (m)	비 고
PRK	7.62×39	러시아	600~660	745	800	AKM 개량형
PRK 74	5.45×39	러시아	600~650	960	460	AK74 개량형
PK	7.62×54R	러시아	650~720	825	1000	최신변종 PKM
NSV	12.7×107	러시아	700~800	820~860	2000	HMG
Model 59	7.62×54R	체코	700~800	760~830	800	Model 68 NATO탄 사용
M84	7.62×54	세르비아	700	825	-	

(4) 유탄발사기

대표적인 30mm AGS-17 유탄기관총은 미국의 MK19 Mod3과 유사한 성능과 용도를 가진 화기로서, 주로 차량에 탑재하여 운용되고 있다. 아프가니스탄의 산악전투에서 그 전술적 효용성과 위력적인 화기성능을 보여 주었다. 소총 부착용인 AGS-17 뿐만 아니라 이보다 중량을 50% 정도 경량화시킨 30mm AGS-30 유탄기관총의 개발도 완료된 것으로 보인다. 러시아와 그 관련국들의 유탄발사기 개발현황은 〈표 2-10〉과 같다.

〈표 2-10〉 러시아 관련국 유탄발사기

명 칭	구경(mm)	제작국	유효사거리(m)	비 고
GP-30	40	러시아	400	AKM, AK-74 부착식
AGS-17	30	러시아	800~1200	유탄기관총, 발사속도: 350~450발/분
AGS-30	30	러시아	800~1200	AGS-17의 경량화 유탄기관총
AGA-40	40	루마니아	1400	Model 85 유탄기관총, 380~450발/분

바. 중 국

중국은 러시아의 AK-47 소총을 모방한 7.62mm 68형 소총을 배치 운용해 왔으며, 한편으로 미국 M16A1 소총을 모방한 5.56mm CQ소총을 생산하여 일부 수출해 왔다. 1997년 홍콩에 진입한 수비대의 신형소총으로 서방에 처음 알려진 QBZ 95 모델은 중국의 독자개발에 의한 세계 유일의 5.8mm 구경 소총으로서 Bullpup형으로 설계되었으며, 특수소재를 적용하고 양안조준경이 부착되어 있는데, 1995년부터 개발하여 운용하기 시작한 것으로 알려져 있다. 수출을 목적으로 QBZ 95형 소총과 외형은 동일하지만 구경이 다른 5.56mm Type 97 소총도 개발하였다.

3. 무기체계 발전추세

현재까지 소화기는 권총, 기관단총, 소총, 기관총, 유탄발사기 및 유탄기관총, 특수화기(저격총) 등의 군으로 구분되어 발전되어 왔다. 이러한 소화기의 발전추세를 기술적 측면에서 소총을 중심으로 살펴본다.

가. 표준화

대량 생산을 통한 생산원가의 저렴화와 보급의 용이성을 목적으로 각 화기별로 대표적인 규격탄으로의 표준화를 지향하고 있다. NATO는 연합작전시 탄약을 공통으로 사용할 수 있도록 하기 위하여, 1953년 7.62×51mm탄을 제1차 NATO 표준탄으로 채택하여, 이 탄약에 맞는 구경의 소총 및 기관총을 개발, 보급하였다. 그러나 월남전에서 미국이 5.56mm M16 소총을 사용하고 NATO에 배속된 미군에서도 이 소총을 보급함에 따라, 서방 각국도 이러한 추세에 맞추어 5.56mm, 4.85mm, 4.75mm 및 4.35mm 등의 여러 가지 소구경 소총을 개발하였다. 그리하여 NATO는 1979년 제2차 표준화를 시도하여 5.56×45mm SS109탄을 표준탄으로 선정하였으나, 현재는 각국의 이해관계 때문에 5.56×45mm의 M193

과 SS109탄을 혼용하여 사용하고 있는 실정이다.

한편으로 구소련을 위시한 동구권 국가들도 서방측과 같이 7.62×39mm M1943탄을 표준탄으로 채택하였으나, 1977년부터 5.45×39mm의 소구경 소총을 개발하여 보급하고 있다.

나. 소구경화

미국은 1952년부터 수행된 Salvo 연구에서 제2차 세계대전 당시 소화기와 화포에 의한 사상자 수의 불균형을 지적하고, 한 명의 사상자에 대해 과도한 소총탄이 소요되었음을 거론하면서 기존 7.62mm 소총에 대한 명충률 문제를 제기하였다. 그리하여 소총 구경을 5.56mm로 축소함으로써 소총의 명중률 향상과 전술적 운용능력의 증대를 시도하였다. 그후 NATO에서도 제2차 NATO 표준탄으로서 M193보다 성능이 향상된 5.56×45mm SS109탄을 선정하게 되었다. 또한 권총도 Cal. 45(11.43mm)에서 9mm로 소구경화가 이루어졌다. 영국은 4.85mm 소총, 독일은 4.6mm HK36 소총과 4.75mm G11 소총을 개량하였다.

한편 구소련에서도 종전의 7.62mm 소총으로부터 소구경용인 5.45mm AK-74 소총을 개발하였다.

최근 소총과 기관총의 구경을 5.56mm의 소구경으로 단일화하려는 추세로 발전하고 있는데, 이러한 경향은 발사용 화약의 성능향상과 그 제조기술의 향상으로 살상에 필요한 에너지를 소형화하여서도 얻을 수 있기 때문이다.

다. 경량화

가볍고 위력이 큰 소화기를 개발하려는 노력은 끊임없이 이루어져 왔는데, 이는 유효사거리의 단축화로 소구경화가 실현되고, 경합금, 합성수지 또는 복합재료 등 경량재료의 개발로 가능해졌다.

라. 소형화

소화기 무기체계는 총열이 소구경화됨에 따라 탄약과 화기도 소형화되고 있다. 이러한 소형화는 무기체계의 경량화에 기여할 뿐만 아니라 탄알집 용량의 증가와 반동력의 감소로 명중률을 향상시키는 효과를 달성할 수 있다.

소화기의 길이를 결정하는 요소는 총열, 몸통 및 개머리판이다. 총 몸통은 사용탄약의 길이에 따라 결정되며, 소총길이(전장)를 단축하는 방법은 총열길이의 단축, 접이식 또는 신축식 개머리판의 사용, 노리쇠를 포함하는 작동기구와 탄알집을 방아쇠 후방에 위치시킴으로써 동일한 총열장을 유지하면서도 전장을 축소시킬 수 있는 설계방식인 Bullpup형 구조설계 등을 이용하여 이루어지고 있다.

마. 반동력 감소

소화기의 사격시 발생하는 반동현상은 심리적 작용에 의해 격발과 조준에 영향을 미치고, 연발사격시 총구를 상승시켜 명중률을 감소시킨다. 그러므로 사수에게 작용하는 반동력을 감소시키는 추세로 소화기가 개량되고 있다.

사격시 발생하는 반동력의 감소는 소구경화에 따른 탄약 위력을 축소시키거나, 개머리판을 직선화하여 우력에 의한 총구 앙등현상을 감소시키고, 총구제퇴기를 사용하는 방법, 완충기 구조를 개선하는 방식으로 이루어지고 있다. 이러한 경향으로 현대의 소총은 거의 총구 제퇴기를 장착하고 직선형 개머리판을 사용하고 있다.

바. 소진탄피 개발

제2차 세계대전 말에 독일은 금속탄피의 수요부족에 대처하기 위해 소진탄피(CCC: Combustible Cartridge Case) 분야에 대한 연구개발에 착수하였다. 최근 미국 및 유럽 각국에서는 금속탄피나 약포를 소진탄피로 대체, 활용하는 것이 보편화되었고 소진탄피, 무탄피 탄약, 소진 기폭장치 등 여러 가지 형태의 제품이 사용되고 있다.

소진탄피는 금속탄피와 비교하여 생산비가 저렴하고, 발사 후 탄피의 제거

필요성이 없으므로 자동장전이 용이하며, 추진에너지의 활용도를 높일 수 있을 뿐만 아니라 총신마모 및 부식이 감소되는 장점이 있는 반면에, 기계적 특성이 부족하여 탄약이 외적환경요인으로 손상을 입기 쉽고, 불발탄의 제거가 어렵다. 현재 소화기탄으로의 이용은 계속 연구 중에 있으나, 화포탄약, 전차포탄 및 박격포탄에서 주로 이용되고 있다.

제2절 대전차무기

1. 분 류

일반적으로 대전차무기는 적 전차를 파괴하거나, 무력화 또는 기동을 방해함으로써 적의 기동화력을 상실 또는 저지시키기 위하여 사용되는 무기들을 통칭한 것이다. 대전차무기는 초기에는 텅스텐 철심이 들어 있는 기관총탄이 사용되었고, 그후 13mm 대전차총이 개발되었으며, 1930년대에 들어 37mm, 57mm 대전차포가 개발되기에 이르렀다. 이후 무반동총, 대전차 로켓에 이어 현재의 대전차 유도미사일이 등장하게 되었다. 대전차무기는 사용 제대별로 보병용, 기갑용, 포병용, 항공용, 공병용 대전차무기로 분류되나, 본 절에서는 이들 중 보병용 대전차무기만을 국한하여 다루고자 한다.

보병용 대전차무기는 보병이 전투 전단에서 적의 주력 전차와 조우하였을 경우 적 전차를 공격하거나 적 전차로부터 방어하기 위하여 운용되는 근접 대전차 전용 무기체계이므로, 기타 대전차전에 활용할 수 있는 무기체계와 구분하여 다음과 같이 분류할 수 있다.

① 운용 중량에 따른 분류 •경(輕)대전차무기(LAW: Light Antitank Weapon) •중(中)대전차무기(MAW: Medium Antitank Weapon) •중(重)대전차무기(HAW: Heavy Antitank Weapon)
② 운용 전투종심에 따른 분류 •단거리 대전차무기 •중거리 대전차 유도무기 •장거리 대전차 유도무기
③ 화기종류에 따른 분류 •무반동총 •대전차 로켓무기 •대전차 유도무기
④ 운반수단에 의한 분류 •휴대용 대전차무기 •차량탑재형 대전차무기 •헬기탑재형 대전차무기

2. 개발 현황

가. 한국의 대전차 무기

(1) 90mm무반동총

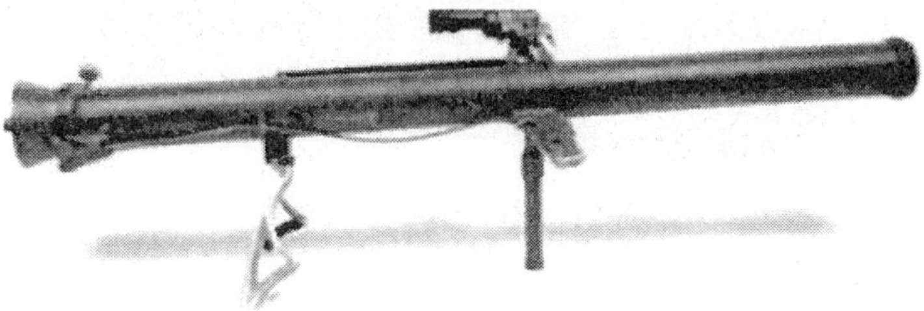

[그림 2-21] 90mm 무반동총

구 경	90mm	중량	17kg
최대사거리	2,100m	최대발사	6초당 1발
유효사거리	400m	유효발사	분당 1발

90mm 무반동총은 휴대하여 운용할 수 있는 대전차 무기로 [그림 2-21]과 같다. 2차 세계대전 후 미국이 개발하여 월남전 및 중동전에서 사용되었으며, 1970년에 미 군원장비로 한국군에 인수되었고, 1970년대 만 국방과학연구소가 국내 개발하였다.

90mm무반동총은 거치 및 견착식으로 운용할 수 있으며, 고도의 명중률과 파괴력이 양호하고, 곡사화기로 제압할 수 없는 동굴 및 축성진지를 효과적으로 파괴할 수 있다.

무반동총은 장약이 점화되어 탄두를 전방으로 추진시키는 힘과 후미 폐쇄기 분사구를 통해 방출되는 가스의 힘이 동일하여 사격 시 반동이 생기지 않는다. 사격 시 발생하는 후폭풍으로 인한 위험지역은 후방으로 28m까지이며, 준 위험지역은 15m 더 연장하여야 안전하다.

(2) 106mm 무반동총

[그림 2-22] 106mm 무반동총

106mm 무반동총은 2차 세계대전 이후 미국에서 개발한 장비로, 한국군은

1960년대 미군원장비로 인수하였으며, 1980년 국내에서 개량 생산하여 장비하였다.

[그림 2-22]에서 보는 1-6mm무반동총은 총가에 의해 직접 또는 간접으로 사격하고 폐쇄기는 막음 나사식이며, 주로 차량에 탑재하여 운용한다.

무반동의 원리는 90mm 무반동총과 동일하며, 최고 2,400mm까지 사격할 수 있는 사격통제장치가 있다. 탄약은 탄두장약이 폭발하면 전차의 내부를 분쇄하거나 충격파를 발생시키는 철갑용 대전차고폭탄과 플라스틱 고폭예광탄이 있으며, 9,000개의 강철제 날개가 달린 파편으로 구성되 대인 살상만을 목적으로 사용하는 대인탄이 있다.

구 경	106mm	중량	198.85kg
최대사거리	7,700m	최대발사	분당 1발
유효사거리	1,100m	유효발사	

(3) TOW 대전차 미사일

[그림 2-23] TOW 대전차 미사일

TOW 대전차 미사일은 발사관에 의해 발사되고, 광학조준경에 의해 추적되며, 유도선에 의하여 유도되는 무기체계이며, 전차·장갑차, 요새진지와 같은 견고한 진지를 공격하여 무력화하는 중(重)대존처 무기이다.

[그림2-23]의TOW미사일은 1970년대 미국에서 개발하였으며, 지속적인 성능개량을 통해 현재는 TOW-Ⅱ 개량형을 운용중이다. 한국군은 1970년대 미국의 대외군사판매(FMS)로 획득하였다.

유선유도방식으로 광학조준기에 표적이 주어지면 유도탄의 방향을 유선으로 유도하며, 전천후 사격이 가능하고 차량에 탑재하여 운용함으로써 기동성이 우수하다.

미사일의 비행방향 수정을 위하여 유도선으로 미사일에 지휘신호를 보내며, 표적에 명중할 때까지 사수가 계속 노출되므로 생존성보장이 제한되는 취약점이 있으며, 이를 보완하기 위하여 발사 후 망각형(Fire & Forget) 미사일이 개발되었다.

구경(직경)	152mm
길이/중량	1.51m/18kg
사거리	65~3,750m
장갑관통력	기본 550mm, 개량 850mm

(4) PZF-Ⅲ (Panzerfaust -Ⅲ)

[그림 2-24] PZF-Ⅲ

PZF-Ⅲ는 500m 이내의 전차 및 장갑차량을 파괴시킬 수 있는 휴대용 대전차무기이다. 한국군에는 경대전차무기로 1990년대 초 독일로부터 도입하였다.

PZF-Ⅲ는 [그림 2-24]와 같이 소형이며, 휴대용으로 견착사격이 가능하다. 발사기에 탄두와 발사관이 결합되어 적 반응장갑에 대응할 수 있으며, 표적획득 후 3~4초 이내에 발사할 수 있다. 관통능력이 우수하며 사격시 후폭풍의 위험은있으나 건물내에서도 발사가능하다.

구경	110mm
길이/중량	120cm/12kg
사거리	고정표적 500m, 이동표적 300m
장갑관통력	700m

(5) 메티스-엠(Metis-M)

[그림 2-25] Metis-M

메티스-엠은 러시아에서 도입한 휴대용 중(中)대전차 유도무기로서 [그림 2-25]과 같다. 장비구성은 목표를 탐지하여 유도탄을 발사 및 유도하는 발사기, 야간에 목표를 탐지 및 식별하는 열상장치, 목표물을 파괴하는 유도탄 등으로 구성되어 있다.

기본적인 동작원리는 유도탄에서 발생된 적외선을 전기신호로 변환하여 사수의 조준선과 유도탄의 오차를 비교분석하며, 수정된 유도신호를 유선을 통하여 유도탄으로 전달하고, 유도탄이 목표방향으로 유도되어 목표물을 파괴하는 유선 유도방식이다.

중량	13.8kg
길이/구경	길이 98cm/구경 130mm
사거리	80~2,000m
유도방식	유선유도

(6) 현궁

[그림 2-26] 현궁 발사장면

현궁은 현재 운용 중인 대전차무기의 관통력과 사거리를 보강하고 아군의 생존성 보장을 극대화하여 한국에서 개발된 중거리 대전차 유도무기이다.

[그림 2-26]에서 보는 현궁은 빛과같은 화살(晛弓), 스마트(smart)한 유도무기(賢

弓)에 비유되며, 영문명으로는 Raybolt (Ray+bolt)로 명명되었다.

현궁은 휴대 또는 소형전술 차량에 탑재하여 사수의 생존성을 보장 및 명중률 향상을 위하여 발사 후 망각형(Fire & Forget) 자율유도방식, 즉 유도탄을 발사 후 열영상을 추적하여 목표물을 타격하며, 가시·열영상 일체식 발사장비가 적용되어 주·야간 운용이 가능하다. 전차 취약부를 공격하도록 상부공격 유도기법이 적용되었으며, 사격 후 후폭풍이 적어 실내사격이 가능하다.

현궁은 북한이 보유한 모든 전차를 파괴할 수 있는 탁월한 관통력을 가지고 있다.

나. 북한의 대전차 무기

(1) RPG 계열

[그림 2-27] 북한 대전차무기 RPG-7(좌), RPG-18(중앙), RPG-22(우)

북한의 RPG계열 대전차무기는 [그림2-27]와 같이 RPG-7, RPG-18, RPG-22 등이 있다.

구분	RPG-7	RPG-18	RPG-22
구경(직경)	40mm	64mm	72.5mm
무게	7kg	2.8kg	2.8kg
길이	95cm	105cm	85cm
유효사거리	200m	200m	150~200m(최대 250m)

(2) 대전차 미사일

[그림 2-28] 북한 대전차 미사일 AT-3(좌), AT-4(우)

북한의 대전차미사일은 [그림 2-28]에서 보는 바와 같이 AT-3 Sagar, AT-4 Spigot 등이 있다. AT-3 Saggar는 대전차고폭탄 탄두를 장착하는 유선유도식 대전차 유도미사일(ATGM:Anti Tank Guided Missile)이다. 유선지령은 미사일 뒤에서 풀려 나오는 얇은 선을 통해 보내지며, 발사 시 연기가 사수의 시야를 방해하여도 전자대응수단에 영향을 받지 않으며, 지상거치 또는 헬기로 운용할 수 있다.

구 분	AT-3 (Saggar)	AT-4 (Spigot)
직 경	40mm	120mm
무 게	12kg	12.5kg
길 이	100.5cm	110cm
유효사거리	500~3,000m	70~2,500m
유도방식	유선유도	반자동 유선유도

다. 기타 국가 대전차무기

(1) 단거리 대전차무기

현대 전차는 장갑 두께가 크게 증가하여 과거의 개인휴대용 단거리 대전차 무기로 사용하였던 57mm, 90mm급 무반동총이나 대전차 로켓무기는 주력전차의 전면 장갑을 공격하기보다는 경질 표적 및 콘크리트 구조물(벙커, 도시형 건물 등)을 공격할 수 있는 다목적무기 또는 벙커파괴무기로 활용하고 있다. 일반적으로 장갑 관통력이 450mm 이하인 경우를 대장갑무기, 450mm 이상인 경우를 대전차무기로 분류하고 있는데, 현재 세계적으로 주로 생산 및 운용하고 있는 대장갑 다목적무기 및 단거리 대전차무기는 〈표 2-11〉 및 〈표 2-12〉와 같다.

〈표 2-11〉 보병 휴대형 대장갑 다목적 무기

제원 및 성능		M72A6	WASP	Armbrust	B-300	AT-4 (M136)	C-90	RPG7	RPG26	RPG27	RPG75
개발국		미국	프랑스	독일	이스라엘	스웨덴	스페인	러시아	러시아	러시아	체고
구경(mm)		66	70, 58	67	82	84	90	85	72.5	105	66
중량 (kg)	체계	3.27	3.0	6.3	8.0	6.72	5.0	8.88	2.9	8.0	3.1
	탄	1.5	0.615	1.0	3.5	3.1	3.65	1.98	2.1	7.63	2.33
길이 (cm)	체계	77, 98	80	85.1	135	101	98.4	95.3	76.3	115	63.3
	탄	40.8	38	42.5	72.5	62.5	82.5	95	71.3	–	62.7
탄속(m/s)		198	250	210	295	290	180	294	308	300	189
유효사거리(m)		220	250	300	250	350	300	500	250	200	300
탄두형식		HEAT	HEAT	HEAT	HEAT	HEAT	HEAT	Tandem	HEAT	HEAT	HEAT
관통력(mm)		355	300	300	550	420	480	377	440	650	302
체계특성		소모성	소모성 실내사격	소모성 실내사격	비소모성	소모성 무반동	소모성	비소모성	소모성	소모성	비소모성
개발연도		1993	1991	1979	1980	1983	1985	1960	1991	1994	1975

〈표 2-12〉 보병 휴대형 단거리 대전차무기

제원 및 성능		Predator	Apilas	Eryx	LAW80	Panzerfaust-3T	Alcotan-100	FT 5	RPG29
개발국		미국	프랑스	프랑스	영국	독일	스페인	남아공	러시아
구경(mm)		140	112	136	94	110	100	99	105.2
중량 (kg)	체계	9.09	8.9	13	10	12.1	13.98	11.3	18.2
	탄	–	4.3	9.5	4.6	3.9	9.02	5.4	6.7
길이 (cm)	체계	88.9	127	90.5	100, 150	135	135	162	100
	탄	–	92.5	90	82.7	67.2	127	78	–
탄속(m/s)		300	293	300	245	250	265	275	300
유효사거리(m)		600	400	600	500	400	600	400	500
탄두형식		EFP	HEAT	Tandem	HEAT	Tandem	Tandem	HEAT	HEAT
관통력(mm)		–	680	900	700	693	632	580	750
체계특성		소모성 관성유도 상부공격 실내사격	소모성	SACLOS 실내사격	소모성	비소모성 실내사격	소모성	비소모성	비소모성
개발연도		2002	1982	1989	?	1987	2001	1988	1994

미국 육군은 개인휴대형 단거리 대전차 무기체계의 후속개발은 하지 않고 주력전차 이외에 장갑차나 벙커 등의 견고한 콘크리트 구조물을 파괴하는 다목적무기로 발전시키고 있다. 이의 대표적인 무기가 1960년대 개발한 M72계열 LAW(그림2-29)로서 M72A4, A5, A6까지 생산되었다. 스웨덴의 Bofors AT-4는 미군에서는 AT M136 LAW용 소모성 화기이다. 최근 미 해병은 단거리 대전차무기 계획에 의하여 전차 상부 공격이 가능한 단거리 관성유도무기인 Predator를 개발하였다.

이스라엘은 6차에 걸친 중동전쟁을 경험하였으며, 현재도 준 전시상태로서 대전차무기의 필요성에 의하여 고성능 대전차무기를 운영하고 있으며, 지속적으로 개발하고 있다.

러시아는 RPG(Ruchnoy Protivotankoviy Granatomet: 휴대용 대전차발사기) 계열의 다양한 대전차무기를 개발, 운용하고 있는데, 1962년 소개된 RPG-7(그림2-30)은 발사기 앞에 장착한 대전차 고폭탄 탄두가 흑색화약의 추진으로 일단 발사된 후 사수로부터 안전한 거리에 도달하면 로켓이 점화되어 수백 미터까지 비행한다. 대전차 세계에서 가장 널리 사용되는 보병무기 중의 하나로서 동구권 국가에서 표준 휴대용 단거리 대전차무기로 운용하고 있다.

중국의 대전차무기인 Type-69는 구공산권으로서 RPG-7체계를 모방생산한 것으로 러시아 무기체계의 영향을 받고 있으나, 근래에 독자적으로 연구개발하고 있다. 일본은 경대전차무기로서 독일의 Panzerfaust-3를 도입, 운용하고 있다(그림2-31).

[그림 2-29] 미국의 M72 계열 LAW

[그림 2-30] 로켓이 장착된 RPG-7 LAW

[그림 2-31] 독일의 Panzerfaust-3T LAW

(2) 중거리 대전차 유도무기

전차의 방호력이 증대됨에 EK라 기존 MAW로 분류되었던 90mm 무반동총, 106mm 무반동총 및 B10 비반충포 등과 같은 무기체계는 대전차무기로서의 기능이 미흡하게 되고 다목적 대장갑무기로도 부적합하여 도태되고 있는 추세이다. 또한 MAW는 개인 휴대운용 보병 대대급 편제무기로 운용됨에 따라 휴대성 및 생존성 향상을 위하여 경량화가 요구되어 이 개념의 유도무기가 개발되어 운용되고 있다. 이 중거리 대전차무기 범주에서 운용되고 있는 대전차 유도무기는 〈표 2-13〉과 같다.

1970년대 초 1세대 수동 시선유도무기보다 명중률과 운용성이 향상된 2세대 반자동시선유도무기인 미국의 Dragon과 프랑스 및 독일이 공동개발한 Milan이 운용되어 왔으나, 전차 방호기술의 발전에 대응하여 지속적인 성능개량으로 관통력이 증대되고 이중성형작약탄두가 개발되어 왔다. 그러나 다양한 유도조종기법 및 각종 감지센서 기술을 적용한 전차의 취약 부위인 상부공격형 중거리 대전차 유도무기가 1980년대 후반부터 개발되어 운용되었으며, 1990년대에는 일영상 탐색기 소형화 기술이 실현되어 능동유도방식으로서 발사 후 망각 운용으로 전차 상부 및 정면 공격이 선택적으로 가능한 3세대 중거리 대전차 유도무기가 개발되어 운용되고 있다.

〈표 2-13〉 중거리 대전차무기

제원 및 성능		Dragon-2A	Javelin	Milan-2T	Bill-2	Spike-MR
개발국		미국	미국	프랑스	스웨덴	이스라엘
용 도		대전차	대전차	대전차	대전차	대전차
중량 (kg)	체계	27.7	22.4	36.7	-	26.1
	탄	14.8	11.8	7.1	10.7	13
길이 (cm)	체계	-	120	120	-	120
	탄	115	108	91.8	90	-
구경(mm)			127	125	150	115
탄속(m/s)		174	-	220	200	-
유효사거리(m)		1500	2500	2000	2000	2500
탄두형식		Tandem	Tandem	Tandem	Tandem	Tandem
관통력(mm)		890	750	970	600	900
체계특성		유선 SACLOS	I&R Seeker 상부/전면공격	유선 SACLOS	유선 SACLOS 상부공격	I&R Seeker 상부/전면공격
개발연도		1989, 1972(기본형)	1996	1991, 1972(기본형)	1988, 1985(기본형)	1999

(3) 장거리 대전차 유도무기

장거리 대전차 유도무기는 기존의 HAW를 포함하는 개념으로서 대전차 공격조에 의한 휴대운반 운용개념도 있으나 주로 차량 및 헬기 탑재무기로 운용되고 있다. 대부분의 장거리 대전차 유도무기는 2세대 SACLOS 유도무기로서

1970년대 전후에 개발된 이후 중거리 대전차 유도무기와 같이 지속적으로 성능이 향상되어 다양한 모델이 혼용되고 있으며, 현재 생산 운용되고 있는 무기체계는 <표 2-14>와 같다.

장거리 대전차 유도무기의 경우 TOW 및 HOT과 같은 유선 SACLOS 유도방식 이외에 능동/반능동 레이저빔 편승 호밍(Active/semi-Active Laser Homing) 유도방식 등을 다양하게 적용하여 개발되었으나, 대부분 2세대로 분류되는 유도무기였다. 1990년대 이후 소형화된 IR 탐색기를 적용한 3세대급 능동유도 무기가 개발되어 발사 후 망각 운용 및 선택적인 전차 상부·정면 공격이 가능하여지고, 탑재 장비 생존성 향상을 위하여 운용사거리가 증대됨에 따라 비시선(NLOS) 운용이 가능하도록 발사대와의 전장정보 통신을 통한 발사 후 표적장입(LOAL: Lock-On-After Launch) 유도방식을 적용하여 장거리 대전차 유도무기의 운용성능을 향상시킴으로써 미래전장 환경에 대응하고 있다.

<표 2-14> 장거리 대전차 유도무기

제원 및 성능		Hellfire Ⅱ	TOW-2A/B	HOT-2T	MAPATS	Spike-LR/ER
개발국		미국	미국	유럽공동	이스라엘	이스라엘
용 도		대전차	대전차	대전차	대전차	대전차
중량 (kg)	체계	-	93	-	-	26.1
	탄	45.75	21.55	27.5	18.5	13/25
길이 (cm)	체계	-	-	-	-	
	탄	162.5	140	130	145	120
구경(mm)		177.8	152.4	150	148	/-145
탄속(m/s)		초음속	200	250	315	115/150
유효사거리(m)		7500	3750	4000	5000	4000/6000
탄두형식		HEAT	Tandem/EFP	Tandem	HEAT	Tandem
관통력(mm)		1400	900	1250	800	900/1000
체계특성		반능동 Laser Seeker 헬기탑재용	유선SACLOS 2A: Tandem 2B: EFP/ 상부공격	유선 SACLOS	Laser 빔편승 SACLOS	IR CCD Seeker 상부/전면공격
개발연도		1993, 1987(기본형)	1991, 1968(기본형)	1992, 1976(기본형)	1986	1999

3. 무기체계 발전추세

대전차무기와 관련된 전차의 방호장갑은 압연균질강판(RHA)→복합재료장갑→반응형 장갑으로 발전하여 왔으며, 최근에는 능동방호체계까지 개발, 적용하여 전차의 생존성을 획기적으로 향상시키고 있다. 이러한 전차의 생존성 향상은 보병이 사용하는 대전차무기의 발전을 유도하여 대전차무기의 다양화 및 고성능화를 촉진시키는 요인이 되었으며, 이러한 수단과 대응수단 간의 부단한 기술경쟁은 앞으로도 더욱 첨단화·가속화될 전망이다. 그리하여 장차전에서 대전차무기는 확장된 전투 종심에서도 유효한 무기로서 운용될 수 있도록 사거리 연장, 명중률 및 생존성 향상을 위하여 첨단기술을 적용하고, 확대되는 전장정보 획득, 분석 및 통제능력과 연계를 위한 쌍방향 정보통신능력을 가지도록 개발될 것이며, 점진적으로 기존의 무기체계를 대체하게 될 것이다.

오늘날의 대전차무기는 체계중량 구분 개념에서 운용사거리 구분개념으로의 개념이 발전하여 가고 있다. 이에 따라 사거리별로 대전차무기의 운용개념 및 특성을 고려한 무기체계 개발현황 및 발전추세를 세분하였다.

가. 단거리 대전차무기

단거리 대전차무기는 1990년대까지 장갑 방호력 중심의 전차 방호기술 발전에 대응하여 개인용 다목적 대장갑무기, 휴대형 단거리 대전차무기, 휴대형 중·단거리 대전차무기로 구분하여 발전되어 왔다. 그러나 구 공산권의 붕괴 및 경제위기로 러시아의 미래전차(FST: Future Soviet Tank)의 성능향상에 대한 개발이 지연되고, 세계적으로 전차는 기동력을 저해시키는 수동형 장갑 방호 개념에서 광역 전장감시능력과 능동방호체계를 적용하는 방호개념으로 변화되는 추세에 있다. 이러한 추세에 대응하여 대전차무기는 Tandem 탄두기술 개발과 주 성형장약의 장갑관통능력을 8CD(Caliber Diameter: 관통력 수준의 단위로 사용) 이상으로 향상시키고자 하고 있다. 또한 정밀사격 통제장치를 적용하여 명중률을 개선한 무유도 단거리 대전차무기와 소형의 표적감지장치 및 유도 조정 장치를 적용한 단거리 대전차 유도무기의 실용화 개발이 이루어지고 있다.

한편으로 단거리 대전차무기는 보병 중대급의 기본 편제무기이므로 소요량이 많아서 생산비가 낮고, 소형·경량이며, 높은 명중률을 요구하고 있다. 따라서 비교적 저렴한 무유도 방식을 채택하고, 재사용 및 공통사용이 가능한 정밀사격통제장치를 개발하는 추세이다. 또한 Tandem 성형장약탄두를 적용하여 반응장갑에 대응하며, 대벙커 탄두 및 대인 탄두를 병행 개발함으로써 보병 휴대용 다목적무기로 활용하는 방안과 소형·경량으로서 휴대 및 조작이 용이한 개인용 다목적·대장갑 무기를 개발하는 방안으로 발전되고 있다.

나. 중·장거리 대전차 유도무기

기존 대전차무기체계의 MAW 및 HAW에 대응하는 대전차무기체계로서 기술발전이 가장 활발하게 이루어지는 분야이다. 제2차 세계대전 말기인 1944년 독일이 수동식 유선 유도 대전차 유도탄을 개발한 이후, 세계 각국은 대전차 유도탄의 개발을 경쟁적으로 수행하여 왔다. 이러한 대전차 유도무기의 유도기술 발전에 있어서 유도방식은 수동시선유도(MCLOS)→반자동시선유도(SACLOS)→레이저호밍유도→발사 후 망각형 유도(호밍유도)로 발전되어 가고 있다.

중거리 대전차 유도무기는 일반적으로 개인휴대 및 대전차 공격조에 의하여 2km 내외의 근접전투에서 운용되므로 휴대 운용성능을 향상시키기 위한 체계 경량화, 조작 간편성과 신속성이 요구되며, 명중률과 생존성의 향상이 요구되는 무기체계이다. 그러므로 영상소자(CCD: Charge Coupled Device)나 열영상 감지 탐색기, 수동 또는 능동형 밀리미터파 탐색기 등을 복합 적용한 발사 후 망각형의 3세대 급 능동유도무기화 및 연식 발사에 의한 제한된 공간 내 실내사격이 가능하며, 발사 흔적이 최소화되도록 개발되고 있는 추세이며, 이들 유도기술의 발전추세를 요약하면 〈표 2-15〉와 같다.

〈표 2-15〉 대전차 유도무기 유도기술 발전추세

구 분	1세대	2세대	2.5세대	3세대	
				발사 후 망각	광통신 방식
유도 방식	수동시선유도 (MCLOS)	반자동시선유도 (SACLOS)	레이저 호밍유도 (레이저 지시기)	수동형 탐색기 호밍유도, LOBL	수동형 탐색기 LOAL 기능
공격 방식	정면 직접	정면 직접 상부 비월	상부 경사 정면 직접	상부 경사 정면 직접	상부 경사 정면 직접
체계명/ 개발국	AT-3/러시아 SS-10/프랑스	Dragon, TOW/미국 Milan, HOT/프랑스 AT-5, Metis/러시아 Bil/스웨덴 Red Arrow/ 중국	Trigat/유럽4개국 Konkurs/러시아 Helfire/미국	Javelin/미국 Gil/이스라엘 NAG/인도 Trigat-LR/유럽 XATM/일본	Spike, Dandy/ 이스라엘 EFOG-M/미국 MACAM/스페인

제3절 화 포

1. 분 류

화포는 넓은 의미로는 권총, 소총 등의 소화기에서부터 곡사포, 평사포 등의 대구경화기에 이르기까지의 모든 화기를 포함하나, 일반적으로는 그 크기 및 중량 때문에 한 사람이 다룰 수 없는 포열을 가진 화기로 정의한다. 현재 포병이 운용하는 화포는 그 용도 및 주요 특성에 따라 다음과 같이 구분한다.

① 형태에 따른 분류

- 평사포(gun): 장(長)포열(30구경장 이상), 저(低)사각, 고(高)포구속도의 포
- 곡사포(howitzer): 중(中)포열(20~30구경장), 고(高)사각, 중간 포구속도의 포
- 박격포(mortar): 단(短)포열(10~20구경장), 고(高)사각, 저(低)포구속도의 포
- 무반동총: 주퇴장치가 없는 포
- 다연장로켓: 여러 개의 비유도로켓 발사기
- 유도탄: 지대지 미사일

② 용도에 따른 분류

- 야포: 포병포
- 대공포: 대공용 포
- 해안포: 해안에 설치하여 해상표적을 파괴할 목적으로 사용되는 화포류
- 대전차포: 대전차 파괴용 포
- 박격포: 보병 지휘관의 판단으로 운용되는 단(短)포열, 고(高)사각 포
- 함포: 함정에 장착하여 사용되는 포

③ 전술에 따른 분류

- 경(輕)포: 120mm 이하 구경 포
- 중간포: 121~160mm 구경 포
- 중(重)포: 161~210mm 구경 포
- 초중(重)포: 210mm 초과 구경 포

④ 수송수단에 따른 분류

- 견인포: 차량에 의하여 견인되는 포
- 자주포: 자체의 기동장치로 이동되는 포 및 발사대

2. 국가별 개발현황

화포 무기체계는 화력지원 무기체계의 하나로서 화포의 근간을 이루는 견인포 및 자주포를 중심으로 개발현황을 각 국가별로 알아보고자 한다.

가. 한국의 화포

(1) 105 / 155mm 견인곡사포

[그림 2-32] 한국 105mm 견인곡사포(M114)(좌), 155mm 견인곡사포(KH-179)(우)

105mm 견인곡사포(M101)는 제2차 세계대전과, 6·25한국전쟁, 베트남전에서 운용되었으며, 현재 한국군 사단에 편성·운용되고 있다. 105mm곡사포는 정확도와 발사속도가 우수하며, 경량으로 운용이 용이하고, 공중투하가 가능하여 기동부대를 효과적으로 근접 지원할 수 있는 화포이다.

한국군은 한국전쟁기간 중에 미국으로부터 [그림 2-32]왼쪽에서 보는 105mm 견인곡사포를 인수 받았으며, 1978년부터 곡사포의 포신부분을 개량하여 사거리를 연장하고 발사속도를 증가시킨 한국형 105mm곡사포(KH-178)를 독자 개발하기도 하였다.

구경 155mm는 세계 여러 국가에서 가장 많이 적용하고 있는 표준 구경이다. 155mm 견인곡사포(M114)는 1942년에 개발된 화포로서 사거리는 14.6km이다. 한국에는 6·25 한국전쟁 중인 1951년 5월 미국으로부터 지원받아 처음으로 155mm급 화포를 운용하였다. 미국은 'M114' 곡사포를 대체하기 위하여 'M198' 곡사포를 개발하여 1978년부터 배치하였다. 한국은 1979년부터는 'M114' 곡사포를 대체하기 위한 개발에 착수하여 1983부터 신형155mm 곡사포(KH-179)를 양신하여 실전배치하였다. [그림2-32] 오른쪽의 신형155mm KH-179곡사포는 RAP탄을 사격 시 사거리는 30km에 달한다.

구 분	105mm 곡사포(M101)	155mm 견인곡사포 (KH-179)
구경장(포신길이/구경)	22	39
최대사거리	11.27km	HE탄 18.1 km, RAP탄 30km
발사속도	최대 10발/분, 지속 3발/분	최대 4발/분(최초3분), 지속 2발/분
총 중량	2,258kg	6,855kg

(2) K55 / K9 자주포

[그림 2-33] 한국 K55A1 자주포(좌), K9 자주포(우)

자주포의 주요임무는 적 종심타격, 대화력전, 적 전투차량 제압, 기동부대 및 보병부대의 직접지원을 들 수 있으며, 이와 같은 임무수행을 위하여 요구되는 현대화 성능은 일반적으로 사거리연장, 사격통제장치 자동화, 발사속도 증대 및 운용성 향상으로 집약되고 있다.

자주포는 자체성능 이외에도 탄약운반차, 표적획득, 사격지휘, 탄약 등과 유기적으로 연결되어야 최대효과를 발휘하며, 일반적인 자주포 성능수준은 다음과 같다.

· 자주포체계는 기종 중에도 표적제원을 통보받으면, 탑재된 위치확인장치를 이용하여 자신의 위치를 확인하며, 탄도계산기로 사격제원을 계산하여 포신을 자동 또는 반자동으로 사격위치로 지향시키고 탄을 자동으로 장전하여 1분 이내에 초탄발사가 가능하다.

• 발사속도가 크게 증대됨에 따라 표적획득 초기에 대량사격이 가능하고, 지능형 탄약의 사용으로 타격 효과를 높이며, 사격실시 후 신속한 진지변환(shoot and scoot) 개념으로 발전되고 있다.

[그림 2-33] 왼쪽의 K55A1 자주포는 1994년 미국의 M109A2 자주포를 면허생산한 K55 자주포를, K9 자주포 기술을 활용하여 성능개량한 장비로 한국군 자주포 전력의 주력을 차지하고 있다. K55A1 자주포는 현대전에 적합한 기동성과 생존성, 사격지휘 능력을 갖춘 우수한 화포로 평가받고 있으며, 한국적 작전환경에 적합한 자주 곡사포이다.

K55A1 자주포는 특수 알루미늄으로 제작된 차체에, 완전 궤도식으로 산악 및 늪지에서의 기동성이 뛰어나며, 자동화 사격지휘체계와 자동화된 사격통제장치로 신속하고 정확한 사격제원 산출이 가능하여 명중률이 우수하다. 신속한 사격과 양호한 방호력, 궤도에 의한 야지의 기동성은 표병의 생존성과 직결되며, 장갑으로 보호되고 뛰어난 기동력은 사격을 지속적으로 가능케 해준다. 적의 사격과 악조건의 기상에서도 승무원과 탄약을 보호함으로써 신뢰성을 높여주고 있다.

구 분	K55A1 자주포	K9 자주포
최대사거리	HE: 18km RAP: 30km	RAP: 30km BB: 40km
주행속도, 항속거리	54km/h, 360km	60km/h, 360km
발사속도	1~4발/분(3분간)	급속 3발/분, 최대 6발/분
전투중량	27톤	47톤
톤당마력(중량/엔진출력)	15	21.3
특 징	자동위치확인 등	자동사격통제,자동장전 등
승무원	5명	5명

1980년대 후반, 육군은 장사거리 사격지원 능력과 수적 열세를 해소할 수 있는 수준의 성능과 효과적인 사격지원능력을 갖춘 신형자주포 개발에 착수하여 1999년에 개발 완료한 것이 [그림 2-33] 오른쪽의 K9자주포이다.

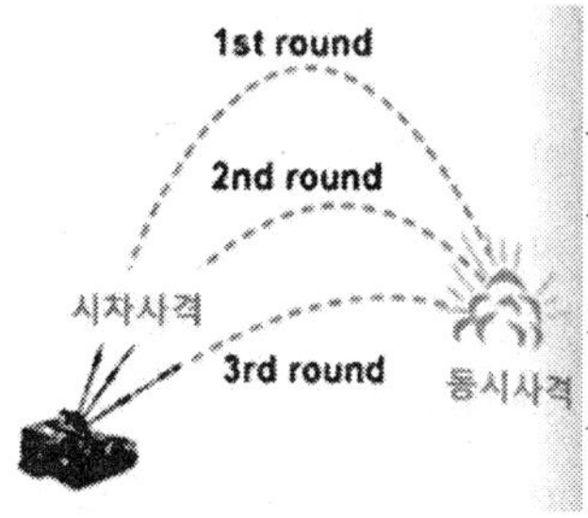

[그림 2-34] K9 TOT

K9자주포는 최신의 자동화된 시스템과 자동사격통제장치를 갖추고 있으며, 다양한 특수탄약을 사용함으로써 뛰어난 화력을 제공할 수 있고 고성능 장갑궤도차량으로 기동성이 탁월하여 산악 및 각종 장애물 극복능력이 뛰어나 한국적 지형에서 운용하기에 적합한 화포이다.

특히 K-9자주포는 내장된 자동사격통제장치(AFCS)를 이용하여 [그림 2-34]와 같이 하나의 표적에 동시 3발을 사격할 수 있어 단독 TOT가 가능하여 3발의 포탄을 동시에 한 표적에 집중시킬 수 있다. 자동화된 방열, 자동장전시스템에 의하여 K-55자주포에 비하여 3배의 높은 사격효율을 가지고 있어 K-9자주포 1문은 K-55자주포 3문의 사격효과를 달성할 수 있다.

(3) 다련장 로켓

① K-136 다련장 로켓(=구룡)

[그림 2-35] K136 다련장 로켓

K-136 다련장(구룡, 九龍)은 한국이 개발한 최초의 로켓으로, 북한이 대량으로 보유한 방사포에 대응하기 위하여 국방과학연구소에서 독자적으로 개발한 구경 130mm 다련장 로켓이며, 형상은 [그림2-35]과 같다.

K-136 구룡은 간접사격으로 지역표적을 제압할 수 있는 무기체계로, 간 시간에 강력한 화력을 집중시킴으로써 기동력을 갖춘 적의 중요 표적이나 밀집된 표적 공격에 큰 효과를 발휘 할 수 있다.

K-136구룡은 36연장으로 회전이 가능하고, 트럭(KM809A1)에 탑재되며, 로켓

운반용으로는 72발을 탑재하는 보급차량을 사용한다. 로켓탄은 기본형과 개량형의 두 종류가 있으며, 기본형은 재래식 고폭탄두이고, 개량형은 16,000개의 성형파편으로 구성된 개량형 고폭탄두이다.

사격은 운전석 또는 발사대 차량 밖에서 발사통제기를 사용하여 단발, 부분 일제사또는 완전 일제사를 할 수 있으며, 일제사의 발사간격은 0.5초이다. 사격제원 계산은 사표나 사격제원 계산기를 사용하며, 정확도를 위하여 저공풍 측정기를 이용하여 10.25m높이에서 저공풍을 측정하여 사격제원 계산에 반영한다.

구 경	130mm	로켓장전수	36발
사거리	23/36km	탄약 적재	72발
연속발사시간	18초	살상면적	250 x 250m

② MLRS(Multiple Launch Rocket System)

[그림 2-36] MLRS(좌), 로켓탄 및 ATACMS사격 모습(중앙, 우)

MLRS는 '다련장 로켓'이라고도 하며, 미국을 비롯한 선진 5개국이 합작하여 개발한 지대지 로켓 및 유도탄 사격체계로서, 세계 14국에서 운용하고 있으며, 한국은 1999년에 도입하여 실전 배치되었다.

[그림 2-36]에서 보는 MLRS는 12발의 지대지 로켓이 장전된 발사대(M270)와 2개의 6열 로켓발사관으로 구성되며, 지대지 로켓과 ATACMS를 발사할 수 있다.

MLRS는 지상 및 공중 기동수단을 이용하여 작전지역에 전개할 수 있으며, 지상에서는 포장도로의 경우 시속 64km를 주파할 수 있는 높은 기동성을 가지고 있다. 발사대는 변형된 브래들리 장갑차 차체에 탑재되어 있으며, 고성능의 사격통제체계를 이용하여 목표에 대한 정확도가 매우 높고 다량의 탄약을 집중할 수 있는 자동화된 시스템이다.

중 량	25톤	최대사거리	MLRS : 45km, ATACMS: 300km
최고 속도	64km/h	발사 속도	MLRS : 12발/분, ATACMS: 2발/분

MLRS의 로켓탄 사거리는 45km이며, 로켓탄두는 자탄이 644개가 내장되어 있고 지연 신관을 이용하여 목표상공에서 분리되어 살포된다. 살포된 자탄은 인마살상과 76~102mm의 장갑 관통력을 가지고 있어 장갑이 얇은 전차의 윗면장갑을 관통할 수 있다. 1회에 발사하는 화력은 155mm 곡사포 16문이 동시에 발사하는 것과 동등한 위력을 발휘하며, 단시간에 집중공격할 수 있어 적 포병화력, 로켓부대, 장갑차량, 지원부대 등 집결된 목표 공격에 효과적이다. AT2 자탄을 활용하여 대전차지뢰를 살포할 수 있으며, ATACMS는 300km까지 사격이 가능하다.

③ 차기 다련장 천무

[그림 2-37] 차기 다련장 천무

차기 다련장은 북한의 방사포와 장사정포 위협에 대응하기 위하여 개발되었으며, 기존 130mm 구룡과 227mm MLRS를 대체할 차기 포병의 주력 무기체계로서 탄의 위력과 사거리를 증가시키고 정밀 타격이 가능한 무기체계이다. '천무'라는 이름은 국민공모전을 통해 선정되었으며, '하늘(天)을 뒤덮다(戊)'는 의미이다.

[그림 2-37]에서 보는 천무는 표적의 성질, 형태 및 사거리에 따라 다양한 탄종을 사격 가능하며, 신속한 기동과 단시간에 다량의 화력을 집중하여 넓은 지역을 초토화할 수 있는 효과적인 무기체계로서 북한의 장사정포를 무력화하기 위한 무기이다.

천무는 다양한 탄종을 사격할 수 있는 발사대와, 신속하고 지속적인 탄약지원이 가능한 탄약운반차, 로켓으로 구성된다. 천무는 무인항공기 및 대포병레이더로부터 획득된 적의 표적정보를 전술지휘통제체계(C4I)와 연동하여 포병대대사격지휘체계(BTCS)로 표적정보 및 사격임무 데이터를 송신하면 포대 및 사격대는 수신된 표적정보와 사격명령을 바탕으로 천무체계의 위치결정·항법장치 및 사격통제장치 등을 이용해 적의 중심을 타격한다. 천무 다연장로켓체계는 하나의 플랫폼에서 서로 다른 탄종(유도 로켓과 무유도 로켓)을 운용할 수 있는 장점이 있다.

구 경	239mm	전 장	394cm
최대사거리	80km	탄 종	유도 로켓, 무유도 로켓

나. 북한의 화포

(1) 122mm 및 170mm 자주포

[그림 2-38] 북한 122mm 자주포(좌), 170mm 자주포(우)

북한의 화포는 견인포로 76.2mm, 100mm, 122mm, 130mm, 152mm 등 다양한 구경을 보유하고 있으며, 자주포는 [그림 2-38]과 같이 100mm, 122mm, 130mm, 152mm, 170mm 등이 있다

구 분	100mm자주포 (M-1985)	122mm자주포 (M-1977)	130mm자주포 (M-1975)	152mm자주포 (M-1974)	170mm자주포 (M-1989)
최대사거리	16.2km	15.3/21km (HE/RAP)	27.1km	17.2km	40/53.4km (HE/RAP)
발사속도	8~10발/분	8발/분	5발/분	4발/분	2발/분
비 고		M-1981:23.9km M-1991:24km	M-1981:27km		M-1978: 36.2/53.4km

(2) 북한의 다련장포

[그림 2-39] 북한 107mm 방사포(좌), 122mm방사포(중앙), 240mm 방사포(우)

북한의 다련장포는 [그림 2-39]과 같이 107mm, 122mm, 240mm가 있으며, 107mm방사포는 연대급 부대에 편성되어 운용하며, 간단히 분해하여 산악부대에서 운용가능하다. 240mm방사포 M-1985와 M-1989는 90kg의 탄두를 43km까지 보낼 수 있으며, 240mm방사포 M-1991은 60km까지 사격할 수 있다.

구 분	107mm방사포	122mm방사포	240mm방사포
사거리	8km	20km	43,60km
발사관수	12개형, 18개형, 24개형	30개형, 40개형	12개형, 22개형
발사속도	12발/9분	30발/15분, 40발/20분	12발/20분, 22발/33분

다. 기타 국가의 화포

(1) 견인포

견인포는 1313년경 독일에서 흑색화약을 개발하고 이를 추진장약으로 사용하는 청동포신의 화포가 발명된 후 전장에서 주요 화력으로 사용되었다. 그후 15세기 초에 철제구조포가 출현하여 15세기말 유효사거리 200~500m의 75~100mm포가 개발되었으며, 1693년 포미장전식 포, 1815년에는 150~300mm 포가 사용되었다. 1879년에 최초로 오늘날의 포 형태의 주퇴복좌기가 부착된 75mm 강선포가 프랑스에서 개발되었다.

(가) 미 국

미 육군은 지역, 기계화 임무 등에 맞도록 견인식과 자주식 모두 155mm 구경으로 표준화하였으며, 신속 배치군 작전용으로는 경량급 화포로 효과적이고, 기동성 있는 105mm를 사용하고 있다.

① 105mm M102 곡사포

M102 곡사포는 105mm M101의 대체로 개발되어 1966년 1월 월남전에서 최초로 사용되었으며, 1968년 표준화되었다. M102는 공정 및 신속 배치군용으로 중량이 1470kg인 경 곡사포이다([그림 2-40] 참조). 이 포는 포신이 M101보다 약간 길고 포구속도가 약간 높으며, 최대 사거리도 11.5km로 약간 길며, RAP탄을 사용할 경우 15.1km이다. 최초 3분간은 분당 10발의 발사가 가능하며 지속발사속도는 분당 3발이다. 헬리콥터에 의해 공중투하가 가능한 직접지원화포이다. 한국을 비롯하여 17개국에 공급되었다.

② 155mm M198 곡사포

M198 곡사포는 155mm M114/M114A1 곡사포의 대체를 목적으로 1978년부터 생산이 시작된 화포이다. 군단급 포병부대와 경사단 및 특수여단의 직접 및 일

반지원용으로 표준화되었으며, 중량은 CH-47 헬리콥터에 의해 공수가 가능한 7163kg이다. M107 탄두를 사용한 경우 최대 사거리는 18.15km이나 M549A1 RAP탄의 경우는 30km이다. 지속발사속도는 최초 30분간 분당 2발이고, 최대 발사속도는 분당 4발이다. 탄약은 모든 NATO 국가에서 사용하고 있는 155mm 곡사포용 표준탄과 FH70, M109 자주포용 탄과 호환성이 있고, ICM탄, 핵탄, M712 CLGP(포발사 유도포탄) 등을 사격할 수 있다.

[그림 2-40] 105mm M102 견인곡사포

③ 8인치(203mm) M115 곡사포

8인치 M115 곡사포는 1927년 개발이 시작되어 1939년 제식화되었다. 제2차 세계대전 중 8인치 M1 곡사포의 명칭으로 사용되었지만, 대전 후에 8인치 곡사 중견인포(Howitzer Heavy Towed) M115로 재명명되었다. 현재 한국을 비롯한 9개국에서 배치되어 있다.

이 포는 155mm포 M1(Lon Tom) 포가(砲架)를 이용하고 있다. 사거리는 M106HE탄(탄두 무게: 92.53kg)을 사용할 경우 최대 사거리가 16.8km이고, 중량은 견인시 14515kg이며, 발사속도는 지속발사시 2분당 1발이다. 이 포는 점차 M110계열 자주포로 대체되고 있다.

(나) 러시아

러시아는 76mm로부터 180mm까지 다양한 구경의 포를 사용하고 있는데, 사용 중인 기본 야포는 122mm, 130mm, 152mm포이며, 군단급의 일반지원용으로 180mm급이 사용되고 있다. 러시아 화포의 특성은 단순하고 견고하며, 사거리가 길며 대전차 능력이 있고, 장비의 표준화로 상이한 구경의 탄약까지도 사용이 가능하다.

① 122mm D-30 곡사포

이 포는 122mm M-30 곡사포의 대체 화포로 사거리를 증가시키고 360도 빠른 회전이 가능하도록 개선된 후 1960년 초에 소련군에 공급되었다. 중량 3210kg에 최대 사거리는 15.4km이며, RAP탄의 경우 21.9km이다. 분당 발사속도는 7~8발이다. 적어도 2종류 화학탄두를 사용할 수 있다. 122mm 2S1자주포의 무장과 동일하며, 중국, 이집트, 이라크, 유고슬라비아에서 생산되고 있다.

② 130mm M46 평사포

1950년 초에 개발되어 1954년 5월의 날 퍼레이드에서 최초 선보인 화포로서 122mm M1921/37 야전포를 대체한 것이다. 세계에서 효율성이 높은 화포의 하나로 알려져 있으며, 중동전, 월남전에 사용되었다. 중량은 8450kg이며, 분당 5~6발로 최대 사거리 27.15km의 사격이 가능하다. 북한, 중국을 비롯한 30개 국가에 보급되었다.

③ 152mm 2A36(M1976) 곡사포

소련연방의 신형 152mm 견인포로 1981년 러시아군에 배치된 것으로 믿어지며, 1985년 첫선을 보였다. 중량 9800kg에 최대 사거리는 표준탄으로 27km, RAP탄으로 40km이다. 분당 발사속도는 5~6발이다.

④ 180mm S-23 평곡사포

1950년 초에 개발되고 1955년 5월의 날 처음 공개된 화포로서 서방에는

203mm M1955 곡사포로 알려졌으나 중동전에서 180mm급으로 판명되었다. 이 포는 중량이 21450kg로 군단 포병에 배치되어 최대 사거리 30.4km, RAP탄은 43.8km로 단기간에는 분당 1발, 지속사격은 분당 2발 사격이 가능하다.

(다) 중 국

중국도 러시아와 유사하게 85, 100, 122, 130, 152, 155, 203mm 등 다양한 구경의 포를 China North Industries Corporation에서 제작하여 보급하고 있다. 모든 포에 NORINCO라는 명칭을 사용하고 있으며, 대부분이 러시아의 모델을 중국에서 복제 생산한 것으로 성능도 원래의 모델과 유사하다.

중국에서 보유하고 있는 주요 화포로는 NORINCO 85mm Type 56 평사포, NORINCO 100mm 평사포, NORINCO 122mm D-30 곡사포, NORINCO 152mm Type 66 곡사포, NORINCO 155mm Type WA021 곡사포 및 NORINCO 203mm(8 in) 곡사포 등이 있다. 이들 포에서 일부는 북한에 공급되었다.

(라) 기타국가

1967년 독일과 영국은 FH-70으로 알려진 신형 155mm 곡사포를 개발하기로 하고([그림 2-41] 참조), 영국이 주도하였으며, 시제품의 시험평가를 수행하던 중 1970년 이탈리아가 합류하고, 부품들을 분할, 생산하여 1978년 최초 생산품이 출현하였다. 이 FH-70 화포는 영국은 L121, 독일은 FH155-1로 명명하여 생산하게 되었으며, 일본도 1983년부터 면허생산하기에 이르렀다. 일본은 이 포를 신형 MICV 섀시를 사용하여 신형 자주포에 장착하였다. 한편으로 오스트리아, 브라질, 캐나다, 인도, 노르웨이, 예멘, 말레이지아 등 세계 각국에 수출되었다. 이 화포의 중량은 9.3톤, 최대 사거리는 표준탄두의 경우 24.7km이며, Base Bleed 탄두의 경우 31.5km이고, 발사속도는 분당 6발이다.

[그림 2-41] 155mm FH-70 곡사포

(2) 자주포

1920년 독일에서 전차 차체에 야포를 장착한 최초의 자주포가 등장하였으며, 1959년 미국은 155mm 자주포를, 1960년에는 8인치 자주포를 개발한 이후 세계 각국에서는 자주포를 포병의 주력무기체계로 채택하여 개발하고 있다.

최근에 자주포는 급속히 발전하고 있는 전자, 통신, 신재료, 광학, 인공지능, 로봇기술 등의 첨단기술이 적용되어 획기적으로 성능이 향상되고 있다. 자동화와 컴퓨터가 적용되어 기동 중 표적제원을 통보받으면 즉시 정지하여 탑재된 위치확인 장치를 이용하여 자신의 위치를 확인하고 탄도계산기로 사격제원을 계산하여 포신을 자동으로 사격위치로 지향시키고 탄을 자동으로 장전하여 1분 이내에 초탄을 발사할 수 있다. 군사기술의 발전으로 자주포의 발사속도가 분당 10발 수준으로 증대됨에 따라 포 1문이 종전의 포 3~6문의 역할을 수행할 수 있게 되었다.

(가) 미 국

미국은 제2차 세계대전 말기 M7 105mm 자주포 개발을 시작하여 105, 155, 175, 203mm등 다양한 구경으로 생산해 왔으나, 현재는 155mm M109 계열로 단일화하였으며, 성능 개량 사업을 통하여 확보된 기술을 활용하여 생존성을 향상시키고, 사격통제장치를 자동화시킨 M109A6을 주력포로 배치하고 있다.

① M109계열 자주포

1963년 155mm M109 자주곡사포가 최초로 배치되고 나서, 계속적으로 성능을 향상시켜, 1973년 M109A1, 1979년 M109A2/A3, 1990년 M109A4/5를 거쳐 1992년 팔라딘(Paladin)이라 부르는 M109A6의 최신 자주포([그림 2-42] 참조)를 운용하고 있다.

M109A6는 39구경장 포신을 52구경장 포신으로, 뇌관 격발식을 레이저 격발식으로 교체하였으며, 최대 발사속도가 분당 4발인 유압식 장전장치를 분당 6발이 가능한 급속장전장치(Flick Rammer)로 교체하고, GPS를 포함한 경량의 복합 위치확인 장치와 32비트 컴퓨터의 탄도계산기를 갖춘 자동사격통제장치(AFCS: Automatic Fire Control System) 및 새로운 지능탄을 적용하는 등의 성능향상을 이루었다.

[그림 2-42] 미국의 팔라딘 M109A6 자주포

그러나 1960년대의 차체로서 속도, 가속, 장애물 극복능력이 다른 기동장비와 기동성에서 차이가 있는 단점이 있으나, 현재의 전장상황에서는 자주포의 야지 기동성은 그렇게 중요한 요소가 되지 않는 편이다.

② 크루세이더(CRUSADER: 십자군의 개혁기사)체계

미 육군은 차기 포병무기체계로 팔라딘 M109A6을 크루세이더로 교체할 계획으로 개발을 추진하여 왔다. 그러나 냉전시대의 선형, 대칭적 전면전투에서 전 세계 분쟁지역에 원정 신속배치군으로의 미 육군의 전략환경이 변화함에 따라 2002년 4월 26일 크루세이더 사업이 전면 취소되었다. 그러나 크루세이더는 현재 근접화력지원을 수행하는 포신 무기체계의 부족한 점들을 기술적 혁신을 통하여 획기적으로 개선한 사업으로, 많은 시간과 예산을 투자하여 연구한 내용은 자주포 분야에서 많은 기술적 의미를 가지고 있어서 그 내용을 간단히 살펴보기로 한다.

이 크루세이더 자주포는 [그림 2-43]처럼 자주포 1문과 탄약 재보급차로 구성되어있다. 크루세이더 사업에서 가장 기술적 혁신을 이루려는 분야는 무장체계로서 초기에는 저장용적이 작고, 저렴하며, 피탄시 차량폭발의 위험성이 적은 액체 추진제(산화제 60.8%, 물 20%, 연료 19.2%로 구성)를 사용하려 하였으나, 과도한 약실압력, 포신온도의 급상승, 사격시 포신의 심한 진동, 기온에 따른 운용제한, 빈번한 불발 등 해결하기 어려운 기술적인 문제로, 고체 추진장약인 단위 장약기술을 이용한 모듈형 야포장약체계(MACS: Modular Artillery Charge System)로 전환하였다.

또한 포신에 강제순환 냉각장치를 채용하여 분당발사속도를 높이고, 포신마모를 줄이고, 사격 정확도를 높이고자 하였다. 포신 수명을 연장하기 위하여 약실과 포강에 크롬도금을 하였으며, 54구경장과 뇌관이 필요 없는 레이저 격발장치와 미끄럼 블록형 포미장치 등을 사용하는 등 많은 신기술을 채택하고자 하였다.

탄과 추진장약은 모두 자동으로 장전하고, 포구속도 측정기를 장착하여 매 사격발수마다 포구속도를 측정하여 탄도계산 컴퓨터에 입력시켜 보다 정확한 탄도계산과 탄도 실시간 분석 폐쇄루프를 사용하여 각 포마다 실제 탄도를 측정하여 기상에 따른 탄도오차를 감소시켜 무기체계의 정확도를 향상시키고자 하였다.

[그림 2-43] 미국의 Crusader 체계(자주포, 탄운차(트럭형, 궤도형))

크루세이더의 또다른 개선은 엔진출력을 2000마력 또는 2600마력까지 증대시키며 기동장비와 자주포의 기동성의 차이를 줄여 미래 전투에서 특히 사격 후 신속한 진지 변환이 요구되는 전장상황에서 생존성을 크게 높이고 전투기동장비와 대등한 기동성능을 유지하게 하였다.

한편으로 모듈화한 복합재료와 반응형 장갑을 장착하여 방호력을 향상시켜 파괴력이 높은 DPICM탄 파편으로부터 방호되고, 탑재된 전자장비들을 적 전자파 공격으로부터 보호받을 수 있도록 전자파 수신경고장치 및 감소장치가 개발될 계획이었다.

특히 크루세이더는 자주포와 탄약운반차가 1대 1짝으로 운용, 탄을 컨베이어를 이용하여 자동으로 공급하여 12분 동안 60발 탄약을 적재하고, 1회에 130발을 적재할 수 있게 할 계획이었다.

표적획득 및 지휘, 통제 분야에서도 전방관측자들이 보내는 표적을 받을 수 있을 뿐만 아니라, 공격목표를 비디오 영상탄(VIP: Video Image Projectile)과 표적확인 및 전장손상평가(BDA: Battle Damage Assesment) 체계를 이용하여 탄이 적

진영을 비행하면서 적 진영을 비디오 영상으로 아군의 수신기에 송신하는 방식을 채택하여 적 상황을 평가할 수 있는 체계를 개발할 예정이었다.

이상에서 살펴본 바와 같이 미국은 차기세대 자주포체계를 개발하면서 자주포, 탄약운반차, 탄약, 표적획득 및 사격지휘 분야를 개발하여 전반적인 운용체계의 극대화를 기하고자 하였다.

③ 미래포병 전투체계(FCS-C: Future Combat System-Cannon)

FCS-C는 미래 전투체계계열의 중량 20톤급 자주포의 하나로서, 포병대대에 편제되어 화력을 지원하게 될 것이다. 이 체계는 비조준선 전투체계로서 지금처럼 화포를 조준선으로 방열하여 사격하는 대신, 탄 추적레이더를 장착하여 발사된 탄의 탄착위치를 파악하여 목표지점과 비교 수정하고 조정하여 다음 탄이 명중될 수 있도록 하고, 포발사 유도탄으로 포탄을 발사하면 탄을 목적지까지 유도하여 정밀타격하는 개념을 가진 화포이다.

아직 작전 요구성능은 구체화되지 않았으나, 중량은 C-130 수송기로 수송이 가능하도록 20톤 수준이고, 최대 사거리는 30~40km이며, 155mm 39구경장 궤도형으로 하고 있다. 추진장약을 완전 자동으로 적재, 이송, 장전하도록 하여 탄약은 24~48발 탑재하고, 재보급시간은 5~12분 이내이며, 탄 초탄발사 소요시간은 진지에서는 15~20초 이내, 기동 중일 때는 20~30초 이내이며, 분당 6~10발 사격 가능하도록 할 예정이다. 기동 신속배치군의 일원으로 야지주행속도가 80km/h를 달성시켜 전략적 신속배치를 가능하게 하고 전술적 기동성을 부여하게 될 것이다. 2002년 크루세이더 사업이 유보되면서, 여기에 참여하였던 연구팀이 참여하여 크루세이더 기술이 대부분 활용될 것으로 예상된다.

(나) 러시아

러시아는 서방진영과는 달리 지상군에 있어서 자주포분야에 대한 중요성을 더욱 강조하여 수적인 면에서 미국의 약 10배인 30,000문을 보유하고 있으며, 구경도 서방진영이 105, 155, 8인치인데 반하여, 120, 122, 130, 152, 180, 203mm 등 다양한 무기체계를 가지고 있다. 또한 서방측이 155mm가 주력기종인 반면, 러시아는 152mm가 주력기종이다.

1989년부터 운용되고 있는 러시아의 최신형 152mm 2S19 자주포는 T-80 전차의 현수장치와 구동기어를, T72 전차의 동력장치를 채택한 완전궤도형 자주포로서 차체와 포탑은 장갑강판으로 제작되었다. 현수장치는 토션바를 적용하였고, 후륜구동으로 장애물을 제거하기 위한 도저삽이 장착되어 있다. 주 무장은 구경 152mm에 포신에 제 연기와 제퇴기가 장착되어 있다. 최대 사거리는 사거리 연장탄의 경우 29km이며, 분당 7~8발 사격이 가능하다. 50발 탄을 적재하며, 신관이 결합된 탄을 자동으로 장전한다. 장약은 반자동으로 장전된다. 3개의 81mm 연막탄발사기를 장착하였으며, 승무원은 5명이다.

2000년 중반 러시아 육군은 2S19에 152mm 47구경장의 무장에 자동사격통제장치를 장착한 2S19M으로 성능 개량하였다. 1995년 이후 동구권은 152mm에서 155mm로 포병무기체계를 전환하고 있어서, 러시아도 2S19에 유럽의 표준 155mm/52구경장 포신을 장착하였으며, 탄약은 46발 적재한 것으로 알려져 있다.

(다) 중 국

중국은 122, 130, 152, 155, 203mm 구경의 자주포를 보유하고 있으며, 1988년 155mm 45구경장 PLZ45 자주포를 개발하였다. 이 자주포는 포탑과 차체가 장갑강판으로 제작된 완전궤도형으로, 주 무장은 155mm 45구경장이며, 포신에 제연기와 제퇴기가 부착되어있다. 최대 사거리는 사거리 연장탄으로 39km이며, 분당 5발 사격이 가능하다. 탄은 반자동으로 장전된다. 포탑은 360° 회전이 가능하나 사격시에는 전방에서 좌, 우 30°에서 임무를 수행하며, 자동으로 포를 방열한다. 전투중량은 32톤이며, 엔진은 525마력으로 최대 주행속도는 55km/hr이다. 30발의 탄약을 적재한다. 외형상으로는 미국의 M109A2와 유사한 형태이다.

중국은 PLZ45의 성능향상을 시도하고 있는데, 레이저 거리측정기를 포함한 열상장비, GPS 등 센서를 탑재시킬 계획이며, 차체도 중국의 YW 531 APC 차체를 개량하여 적용할 계획이다. 그리고 90발의 탄약을 적재할 수 있는 탄약 운반차를 개발할 계획이다.

(라) 영 국

영국은 1993에 28년간 운용해 오던 105mm 자주포를 독자 개발한 155mm AS-90 자주포로 교체하기 시작하였다. 이 자주포는 모듈형 구조물로 큰 개조없이 요구성능의 변화에 적응할 수 있도록 고려하였다. 차체와 포탑구조물은 장갑강판으로 제작하여 7.62mm와 14.5mm 철갑탄과 152mm탄 파편에 방호될 수 있도록 하였다. 유기압식 현수장치를 적용하여 내부공간을 넓게 활용하였으며, 조종수를 포함하여 승무원은 5명이다.

화력은 39구경장 포신으로 360° 전 방향 사격이 가능하며, 재래식 탄으로 24.7km, 보조추진탄을 30km까지 투발이 가능하다. 화포는 자동으로 방열할 수 있으며, 고각과 방향은 전기구동 방식을 채택하였다. 10초에 3발 급속사격이 가능하고, 분당 6발로 3분 동안 사격이 가능하다. 기동성은 엔진출력은 660마력, 최고속도 55km/h, 순항거리 420km주행이 가능하다. 탄은 48발 적재가능하며, 인력보조장치를 이용하여 탄장전이 가능하다.

영국은 1998년 말 AS-90의 성능향상으로 52구경장의 무장과 모듈장약을 개발하여 적용하기로 발표하였다.

(마) 독 일

독일은 1998년부터 종전의 155mm M109A3G 자주포를 155mm PzH2000 자주포로 대체하였다. 이 자주포는 155mm 52구경장 포신과 새로운 모듈형 장약을 사용하여 표준탄으로 30km, 보조추진탄으로 40km의 사거리를 달성할 수 있다. 자동장전장치를 사용하여 10초에 3발의 급속사격과 분당 8발의 최대 발사가 가능하다. 자동적재장치를 사용하며, 수동모드 작동도 가능하다. 차체의 탄 적재함에 50발의 탄과 포탑적재함에 288개의 모듈형 장약을 탑재할 수 있다.

우수한 기동성과 신속한 진지변환을 위하여 8기통의 M881 디젤엔진을 탑재하고, 레오파드 전차에서 입증된 현수장치를 사용했으며, 최대 주행속도는 60km/h 이상이며, 항속거리는 420km이다. 균질압연장갑재로 차체를 제작하였으며, 부가장갑과 스폴라이너(spallliner)를 설치하였다.

항법장치를 탑재하여 방향, 포위치, 포신고각을 측정할 수 있으며, 탄도계산기로 자주포를 독자적으로 사격할 수 있다. 주 무장은 자동으로 방열할 수 있으며, 포구구동은 전기구동식을 적용하였다. 5명의 승무원으로 운용된다.

(바) 남아프리카 공화국

주 전략진지에서 1000km 떨어진 지역에서의 작전을 수행하여야 하는 남아프리카 공화국의 특수지형을 고려하여 연료소모가 적고, 군수지원이 유리한 차륜형으로([그림 2-44] 참조) 자주포를 제작하였다. G6 자주포는 1982년 9월에 공개되었다.

[그림 2-44] 남아프리카 공화국 155mm G6 자주포

G6은 완전 자동방열과 항법장치를 장착한 최초의 자주포로서, 주 무장은 45구경장의 자긴가공된 155mm 구경의 포이다. 최대 사거리는 탄저공기항력 감소탄으로 39.3km이고, 베이스블리드와 로켓모터 기술을 결합한 신형 복합추진탄인 V-LAP(Velocity enhanced Long range Artillery Projectile)과 신형 M64 Bi-Modular

장약을 사용하여 53.6km을 얻었다. 포탑은 좌우로 각각 40° 회전이 가능하다. 반자동장전으로 발사속도는 분당 4발이다.

3. 무기체계 발전 추세

미래의 전장 환경은 다양한 위협, 전천후 환경 및 전방위 작전 수행능력 확보로 운용개념이 변화되고 있으며, 네트워크 기반의 입체정보에 의한 지휘통제와 표적에 대한 입체적 대응이 가능한 화력 무기체계의 개발이 요구되고 있다. 화포는 군사정책 및 운용개념에 따라 다소 차이는 있지만, 일반적으로 곡사포 무기체계는 견인식, 자주식을 불문하고 포구경을 표준화시키고, 사격통제장치의 자동화, 포구에너지 증가에 의한 사거리 증대, 에너지 목표 집중에 의한 정밀발사 능력 보유, 발사속도의 증대 등의 화력성능 외에 경량화에 의한 기동성 확보와 조준의 자동화, 탄의 자동 이송 및 장전 등 조작상의 개량이 시도되고 있다. 또한 표적획득 수단의 발달, 탄약 운반차량의 개발 등이 이루어지고 있다.

자주포의 효율적인 전투수행, 훈련, 교리 및 편제를 과학적으로 해결하기 위하여 워게임 및 전투시나리오를 개발하여 대처하고 있다.

가. 포구경의 표준화

화포의 구경은 견인포의 경우 지금까지 서방지역은 구경이 90, 105, 155, 175, 203mm(8인치) 등으로 제작되었으나, 미국을 중심으로 90, 175, 203mm는 도태되고 105mm와 155mm가 주로 운용되고 있으며, 점차 155mm 구경으로 표준화되어 가고 있는 추세이다. 자주포의 경우도 견인포와 같은 추세로 구경 155mm포로 단일화되어 가고 있다. 특히 현재 각국의 포병부대의 주요장비로 성능개량 및 신규개발을 추진하고 있는 화포의 주류는 155mm포이다. 이것은 화포의 기동성을 고려하여 중량 증가가 제한되고 여러 종류의 화포 체계를 관리하기가 어려우며, 군사기술의 발달로 구경 증가가 아닌 다른 방법에 의해서 사거리를 증가시키는 방법이 보다 효율적이라고 판단하였기 때문이다. 그러나 보유 중인 화포와 탄약의 재고량 때문에 당분간은 혼용되고 있는 실정이다.

여기에 비하여 러시아를 비롯한 구 공산권 국가에서는 152mm 구경을 주력화포로 삼고 있으나, 서방국가들에 비하여 아직도 다양한 화포를 보유하고 있는 실정이다.

나. 사거리 연장

화포의 사거리 연장은 적 화력에 최소로 노출되면서 충분한 억제력을 발휘하고, 소수의 화포로 넓은 지역을 방어하거나 분산된 진지에서 집중적으로 화력 지원이 가능하고, 적의 공격으로부터 보호되는 후방에 화포가 위치하기 위하여 필요하다.

사거리 연장기술은 견인포나 자주포의 구분 없이 포신의 길이 연장, 추진장약의 추진력 증대, 탄의 유선형 및 탄저부 항력 감소와 보조추진 등이 복합적으로 적용되고 있다. 이들 화포의 사거리 연장기술은 다음과 같다.

(1) 포구속도 증대에 의한 사거리 연장

화포의 사거리를 증대시키는 방안으로 가장 쉽게 고려할 수 있는 것이 포탄의 포구속도를 증가시키는 방법이다. 그런데 탄의 포구속도에 영향을 주는 요소로는 포의 구경, 포신의 길이와 약실의 압력을 들 수 있다.

포 구경이 증가하면 일정한 추진제 압력에 대하여 탄이 받는 힘이 증가하여 포구속도가 증가하게 된다. 그러한 이유에서 화포는 소구경에서 점차 대구경으로 변천되어 와서 서방지역은 포의 구경이 90, 105, 155, 175mm, 8인치(203mm) 등으로 제작되었다. 그러나 앞서 언급한 것처럼 현재는 구경이 105, 155mm가 주로 운용되고 있으며, 점차 155mm 구경으로 표준화되고 있다.

한편으로 포신의 길이가 증가하면 강내탄도학적으로 포구를 떠나는 순간에 탄이 받는 에너지가 증가하여 포구속도가 증가하게 된다. 지난 40년 동안 포신 길이는 최초 23→39→45→52구경장으로 크게 증가하여 왔으며, 최근에 제작되는 포는 52구경장이 주종을 이루고 있다. 또한 연구·개발되고있는 화포는 포신길이가 62~68구경장으로 점차 길어지고 있는 추세이다.

다른 한편으로 약실의 압력을 증가시키면 포강 내에서 탄에 작용하는 힘이 증가되어 포구속도가 증가하게 된다. 그러므로 고체 추진제의 향상과 성분을 개량하거나, 액체 추진제를 사용하여 약실 압력을 증가시키려는 노력이 진행되고 있으며, 한편으로 전자기적인 힘을 이용하여 탄체를 추진하려는 방법도 연구되고 있다. 또한 장약의 형태를 단위 모듈형으로 하여 포구속도의 증대를 꾀하고 있다. 차세대 화포의 포구에서의 속도는 약 2500m/s에서 3000m/s 수준까지를 목표로 하고 있다. 그러나 일반적으로 포신압력을 증가시키면 포신의 내구도가 감소되고, 포신이 두꺼워지므로 기동성에 제한을 받게 된다.

(2) 보조 추진에 의한 사거리 연장

탄체가 공기중에 비행하는 동안 추가적으로 추진시켜 탄체를 가속시켜 사거리를 연장시키는 방법으로 로켓보조추진탄(RAP: Rocket Assisted Projectile)과 램제트추진탄이 있다.

RAP탄은 포탄 속에 로켓모터를 장착하여 발사 후 수 초 내에 로켓모터를 점화시켜 포탄을 가속하게 하여 사거리를 증가시키는 방식의 탄이다. 보조로켓의 종류로는 고체연료 또는 액체연료를 사용하며, 고체연료를 사용할 때는 사거리를 약 25%까지 연장할 수 있으며, 액체연료로는 25~100 범위 내에서 연장할 수 있다고 알려지고 있다. 1970년 대 말에 39구경장의 포에 RAP탄으로 최대 사거리를 30km까지 연장시켰다. RAP탄은 재래식 포탄에 비하여 가격이 비싸지만, 사거리가 크게 증가되며, 동일한 사거리를 고려하는 경우 화포의 무게를 약 ⅓ 정도까지 경량화시킬 수 있다. 그러나 로켓 모터가 차지하는 공간만큼 작약을 충전하지 못하기 때문에 그 만큼 탄 효력을 저하시키는 단점이 있다.

램제트추진탄은 탄저부에 램제트엔진을 조립하여 탄을 추진시키는 방법으로 구조가 간단하고, 추진효율이 양호하다.

(3) 공기항력 감소에 의한 사거리 연장

탄의 사거리를 감소시키는 항력은 탄체 앞부분의 형상에 의해 생성되는 압력항력과 탄저부에서 공기의 후류 유동(wake flow)의 재순환과 박리에 의해 형성되는 부분 진공에 의한 탄저항력으로 분류된다.

압력항력을 감소시키기 위해서는 포탄의 형상을 공기역학적 측면에서 재설계하는 방법을 주로 사용한다. 대표적인 예로서 미우주연구소에서 개발한 155mm SRC (Space Research Corporation)탄이 있는데, 이 탄을 사용할 경우 사거리가 10% 정도 증가하는 것으로 알려져 있다.

다른 한편으로 탄저부에 공기항력 감소장치(BB: Base Bleed)를 부착하여 가스를 발생시켜 전체 항력의 50% 정도를 차지하는 탄저부 항력을 감소시키는 방법이다. 탄저 공기항력 감소탄은 탄저부 항력을 70~80% 정도 감소시켜 사거리를 25~30% 연장시킬 수 있다. BB탄을 사용할 때 155mm 화포의 경우 39구경장 포로는 30km, 52구경장 포로 40km의 사거리를 획득할 수 있다. 최근에는 오자이브쪽에는 RAP을 탄미에는 Base Bleed를 부착한 복합추진탄이 연구되고 있는데, 155mm 포의 경우 복합추진탄을 사용하는 경우 최대 사거리를 50km까지 증대시킬 수 있을 것으로 예상하고 있다. 그러나 이러한 복합설계는 구조적 결함 때문에 분산도가 큰 것으로 알려져 있다.

다. 정확도 향상

포병은 지역타격을 목표로 많은 화력을 지원하여 적을 무력화시키는 선형 대칭적 전투에서 큰 위력을 발휘하여 왔다. 그러면서도 적은 양의 탄약으로 파괴하고자 하는 목표물만을 정확히 파괴시키거나, 점표적인 전차나 장갑차 등과 같은 고정표적을 정확히 타격할 수 있기를 간절히 희망하여 왔다. 이러한 탄의 정확도를 증가시키는 방법으로 다음과 같은 수단들이 이용되고 있다.

(1) 표적획득장치

초탄 명중을 보장하는 가장 중요한 요소는 사격제원 산출과정에서 발생하는 각종 오차를 제거하는 것으로서 표적의 종류와 표적까지의 거리, 방향 등 표적에 대한 정확하고 신뢰성 있는 자료를 획득하는 것이다. 실제로 현대 포병의 효과적인 사용에 제한을 주는 가장 주요한 요소는 표적탐지이며, 지상관측자의 관측선을 어떻게 연장하는가 하는 것이다. 이러한 표적획득방법을 정리하면 다음과 같다.

첫째로, 목표탐지 레이더를 이용하는 방법으로, 레이더는 비교적 장파를 사용하기 때문에 다른 탐지수단에 비하여 표적까지의 거리를 측정할 수 있을 뿐만 아니라 표적의 이동속도를 측정할 수 있는 이점이 있다. 야간탐지장비로는 일영상측정기와 영상증폭기가 사용되나, 가시거리가 짧다는 단점이 있다.

둘째로, 무인항공기(RPV: Remotely Piloted Vehicle)를 이용하는 방법으로 정찰, 레이저를 이용한 표적지시, 표적획득 및 사격의 조정까지 이용될 수 있다.

셋째로, 제공권이 확보되지 못한 상황에서 사용이 가능한 방법으로, 탄에 GPS 신관기술과 비디오 영상탄(VIP) 기능을 조합한 정찰탄을 사용하는 차세대 신기술이다. 이 포탄은 목표지점의 영상을 획득하여 송신하는데 필요한 기계, 광학, 전자 구성품들을 탑재한 것으로서, GPS 수신기와 비디오 영상기를 장착한 무선 조절이 가능한 자탄이 비행하면서 탄의 비행위치와 전장상황을 비디오 영상으로 송신하여 지상 수신기에서 자료를 재생시켜 전시하게 한다. 탄이 약 5분 동안 체공할 수 있어서 그 동안 표적탐지, 식별 및 사격, 표적지역의 손상 정도를 평가할 수 있는 실시간 운용이 가능한 장점이 있다.

넷째로, 인공위성을 이용하는 방법으로, 군사 강대국들은 대부분의 정보 및 표적획득에 인공위성을 이용하고 있다.

(2) 탄도오차의 감소

탄의 정확도를 증대시키는 다른 방법은 탄도오차를 감소시키는 것으로, 요구하는 탄도에 따라 탄이 목표까지 비행하도록 하는 수단이다. 이는 정해진 탄의 포구속도 변화를 최소화하여 탄의 분산도를 줄이는 방법, 기상오차를 줄이기 위하여 풍향과 풍속을 매시간 측정하여 사격에 반영하는 방법과 탄발사시 발생하는 포의 진동을 방지하여 탄 분산을 감소시키는 방법 등에 의해 가능하다. 이들 중 가장 큰 영향을 미치는 것은 포구속도에 의한 것으로, 실제 포구속도에 의한 정확한 탄도를 예측하여 포의 정확도를 구하는 것이다. 이를 개선하기 위하여 최근에는 포구속도 측정기를 각 포에 설치하여 매 사격발수마다 포구속도를 측정하여 탄도 계산 컴퓨터에 입력시켜 보다 정확한 탄도 계산 컴퓨터에 입력시켜 보다 정확한 탄도계산을 하도록 한다.

또 다른 탄도오차의 감소는 탄도 실시간 분석 폐쇄회로(TRAC: Trajectory Real-time Analysis Closed Loop)를 사용하여 각 포마다 실제 탄도를 측정하여 기상에 따른 탄도오차를 감소시키는 것이다. 미래 자주포 체계에서는 탄도오차를 감소시키는 이러한 방안이 크게 고려되고 있다.

(3) 유도포탄의 사용

일반적으로 사거리가 증가하면 사탄 산포율이 크게 증가하게 된다. 이 사탄사포를 최소화하기 위하여 앞서 설명한 방법 이외에도 최근에는 탄도수정탄을 개발하고 있다. 이 방법은 지상에서 탄의 위치를 추적할 수 있는 PTS(Projectile Tracking System)나 비행 중자기 위치를 계산할 수 있는 GPS(Global Positioning System)를 탑재하여 실탄도를 계측하고, 이를 표준 탄도와 비교하여 오차가 발생할 경우에 그 오차를 사격제원을 수정하는데 사용하거나 직접 포탄에 지력을 주어 수정하는 방법으로 정확도를 향상시키는 것이다. 영국에서 개발한 탄도수정탄의 경우는 50km 사거리에서의 사탄분포가 재래식탄의 24km에서의 사탄분포의 59% 이하인 것으로 알려져 있다.

라. 반응성의 증대

화포의 성능에서는 사격명령을 접수하고 나서 초탄을 발사하는데까지 소요되는 시간을 중요하게 고려하고 있다. 1980년대까지는 포반에서 사격제원을 적용하여 초탄을 발사하는 데 많은 시간이 소요되었다. 모든 화포가 측지반을 이용하여 화포가 사격해야 할 위치를 측지해야 하였고, 측지된 위치로 화포를 이동시키고 나침반이 있는 방향틀로 화포의 방향과 포구경을 정렬하여 사격방향을 맞추고 화포를 사각으로 구동시켜야 하였다. 또한 수정사격을 하여야 하기 때문에 최초의 방향을 유지하기 위해 화포로부터 4m 떨어진 위치에 겨냥틀을 설치하거나 50m와 100m 위치에 겨눔대를 설치하는 등, 일련의 절차로 많은 시간이 소요되었다.

1980년대 중반에 화포의 사격 충격력에 견딜 수 있는 자이로가 개발됨에 따라 화포의 위치(고도, 좌표)를 자동으로 인식하고, 가속도계가 같이 장착됨으로써 고각과 측면경사각이 자동으로 파악되어 사각을 자동으로 장입할 수 있고 사격방위각을 장입할 수 있게 되었다. 이는 실질적인 화포의 자동화가 이루어져 초탄발사 소요시간을 획기적으로 단축하는 계기가 되었다. 최신의 자주포의 경우 기동 중에 표적제원을 통보받은 후 1분 이내에 초탄을 발사할 수 있는 포의 반응성을 요구하고 있다.

장차에는 디지털화된 사격통제체계가 적용되어 영상으로 표적정보를 받고 처리속도가 빨라지고 위치 확인장치도 GPS기능을 추가하고, 탄과 추진장약이 자동 장전되고 레이저격발장치가 적용되면 보다 빠른 사격이 이루어지게 될 것이다.

마. 발사속도의 증대

발사속도는 현대전에 있어서 분산의 필요성과 밀접한 관계가 있다. 화포가 분산된 상황에서 화력을 증가시키기 위해서는 화포 1문당 발사속도를 높이어 제한된 시간에 많은 탄을 발사하여 운용효과를 높이는 방법이 가장 효과적이다.

이는 포탄 장전방법, 발사장치 및 포미폐쇄장치 등 포 자체의 능력을 개선하여 달성할 수 있을 뿐만 아니라 사격통제장치, 포 방열장치 및 격발장치 등을 개선하여서도 가능하다. 통상 발사속도는 포구경에 반비례하지만, 실제로 포탄을 자동 또는 반자동으로 장전함으로써 발사속도를 높일 수 있다.

자주포의 경우 탄약을 취급, 장전하는 보조장치가 없는 경우는 일반적으로 분당 4발의 발사속도를 유지할 수 있었다. 1990년대에 들어서면서 탄의 자동장전과 탄 적치대, 이송장치를 적용하고 포미밀폐기구의 자동화, 뇌관 자동 삽입장치를 사용하여 발사속도가 분당 6~8발로 증가하였다.

군사과학기술이 발전함에 따라 자주포의 경우 포신과 주퇴복좌기에 냉각장치를 적용하여 발사속도 증대에 따른 무장부위의 온도상승을 억제하고, 탄과 추진장약을 자동으로 장전시키고 신관도 다기능(착발, 지연, 근접, 시한)을 갖도록 개발하고, 신관의 기능장입도 탄의 이송 중 수행하며, 뇌관의 빈번한 교체에 따른 사격 중단을 해결하기 위하여 뇌관을 사용하지 않고 레이저로 점화시켜 전체적인 발사속도를 분당 10발 수준으로 발전시키고 있다. 이는 화포의 질적 수준을 높여 포 1문이 기존의 여러 문의 화포와 같은 화력을 제공할 수 있게 되어 예산과 인력을 절감하는 효과를 얻고 있다.

바. 탄두 위력의 증대

(1) 분산탄 개념의 도입

분산탄은 대상표적이 넓은 지역에 산재하거나, 탄의 정확도가 고폭탄의 유효살상반지름보다 커서 단일 고폭탄으로 목표물을 효과적으로 제압할 수 없는 경우와 연막탄이나 살포지뢰탄과 같이 다양한 탄종의 필요에 의해서 설계되었다. 초기에는 대체로 곡사포체계에 단순한 고폭자탄을 내장한 형태이었으나, 개인 및 경장비도 효과적으로 공격할 수 있도록 이중 목적탄이 개발되었다.

(2) 포탄 유효면적의 증대

넓은 면적에 소수의 포탄을 산포하는 방식은 유효파편의 명중률이 매우 낮기 때문에 탄의 파열시 적당한 크기의 파편으로 만들어지도록 선 가공하여 포탄의 효력면적을 증대시킬 수 있다. 또한 기체폭약(FAE: Fuel Air Explosion)과 같이 탄이 폭발할 때 큰 폭발성 구름을 발생시켜 넓은 지역에 퍼지게 한 후 폭발시켜 폭발면적을 증가시킬 수 있다.

사. 기동성의 향상

화포의 기동성을 향상시키기 위해서는 포의 무게를 감소시키거나, 자주화를 추진하거나, 단거리 이동을 위하여 보조동력장치 등을 설치하는 방법들이 개발되어 왔다. 이는 생존성을 향상시키는 중요한 수단 중의 하나이다.

(1) 화포 중량의 감소

화포의 중량을 감소시키는 방안으로는 무엇보다도 먼저 새로운 재료를 사용한 설계기술의 향상을 들 수 있다. 최근 포의 무거운 부분인 포신, 포가를 복합재료를 사용함으로써 경량화를 추구하고 있다. 또한 연식주퇴장치를 사용하여 주퇴부의 중량을 줄임으로써 화포의 중량을 감소시킬 수 있다. 미래포병 전투체계에서는 수송기로 수송이 가능한 중량 20톤 이하를 최대 허용중량으로 삼고 있으며, 이러한 이유로 거의 개발이 종료된 50톤급의 미국의 크루세이더 자주포체계가 중단되었다.

(2) 화포의 자주화

제2차 세계대전 후 기갑사단의 편성과 더불어 전차나 장갑차와 기동하면서 화력지원하는 포병의 기동성 향상이 요구되어 자주포의 필요성이 대두되었다. 미국은 제2차 세계대전 이후 급속한 자주화 개발을 추진하여 1950년 이래 각종 야포를 자주화하여 왔다. 러시아도 제2차 세계대전 중에 대전차화기로서 자주화된 포를 배치하였으나, 주로 로켓을 탑재한 자주포의 개발에 중점을 두었으나, 1970년대에 들어 화포의 자주화를 시작하였다.

화포 자주화는 기동성의 향상과 더불어 화포의 융통성을 향상시키기 위하여 방향사계가 한정된 범위에서 360° 사격이 가능하게 회전포탑 방식으로 개발되었으며, 초기의 자주포는 사격 중 인원이 노출되었으나, 최근에 개발되는 자주포의 인원을 적의 총탄이나 화생방으로부터 보호하기 위하여 장갑으로 보호된 포탑 안에서 사격 임무를 수행할 수 있도록 설계하고 있으며, 궤도형으로 발전하여 왔다. 그러나 지역적 특성 때문에 남아프리카공화국은 예외적으로 차륜형을 채택하고 있다.

자주포의 기동성에 있어서도 현재까지도 엔진이 1000마력 수준이었으나, 앞으로는 1500마력 수준으로 기동군단의 기동수단인 최고속도 67km/h, 평균야지 주행속도 48km/h 수준으로 높일 계획이다.

(3) 보조동력장치

견인포의 기동성을 높이기 위하여 곡사포에 보조동력장치를 설치하여 제한된 근거리의 이동은 견인차에 의존하지 않고 자력으로 이동이 가능하도록 하였다. 이러한 장치는 포탄의 자동장전용 동력으로 사용되고, 가신을 올리고 내려주는 기능까지 수행하게 하여 포 배치시간을 단축시키고 인력절감을 가져오게 하였다. 이러한 장치는 러시아의 85mm SD-44 보조추진 평사포, 다국적의 FH-70 및 FH-77 곡사포의 보조동력장치를 예로 들 수 있다.

아. 사격통제장치의 자동화

간접사격체계로부터 최대의 효과를 얻기 위해서는 사격의 우선순위 평가와 정확한 판단을 할 수 있는 통제방법이 있어야 한다. 현재까지는 전방관측자에 의해 제공된 자료가 통상적인 지휘체계에 보고되고 모든 계산이 수동으로 이루어져 사격이 행하여졌다. 그러나 최근에는 컴퓨터를 이용하여 사격제원, 기상제원을 계산함은 물론, 각 포대의 위치와 탄약의 재고량, 표적의 위치와 형태의 정보가 입력되면, 컴퓨터는 포대에 표적할당과 우선순위를 계산하여 주며, 어떤 종류의 포탄을 얼마만큼 어떤 사격률로 사격해야 할 것인가를 알려준다. 장차에는 컴퓨터의 속도가 더 빨라져 다수표적의 획득 및 통제도 가능해져 효과적인 사격통제가 이루어질 것이다.

자. 생존성 향상

현대의 전장에서 화포는 다양한 무기체계로부터 집중적인 공격을 받게 되어 있다. 그러므로 화포 자체는 물론 운용자의 생존성 향상을 위한 노력이 끊임없이 발전되어 왔던바, 자주포의 배치가 날로 증대되고 있다.

포병의 생존성은 1970~1980년대는 소화기로부터의 방호가 주였었지만, 1990년대에는 적의 주력 탄종인 152mm 포탄이 공중에서 폭발할 때 파편으로부터 장갑이 방호되고 화학전에서 임무를 수행할 수 있도록 하였다. 그러나 21세기에는 주력 탄종이 이중목적 대인개량탄(DPICM)이 됨에 따라 장갑방호력도 부가장갑을 추가하여 주력 탄종에 대하여 장갑을 방호하고, 적의 레이더로부터 탐지되지 않도록 스텔스 기능을 부여하고 있다.

제4절 박격포

1. 분류 및 특성

가. 분 류

박격포는 고각으로 사격하고 포판을 통하여 주퇴력을 직접 지면으로 전달, 흡수하게 하는 포를 말한다. 현재 널리 사용되고 있는 재래식 박격포는 포구장전식이고, 활강 포열을 사용하며, 날개안정탄을 아음속으로 발사하고, 장약량의 가감과 사각의 변화로 사거리를 조정할 수 있다. 박격포는 탄두를 발사하여 비행시키는 포신, 포신을 일정한 위치로 조절하고 고정시켜주는 포다리, 사격시에 발생하는 충격력을 지면에 전달 흡수하게 하는 포판, 그리고 포의 자세를 나타내는 조준구로 구성된다.

박격포는 분류기준에 따라 다음과 같이 구분한다.

① **이동수단에 따른 분류** •휴대 운반형 박격포 •차량 견인형 박격포 •자주형 박격포
② **탄약 장전방식에 따른 분류** •포구장전식 박격포 •포미장전식 박격포
③ **포열의 강선 유무에 따른 분류** •활강식 박격포 •강선식 박격포

나. 특성

박격포의 최대 장점인 45° 이상의 고사각 탄도특성은 화포에 비해 상대적으로 월등한 고사계 사격을 가능하게 하여 고지 후방 및 참호와 고층 건물 사이에서 벌어지는 현대의 시가전에서 효과적인 공격능력을 제공하며, 지면에 거의 수직으로 낙하하는 탄두에 의해 보다 넓은 살상면적을 제공한다. 그러므로 120mm 구경의 박격포탄으로 최신형 155mm 곡사포 탄두의 65~85% 수준의 살상위력을 발휘할 수 있다. 또한 81mm 이하 중·소구경 박격포는 운용병이 휴대하여 운반함으로써 우수한 기동성을 발휘하며, 일반 야포에 비해 빠른 발사속도는 단시간 내에 집중 화력을 제공한다.

그러나 구경이 커질수록 기동성 및 생존성을 강조하는 현대전 특성에 부합하게 차량에 장착하는 형태로 다양하게 발전하고 있는데, 최근에는 자동화된 사격통제장치를 보유한 자주박격포가 출현하였다.

2. 국가별 개발현황

제2차 세계대전에서 지상군 사상자의 약 절반이 박격포에 의해 발생했다는 통계가 발표되자 세계 각국은 박격포의 중요성을 인식하게 되었다. 1970년대 이후에는 사거리의 연장 및 박격포의 경량화를 중심으로 성능개선이 이루어지면서 박격포는 급속한 발전을 거듭하여 왔다. 또한 전장환경의 변화로 표적획득 초기단계에서 대량으로 공격하고 신속하게 진지를 변환할 수 있는 능력이 요구되어 차량 탑재형 및 포탑형 자주박격포가 출현하게 이르렀다.

현재 운용 중인 전통적 구조의 박격포는 1900년대 초 프랑스에 의해 개발되었으며, 미국을 포함하여 전 세계에 보급되었다. 박격포는 초기의 보병휴대 운반형인 구경 60, 81mm(동구권 82mm)급에서 1980년대 이후 120, 160mm 대구경 박격포로 전환되었고, 현재에는 4.2인치(207mm), 240mm, 420mm까지 출현하였다. 그러나 전 세계적으로 주력체계는 점차 120mm급으로 전환되어 견인형 및 탑재형으로 운용되고 있다.

현재 각국에서 운용 중이거나 개발 중인 박격포의 현황은 〈표 2-16〉과 같다. 표에 나타난 것처럼 박격포의 성능은 최근 크게 향상되어 60mm급 박격포는 사거리가 1.5~2.0km에서 3.5~4.0km 수준으로, 81mm급 박격포는 3.5~5.0km에서 5.5~7.0km 수준으로 연장되었다.

〈표 2-16〉 각국의 박격포 개발현황 및 특성 비교

국 가	대표 모델	배치 연도	주요 특성 및 성능				
			사거리(km)	중량(kg)	사각(도)	사통장치	운반형태
미 국	60 mm M224	1977	3.5	21.1	45~85	광학식	휴대 운반
	81mm M252	1984	5.7	42.3	45~85	광학식	휴대 운반
	120mm M120	1994	7.2	사격시: 145 이동시: 321	45~85	광학식	견인(HMMWV)
	120mm M121	1994	7.2	-	45~85	광학식	장갑차 탑재형
	120mm FCS	개발 중	12 이상		-3~85	전자식	장갑차 탑재형
러시아	82mm 2B14	-	4.1	41.9	45~85	광학식	휴대 운반
	120mm NONA SVK-M	-	8.8 RAP: 12.8	390	-	광학식	견인
	120mm 2S31	-	7.2 RAP: 18	19500	-4~85	-	장갑차 포탑형
프랑스	TDA 60mm Light	1963	2.0	14.8	45~85	광학식	휴대 운반
	TDA 81mm Light	1961	5.0	42.5	45~85	광학식	휴대 운반
	TDA 120mm RT	1973	8.1 RAP: 13	627	45~85	광학식	견인
	TDA 120mm 2R2M	2003	8.1 RAP: 13	탑재장치: 1500	45~85	전자식	장갑차 탑재형

스웨덴	120mm AMOS	2002	10 RAP: 13	포탑: 3300	-5~85	전자식	장갑차 탑재형
한 국	60mm KM171	1987	3.6	18		광학식	휴대 운반
	81mm KM187	1995	4.7	42		광학식	견인
	4.2인치 KM30	1977	6.9	303		광학식	장갑차 탑재형

이들 박격포의 개발현황을 각 국가별로 구분하여 살펴보면 다음과 같다.

가. 한 국

(1) 60 / 81mm 박격포

[그림 2-45] 60mm 박격포(좌), 81mm 박격포(우)

구 분	60mm 박격포	81mm 박격포
중량 / 길이	17.8kg / 98.7cm	48.53kg / 129.54cm
사거리	67~3,590m	72~4,737m
최대발사속도	최대 30발/분	30발/분
살상범위	고폭탄 27m	고폭탄 34m

60mm 박격포는 1950년대 미국 군원장비를 인수하여 사용하였으며, 1970년대 방위산업 육성의 일환으로 모방생산하였고, 1984년 국방과학연구소에서 신형박격포를 개발하였다(그림 2-45 왼쪽).

박격포는 포신, 포다리, 포판으로 구성되어 있으며, 40~85°까지 사격할 수 있다. 포열은 강선이 없는 활강식이며, 포탄을 포구로 장전하는 포구장전식이다. 사용포탄은 고폭탄, 백린연막탄, 조명탄 등이 있다.

박격포 사격은 포구로 장전된 포탄이 포신의 경사에 의해 밑으로 떨어지면 포탄의 뇌관의 충격으로 점화약통이 폭발하여 추진장약을 연소시키고 추진장약 연소 시 발생하는 가스압력에 의하여 포탄이 발사된다.

81mm 박격포(그림 2-45 오른쪽)는 제1차 세계대전 이후에 미국에서 개발하여 제2차 세계대전 및 한국전에서 사용된 장비이다. 한국은 1950년대 주한미군 철수 시 장비를 인수하여 사용되기 시작하였으며, 1980년대에 한국형 개량박격포를 개발하였다.

(2) 4.2인치 박격포

[그림 2-46] 한국 4.2인치 박격포(좌), 장갑차 탑재(중앙), K-532 다목적전술차량 탑재 (우)

중 량	298.7kg	강 선	24조 우선
포열길이	152.4cm	사각범위	45~85°
사거리	6,850m	발사속도	최대 18발, 유효 5발/분

4.2인치 박격포는 제2차 세계대전 중 미국이 개발하여 한국전에 사용된 장비이다. 한국은 1950년 미국 군원으로 구형 박격포(M2A1)를 획득하여 운용하였으며, 1978년 미국으로부터 대외군사판매(FMS)로 도입되었고, 1990년 국내에서 모방생산한 박격포(KM30)를 장비하였다.

[그림 2-46]에서 보는 4.2인치 박격포는 포열형태가 활강포가 아닌 강성포로서 포구장전식이며, 강선은 24조 우선으로 사거리를 연장하여 6,850m까지 사격 가능하다.

4.2인치 박격포는 무가가 278kg이며, 분리하여 도수운반하거나 차륜차량에 탑재, K-242A1장갑차 및 K-543 다목적 전술차량에 탑재하여 운용된다. 장갑차에 탑재되어 운용될 경우에는 별도의 포가를 설치하여 장착되며, 장갑차 뒷상부에 박격포 헷지가 있어 사격시 헷지만 열어 놓고 사격을 할 수 있어 인원을 보호할 수 있다.

나. 북 한

[그림 2-47] 북한 61mm 박격포(좌), 82mm 박격포(중앙), 120mm 박격포(우)

구분	61mm 박격포	82mm 박격포	120mm 박격포
구 경	61	82	120
최대사거리	1,500m	3,040m	5,700m
최대발사속도	20발/분	25발/분	15발/분

북한군은 중대급에는 박격포가 편성되어 있지 않고, 대대급에는 [그림 2-47]에서 보는 61mm 및 82mm 박격포를 운용하고, 연대급에는 120mm 박격포가 편성되어 있다.

다. 미 국

미국은 베트남전에서 81mm 경량 박격포(무게 30kg)가 보병이 진지밖에서 사용하기에는 과도하게 무거워서 폐기된 60mm M19 박격포를 다시 사용하여야 하였다. 그리하여 1970년대 연구개발을 시작하여 보병중대용 화력지원 화기인 사거리 3.5km의 60mm M224 경량 중대 박격포를 개발 완료하여 배치하였는데, 이 박격포는 경량화를 위해 알루미늄을 대폭 사용하였으며, 탄두위력 증가를 위해 M734 전자 신관을 채택하였다.

그후 1980년대 초에 보병대대용 화력지원 화기인 사거리 4.7km의 81mm M27A1 박격포를 대체하기 위해 사거리 5.7km인 영국의 81mm L16A1을 일부 개조하여 M252로 명명한 후 배치하였다. 또한 1990년대 초에는 보병연대용 화력지원 화기인 사거리 5.7km의 4.2인치 박격포 M30을 대체하기 위해 사거리 7.2km인 이스라엘 Soltam사의 활강식 120mm K-6 경량박격포를 채택하여 견인형은 M120으로, M113 장갑차 탑재형은 M121로 명명하였는데, 120mm 박격포를 탑재한 장갑차는 M1064A3이다. 1994년 복합재를 대폭 사용하고, 사격시 포판에 전달되는 충격력을 50% 이하로 감소시키기 위해 포신과 포판 사이에 완충장치를 삽입하여 중량을 대폭 감량한 총 중량 62.6kg의 120mm 경 박격포체계를 개발하였으나, 전력화 및 양산은 아직 착수하지 못하고 있다.

최근에 들어서는 초탄발사 소요시간 단축 및 정확도 증대를 위한 전자식 사격통제장치를 개발 중인데, 단기적으로는 M1064A3 장갑차에, 장기적으로는 120mm 박격포 미래전투체계(FCS)에 장착하여 운용할 계획으로 활발히 개발을 추진 중에 있다. 또한 사거리 및 살상위력을 증대하기 위하여 활강 박격포용 날개안정 로켓보조 이중목적 분산탄(사거리 10km 이상)과 초탄 명중을 위한 날개안정 정밀유도 박격포탄(사거리 15km)을 연구개발 중에 있다.

라. 러시아

러시아를 비롯한 동구권 국가들은 전통적으로 박격포의 전술적 가치를 높이 평가하여 보병의 주요 화력지원화기로 박격포를 매우 선호하여서 박격포의 개발과 전술 발전에 주력해 왔다.

러시아는 82mm 구경을 제외한 모든 박격포를 대구경화하여 107, 120, 160mm 등은 물론, 유일하게 240, 420mm를 갖추고 있으며, 전 세계에서 가장 다양하고 많은 박격포를 개발한 국가이다. 또한 160mm 구경 이상의 박격포는 핵 투발능력도 갖추고 있는 것으로 알려져 있다. 한편으로 곡사포의 개념과 혼용된 형태의 박격포 (mortar/ howitzer)까지 사용하고 있다.

현재 보유 중인 82mm 2B14 Podnos 경량박격포는 현대의 재료와 제작방법을 사용하였지만 전통적인 형상으로 유지하고 있는 휴대 운반형으로, 중량이 42kg에 최대 사거리가 4.27km이다. 또한 1971년 배치된 82mm Vasil다 2B9 자동박격포 ([그림 2-48] (a) 참조)는 스프링식 주퇴장치가 장착되어 있으며, 고사각에서는 포구에서 장전하나 저사각에서는 포미에서 장전한다. 이 박격포는 자동사격에서 분당 170발, 지속사격에서 분당 120발 을 사격할 수 있는 화력이 우수한 무기이다.

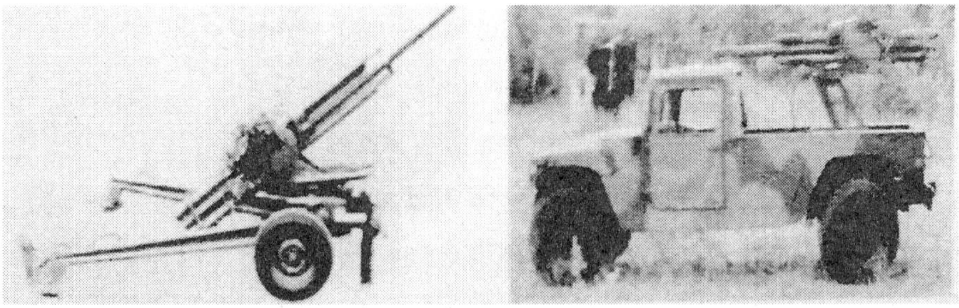

(a) 견인형　　　　(b) 차량 탑재형

[그림 2-48] 82mm Vasilek 자동 박격포

러시아에서 초기 제작된 것은 견인포 형태이었으나, 최근 미국에서 [그림

2-48] (b)처럼 HMMWV에 이 박격포를 탑재한 상태로 운용시험을 행한 것으로 알려져 있다.

120mm 2S11 박격포는 중량이 280kg, 최대 사거리 5.7km인 120mm M-43 박격포를 중량 210kg, 최대 사거리 7.1km로 경량화시키면서 개량한 것으로, 전통적인 구조의 견인형 활강식 형태이다.

한편으로 1981년경 선보인 박격포로 하나의 무기에 곡사포와 박격포의 특징을 합친포(mortar/howitzer)는 견인형으로 120mm 2B16(NONA-K) 조합포(Combination Gun)([그림 2-49] (a) 참조)와 이 포를 궤도형 장갑차에 장착한 포탑형 자주박격포 120mm 2S9(NONA-S)([그림 2-49] (b) 참조)가 있다. 이 120mm 곡사포/박격포 조합형은 1990년대에는 장륜형 BTR-80 장갑차에 장착한 자주박격포 NONA-SVK(2S23), 궤도형 BMP-3 장갑차에 장착한 자주박격포 Vena 2S31 등 다양한 변종이 출현하였는데, 사거리가 증대되고 직접사격으로 HEAT탄을 사격할 수 있다.

(a) NONA-K Combination Gun (b) NONA-S 자주 Howitzer/Mortar

[그림 2-49] 120mm 조합형 박격포

마. 프랑스

현재의 박격포 가운데 가장 복잡한 TDA 120mm MO 120 RT 강선 박격포는 서방국가에서 유일한 강선식 박격포로서, 어떤 면에서는 포와 비슷하다. 이 박격포는 강선식 포강에 포구장전식이다. 강선 홈이 파진 회전대가 부착된 회전

날개안정 탄약을 사용하여 탄도특성상 탄착분산도가 활강식 박격포에 비해 우수한 장점을 갖고 있다. 반면에 사격시 발생하는 회전 우력을 지지하기 위해 포다리와 견인장치가 일체형으로 되어 있어 박격포 중량이 582kg이며, 탄도특성상 사격 고각이 65도까지 제한됨으로써 1100m 이내의 근접지원 사격이 불가한 단점을 갖고 있다. 고폭탄의 사거리가 약 8.1km, RAP탄의 사거리가 13km이며, 1970년대 초에 양산을 착수한 이래 약 22개 국가에 이 박격포를 수출하였다.

한편 MO 120 RT 박격포의 포신과 탄약을 공용하면서 자동화된 선회, 고저 장전장치와 전자식 사격통제장치를 갖춘 경 장갑차 탑재용 TDA 120 2R2M 박격포가 1990년대 후반에 개발되었으며, VAB 6×6 차륜형 장갑차에 탑재된 2R2M 박격포의 초도양산이 이루어진 것으로 알려져 있다. 미 해병대에서 2R2M 박격포를 도입하여 무인화 원격조종 120mm 강선형 박격포인 Dragon Fire 시제품을 개발하여 기술적인 검증을 실시하고 있다.

바. 스웨덴

스웨덴은 1990년 후반에 업체자체 개발로 자주 포탑형 쌍열 120mm 박격포(일명 AMOS: Armored Mortar System)를 개발하였다. 이 포탑형 자주박격포는 직사능력 및 사격 간 NBC 방호능력과 선회, 고저, 장전이 자동화되고 전자식 사격통제장치가 갖추어짐에 따라 표적획득 후 단시간에 화력 집중이 가능한 능력을 가지고 있다. 최초에는 포구 장전형과 포미 장전형으로 2종의 시제품을 개발하였으나 최종적으로 포미장전식 형태로 단일화하였으며, 궤도형 또는 장륜형 새시에 장착하였다. AMOS는 3m의 장포신을 포탑 위에 2개 장착하고 있는데, 사거리는 고폭탄 10km, RAP탄 13km이다. 특히 포신마다 각기 부착된 자동장전장치에 의해 각 포신의 발사속도가 12발/분으로써 총 24발/분의 발사속도와 6발/12초라는 급속사격 능력을 갖고 있다.

3. 무기체계 발전추세

1910년경 박격포가 출현한 이후로 수십 년 동안 구조에서는 큰 변화가 없으면서도 대구경화, 사거리 증대, 경량화, 발사속도의 증대, 탄 위력의 증대 등 지속적인 성능향상이 이루어져 왔으며, 최근에는 현대전의 전투 개념의 변화에 따라 기동성, 생존성, 화생방 능력을 갖춘 자주박격포와 다련장 박격포 등이 출현하고 있는 추세이다.

가. 대구경화 및 단일화

보병이 신속하고도 충분한 포병의 화력지원을 받을 수 있었던 과거에는 보병이 무거운 대구경 박격포를 운용할 필요가 없었으나, 오늘날에는 포병의 주력화포가 155mm 구경으로서 종심 깊은 적 표적 제압을 대상으로 운용개념이 변화하고 있어서 보병의 자구적인 측면에서 화력이 큰 대구경 박격포가 요구되며, 실제적으로 그렇게 추진되고 있는것이 세계적인 추세이다.

박격포 구경의 발전추세를 살펴보면 서구권 국가들은 60,81mm, 4.2인치 및 120mm 등을, 러시아를 비롯한 동구권 국가들은 보병부대의 주요 화력지원화기로 박격포체계를 매우 선호하여 82, 120, 160, 240mm를 개발하여 운용하여 왔다.

그러나 근년에 들어 동서양을 막론하고 박격포체계의 주력 구경은 120mm로 통합되고 있는 추세이다.

나. 사거리 증대

일반적으로 사거리를 증대시키는 방법으로는 포열 길이를 증가시키거나, 탄두에 작용하는 약실압력을 증가시켜 포구속도를 증대시킴으로써 가능하다. 그러나 박격포의 포열 길이는 인간공학적 측면과 탑재형의 경우 장갑차 내부 공간 측면에서 약 2m 수준으로 제한되며, 약실압력도 사격시의 충격력 등과 같은 기술적 요소에 의해 제한을 받아서 고폭탄으로 달성 가능한 120mm 박격포의 최대 사거리는 8.5km 내외로 하고 있다.

사거리를 연장시키는 또 다른 방법으로는 로켓보조추진탄(RAP)을 사용하는 것으로 최대 사거리를 50% 정도 증가시킬 수 있다. 그러나 보조로켓을 탄 후미에 장착하여야 하므로 폭약추진공간이 줄어들어 탄 위력이 감소하고 보조로켓의 추진력이 일정하지 않아서 정확도가 저하되는 경향이 있다. 미국에서 개발 중인 로켓보조 분산탄인 XM984는 최대 사거리 12km를 목표로 하고 있다.

최근 미국에서 개발 중인 정밀유도 박격포탄인 XM395 PGMM(Precision Guided Mortar Munition)과 같이 일정 고도 이상에서 탄두의 날개를 이용한 낙하비행을 통해 최대 사거리를 15km까지 연장하면서 탄착 원형 공산오차(CEP: Circular Error Probable)를 1m까지 정밀 유도하고자 하고 있다.

다. 발사속도의 증대

박격포의 발사속도를 증가시키는 한 방법으로 다수의 포탄을 동시에 발사하는 방식으로 스위스의 쌍열 박격포와 이라크의 다연장 박격포가 제작되었다. 그러나 대부분의 국가에서는 장갑차량에 탑재하여 자동장전장치를 부착하여 탄 발사속도를 증가시키는 방향으로 개발을 추진 중에 있다.

라. 살상위력 증대

살상력의 증대는 다목적 근접신관을 이용하여 일정한 지상높이에서 공중폭발시키거나, 탄체의 파편효과를 증대시키는 재질을 사용하거나, 위력이 큰 충전폭약을 사용하는 방법 등으로 가능하다. 또한 탄채 내에 수십 개의 자탄을 넣은 분산탄을 사용하는 경우로서 살상위력을 약 2배 이상 증대시키고, 자탄이 갖는 성형장약에 의한 장갑판 관통능력도 보유하고 있다.

마. 경량화 추구

박격포는 운용 목적상 보병이 휴대운반을 하여야 하는 60mm 및 81mm급 박격포와 필요시 단·중거리 휴대운반을 필요로 하는 특수부대용 120mm 박격포는 중량을 대폭감소시킨 경량 박격포로 발전하고 있다.

박격포의 주요 구성품인 포열, 포다리, 포판 자체를 현재 사용하고 있는 강철 대신 알루미늄 합금, 마그네슘 합금, 복합재료 등과 같은 경량소재를 사용하고, 포다리의 구조개선, 포신두께의 최적화 등을 통하여 경량화를 추구하는 추세이다. 또한 포신과 포판 사이의 완충장치를 사용하여 포판을 소형화하는 방법으로 경량화를 추진하고 있다.

바. 자주화

기동성 제공을 통한 생존성 증대 측면에서 장갑차를 중심으로 한 자주화가 이루어지고 있는데, 일반적으로 차체는 타 무기체계 차체와 공용하면서 차량 탑재형과 포탑형 자주박격포인 두 가지 형태의 구조를 갖고 있다.

포탑형 자주박격포는 NBC 방호가 가능하고 필요시 탄약을 자동장전하며 직사 사격도 구현할 수 있는 형태로 발전되는 추세이다. 한편으로 탑재형 자주박격포는 직사 사격이 불가하고 사격간 NBC 방호가 어렵다는 제한이 있으나 생산 및 정비유지 비용이 저렴한 경제적 이점이 있어서 현재 상태로 운용될 것이다.

사. 활강 혹은 강선 포열의 채택

120mm 박격포의 경우 현재 일반적으로 운용 중인 활강식과 프랑스에서 개발되어 각국에서 운용 중인 강선식 박격포 두 종류가 사용되고 있다.

활강식 박격포는 날개 안정탄을 사용하므로 비행탄도가 안정적이고, 85도 고각까지 사격이 가능하여 산악전투 및 시가전에서 유리하고, 최소 사거리가 약 200m 수준으로서 근접 화력지원 능력을 제공할 수 있다. 그러나 날개 안정탄의 특성상 비행 중 공기의 영향을 상대적으로 많이 받으므로 강선식 박격포보다 분산도가 큰 단점이 있으나, 고사계사격이 많아 탄착시 낙각이 크므로 탄두 위력은 강선식과 거의 대등하다.

강선식 박격포는 회전 안정탄을 사용함으로써 분산도가 상대적으로 낮으므로 초탄 명중률이 높다. 또한 상대적으로 탄두의 크기가 날개 안정탄보다 크므로 동일 낙각의 경우 탄두 위력이 날개 안정탄보다 다소 클 수 있다. 반면에 탄두비행 특성상 65도 고각까지만 사격이 가능하므로 산악전투 및 시가전에서 불리하고 최소 사거리가 약 1100m 수준으로 근접 화력지원에 제한을 받는 단점이 있다.

아. 사격통제장치의 자동화

장차의 박격포는 사격통제장치가 자동화되어 사격임무가 하달되면 GPS 및 관성항법장치를 이용하여 자기위치를 식별하고, 입력된 적의 좌표를 이용하여 디지털 탄도계산을 실시함으로써 초탄명중이 가능하도록 탄종, 장약, 사각, 편각 등의 사격제원이 산출되어 포신이 조준되도록 할 것이다. 한편 탄약장전은 일반적으로 포구장전이지만 포탑형의 경우는 포미로 자동장전하고, 탑재형은 포신의 하단부위의 탄약 트레이에 올려놓은 탄약이 포구위치로 상승되어 포강에 삽입될 것이다.

이러한 개념을 이용하여 미국은 무인화 원격조정 120mm 자주형 박격포인 Dragon Fire를 시험중에 있다.

제5절 탄 약

1. 분류 및 특성

가. 분류

소화기 탄약은 권총, 기관단총, 소총, 기관총, 유탄발사기 및 특수화기 등에 사용되는 탄약으로, 화기, 탄약, 조준장치 및 사수로 구성되는 소화기 체계의

한 구성요소이다. 소화기 탄약은 탄자, 탄피, 뇌관, 추진제가 결합되어 있으나, 공포탄이나 총류탄은 탄자 대신에 지환으로 덮여 있으며, 훈련탄은 탄피와 탄자로만 구성되어 있다.

① 실전용 탄(보통탄, 예광탄, 소이탄, 철갑탄)
② 훈련 탄(공포탄, 모의탄)
③ 특수 탄

나. 특성

소화기탄은 일반적으로 화기 자체에 관심이 집중되고 있으나 실제적으로 소화기체계를 결정하는 것은 탄약이며, 이는 사거리, 살상률, 화기의 크기 및 구조, 사통장치, 사수훈련방법 등을 결정하는 요인이 된다. 한편으로 소화기체계의 무기효과는 소화기 자체의 성능뿐만 아니라, 화기를 사용하는 운용자의 심리상태, 신체상태 및 환경조건 등에 따라서도 직접적으로 영향을 받는 특성이 있다.

소화기에 사용되는 탄약은 작고 가벼워서 단순하게 보이나, 5.56mm 표준 소화기탄의 경우 1000분의 1초의 작동시간에 최고 50000 psi의 압력과 1800마력을 발휘하는 큰 위력을 가지고 있다. 또한 -55℃에서부터 75℃까지의 환경조건에서 완전하게 작동되도록 되어있다.

소화기탄과 소화기는 상호 밀접한 관계를 갖고 있어서 분리해서 평가하기는 곤란하며, 탄약과 화기를 하나의 체계로 간주하여 그 유효성, 취급성 및 정확도를 평가하여야 한다.

2. 개발현황

가. 권총 탄약

미국이 권총을 구경 Cal. 45(11.43×23mm)로부터 9mm M9 PDW(9×19mm)로 변경함에 따라 세계 주요국들도 이에 따라 거의 대체를 완료하였다. 이러한 소구경화에 의하여 탄약의 총구속도가 약 60% 증가되어 탄자 비행시간의 단축과 비교적 평탄도를 얻을 수 있어서 명중도가 크게 향상되었다.

나. 소총 탄약

소총의 구경이 7.62mm에서 5.56mm 급으로 소구경화되어 감에 따라 소총탄은 미국을 비롯한 NATO 서방국가와 국내에서 NATO 표준탄인 7.62×51mm 계열에서 5.56×45mm M193탄으로, 러시아를 비롯한 구 동구권 국가에서는 7.62×39mm M1943탄 계열에서 5.45×39mm탄으로 발전되어 왔다. 이러한 구경의 축소는 탄약의중량과 크기의 감소를 가져와 병사의 기동성 및 전투지속 능력을 크게 향상시켰다. 또한 한편으로는 기존의 보유하고 있는 소화기의 재고로 인하여 일부 국가에서는 이들 4종류의 탄을 혼용하여 소화기탄으로 사용하고 있는 실정이다. 탄종으로는 보통탄, 철갑탄, 예광탄 및 공포탄 등이 개발되어 사용되고 있으며, 보통탄은 [그림 2-50]과 같은 형상과 규격으로 제작되고 있다.

소총의 보통탄(ball 탄)은 FMJ(Full Metal Jacketed)탄이며, 일반적으로 납-안티모니 합금에 구리합금이 씌워진 형태로만 생각하기 쉬우나, 탄 관통력을 증대시키기 위하여 강심을 사용하는 보통탄도 생산, 보급되고 있다. 예를 들면 벨기에 FN Herstal사에서 개발한 5.56×45mm SS109탄이나 한국의 5.56×45mm K100탄([그림 2-51] (a) 참조)은 M193탄과 길이는 같으며 유사한 형태이나, 강심과 납 기판의 2부분으로 구성되어 있으며, 탄두가 뾰족하고 약간 무거운 편이며, M193탄보다 관통력이 향상되어 600m에서 NATO 강판(SAE 1010 강, RHB 55~70) 3.5mm를 관통할 수 있도록 설계되어 있다. 물론 이 탄은 M193탄용 소총을 사용할 수 있으나 요구하는 관통력을 얻기 위해서는 강선의 기울기가 178mm 1회전이 되어야 한다. 미국에서는 SS109탄을 M855 모델로 생산하고 있으며, 이 모델들은 [그림 2-51] (b)의 K100탄과 같은 형상으로 되어 있다. 국내에서는 5.56mm 보통탄으로 납-안티모니 합금심의 K193탄, 강심의 K100탄이 생산되고 있으며, K100탄은 K2 소총 및 K3 기관총에 사용하도록 설계되어 있다. 또한 구 공산권 국가들이 사용하는 AK-47 소총용 M1943탄은 물론, AK-74 소총용 5.45×39mm탄도 보통탄은 FMJ 형태이나 연질심과 강심탄 2종류가 병행하여 생산되고 있다.

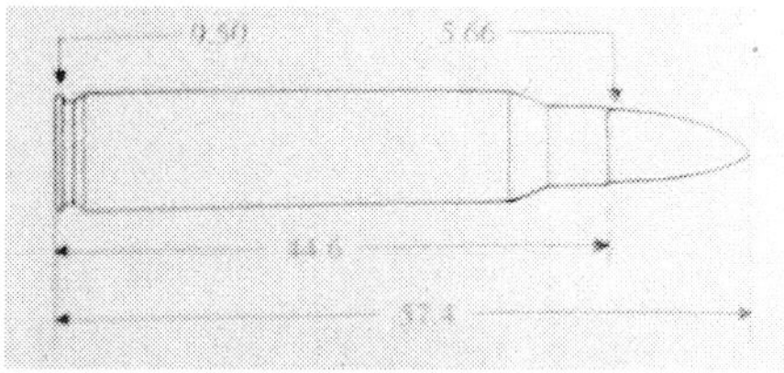

(a) 7.62×51mm NATO탄

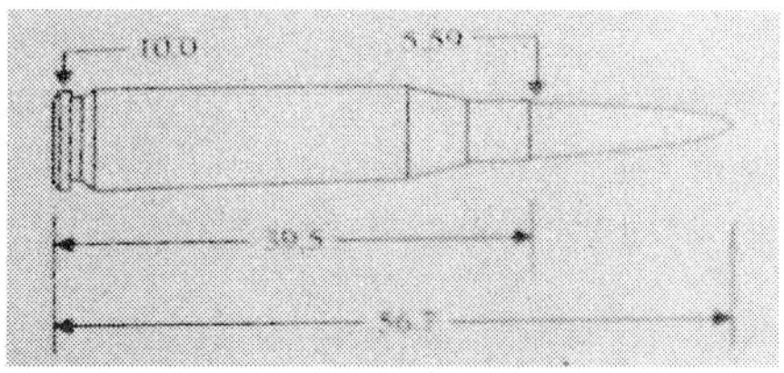

(b) 7.62×39mm M1943탄

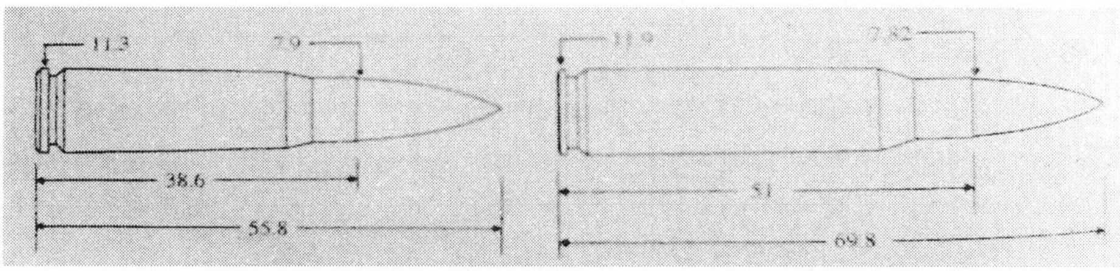

(c) 5.46×45mm M193탄 (d) 5.45×39mm탄

[그림 2-50] 주요 소총탄의 형상 및 규격(단위: mm)

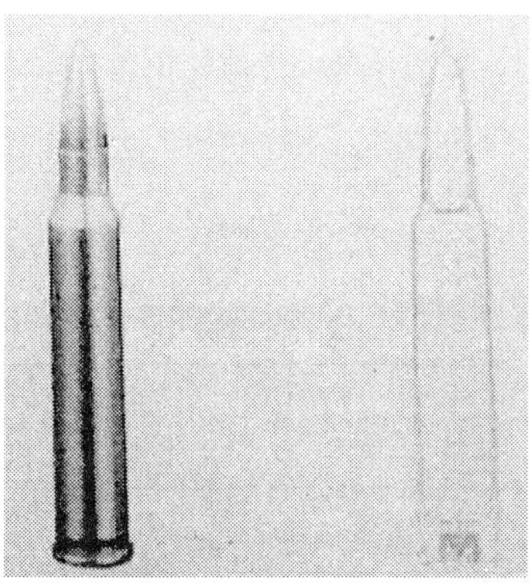

(a) M193탄(전체 무게: 11.7g, 탄자 무게: 3.56g)

(b) K100탄(전체 무게: 12.3g, 탄자 무게: 4.02g)

[그림 2-51] 5.56×45mm 보통탄에서 연질삼탄과 강심탄의 비교

현재 세계 각국에서 생산 중이거나 사용하고 있는 소화기탄의 제원은 〈표 2-17〉과 같다.

〈표 2-17〉 세계 각국의 주요 소총탄의 제원 비교

탄 종		생산국	전장 (mm)	탄피길이 (mm)	탄약중량 (g)	탄자중량 (g)	장약중량 (g)	탄자지름 (mm)	총구속도 (m/s)
5.56mm 이하	4.32mm	미 국	56.5	45.4		1.7			1140
	4.5mm	미 국			11.2	2.76		4.4	1096
	4.6mm	독 일	49.5	36	7.7	2.7	1.1		850
	4.85mm	영 국	57.4	44	11.3	3.6		4.7	930
	5.45mm	러시아		39.5		3.4	1.45		730
5.56mm	M193	미 국	57.3	44.7	11.7	3.56	1.6	5.66	991
	(FN)B	벨기에	57.4	44.7	14	3.5	1.6	5.7	950
	SS109	벨기에	57.4	44.7	12.3	4.02	1.6	5.66	930
	T66	러시아	48.5	38.6	10.95	2.72	1.75	5.6	1105
	K100	한 국	57.3	44.7	12.3	4.02	1.6	5.66	914
5.56~ 7.62mm	6mm	미 국	65.8	45.2	15	6.8	1.7	6.2	780
	6.5mm	스웨덴		55		8.6	2.66		793
	6.5mm	이태리	52.5			10.03	2.16		701
	7mm	벨기에		49		8.6	1.48		840
	7.5mm	프랑스		53.5		8.6	2.91		793
	7.5mm	스위스		55.4		10.82	3.2		793
7.62mm	M80	미 국	71	51	24	9.3	3	7.8	840
	S309	핀란드		39	7.56			11.43	
	M1943	러시아	55.7	38.6	16.39	7.9	1.6	7.9	750
	BT형	러시아	72.6	53.5	18.7	9.7	30.2	7.8	755
	D166	핀란드		54		13			701
	M52	체 코	61						

다. 기관총 탄약

기관총탄은 7.62, 12.7, 14.5mm 구경의 탄이 주종을 이루고 있다. 5.56mm

NATO 기관총탄은 5.56mm로 소구경화된 범용 기관총 탄약으로 사용된다. 12.7mm 탄약은 FMJ 보통탄, WC 탄심의 철갑(AP)탄, 경장갑 관통 후 폭발물을 폭발시키는 철갑소이(API: Armor Piercing and Incendiary)탄, 텅스텐 관통자를 내장한 SLAP(Saboted Light Armor Penetrator)탄 등이 사용되고 있다. 14.5mm 러시아 기관총탄은 강심이 들어 있는 API탄이 표준탄이며, 강 공동(hollow)에 폭발물을 충전하고 기폭관을 삽입한 강 탄두를 결합하고 FMJ 형태의 HEI(High Explosive Incendiary)탄이 있다. 또한 미국의 소화기 종합개발계획(SAMP)에 따른 개인전투화기와 공용화기 목적군에서는 주 탄종인 공중 폭발탄을 사용하며, 이는 정밀한 사통장치와 연동하여 주·야간에 엄폐된 표적을 정밀 타격할 수 있도록 탄약을 개발하고 있다.

라. 중구경 탄약

중구경 탄약은 20~40mm 구경의 기관포 탄약 및 대공포 탄약으로, 운용개념에 따라 구경과 탄종이 매우 다양하다. 대공표적에 대해서는 HEI, API 탄종이 주로 사용되며, 지상의 장갑표적에 대해서는 AP, APC, APDS, APFSDS 등의 탄종을 사용한다. 그러나 탄종의 단순화 및 다목적화가 이루어지고 있다.

전투장갑차용 탄약은 1960년대에 20mm 구경의 HE탄에서 출발하여 최근에는 CTA기술이 적용된 40mm APFSDS(Armour Piecing Fin Stabilized Discarding Sabot)탄 및 다목적탄과 근접·시한기능 등의 다양한 기능을 보유한 40mm 3P(Prefragmented Programmable Proximity) 탄약이 실용화되고 있다. 대공포 탄약은 35mm AHEAD(Advanced Hit Efficiency and Destruction)탄약과 35mm/40mm APFSDS탄, FAPDS(Frangible Armour Piercing Discarding Sabot)탄, PFHE탄 및 3P 탄약 등이 주종을 이루고 있다.

마. 유탄(Grenade)

유탄은 작은 비탄으로 고폭제나 화학제가 충전되어 있으며, 비교적 단거리에서 인마를 살상하거나 장비를 파괴할 목적으로 사용한다. 일반적으로 유탄은 형태에 따라 손으로 투척하는 수류탄과 유탄발사기나 소총으로 발사하는 유탄발사기 탄약으로 구분할 수 있다.

(1) 수류탄(Hand-Grenade)

수류탄은 직접 손으로 던지는 유탄으로, 보병 부대의 개인 휴대용 근접 전투 소형 폭탄이다. 간단하면서도 비교적 폭발력이 강해 근거리에 있는 인명과 장비를 공격할 목적으로 투척된다. 200~600g의 다양한 형태와 무게로 파편이 균일하게 비산되도록 탄체를 원형으로 제작한다. 수류탄은 파편을 탄체벽속에 결합하는 성형파편([그림 2-52] (a) 참조)과 탄체를 톱니형태로 하여 파편화시키는 방법([그림 2-52] (b) 참조) 또는 쇠구슬을 파편 대용으로 사용하는 방법([그림 2-52] (c) 참조) 등이 있다. 파편형 이외에 연습용과 원통형의 연막탄이 있다.

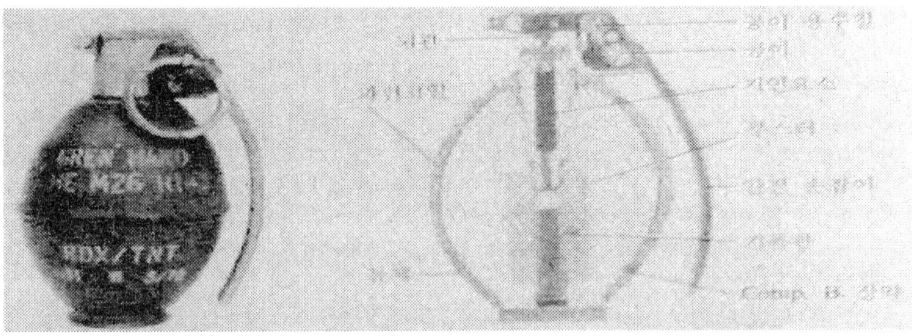

(a) M26(미국)

(b) Mk2(터키)

(c) M-DN 71(독일)

[그림 2-52] 파편 수류탄

수류탄의 가장 일반적인 형태는 미군의 M26 계열로 공이, 기폭장치, 폭발물 및 몸체 등으로 구성되어 있으며, 안전 손잡이(lever)를 이탈시킨 후 약 4~5초 내에 폭발하게 되어 있다. 이 수류탄의 파편수는 1000개이며, 10m에서 50% 타격하는 치사율을 가지고 있다.

한국에서 미국의 M26 유사한 형태로 개발한 수류탄은 [그림 2-53]처럼 K75, K400, K401, KE878 등이 있는데, 중량은 405g으로 보통의 병사가 사거리 40m로 던질 수 있으며, 파편수는 1300개이며, 유효살상반지름은 10~15m로 우수한 특성을 보이고 있다.

중국은 일반적인 미군의 M26 형태의 파편 수류탄과 다르게 막대형 수류탄을 겸용하여 사용하고 있다.

[그림 2-53] 한국의 파편 수류탄

(2) 유탄발사기 탄약

유탄발사기 탄약은 유탄발사기총이나 특별히 고안된 탄약통에 의해 발사하는 회전 안정식 유탄과 어댑터가 부착된 소총으로 발사하는 유탄(Rifle-Grenade: 총류탄)으로 구분된다.

회전안정식 유탄은 세계적으로 구경이 40mm로 통일되어 있으며, 반자동 유탄발사기용 탄약인 40×46mm 저속용 유탄과 유탄기관총용 탄약인 40×53mm 고속유탄의 두 종류가 있다. 저속 유탄은 포구속도가 76m/s로 최대 사거리는 400m인데 HE, HEDP, HEAT, Smoke, Flame, Fragmentation 탄약 등 여러종류가 있다. 고속 유탄은 저속 유탄과 같은 형상이나 좀 더 길고 견고하여 더 많은 추진제를 장입할 수 있게 하여 포구속도가 244m/s, 최대 사거리 2200m를 제공하는데, 미국의 40mm MK-19 Mod3 유탄기관총은 M384(HE), M430(HEDP) 탄약을 사용한다.

한국의 유탄발사기 탄약도 미국과 동일한 성능을 보이고 있다.

한편으로 어댑터 부착식 유탄발사기 탄약은 이탈 후 로켓모터에 의해 추진되는 형태이다. 벨기에 FN Herstal사 유탄발사기는 최대 사거리 5.56mm 소총을 사용한 경우는 300m, 7.62mm 소총을 사용한 경우는 400mm이고, 살상반지름은 10m이다.

바. 대전차무기 탄약

무반동총 탄약은 〈표 2-18〉에서 보이는 것처럼 현재 두 종류 구경의 탄이 사용되고 있으나 점차 대전차 로켓으로 대체되고 있다. 그러나 현 보유량과 사용의 편리성으로 상당기간 운용될 것으로 예상된다.

〈표 2-18〉 사용 중인 무반동총의 탄약

구 경	탄 종	길이(cm)	무게(kg)	사거리(m)	
				유효 사거리	최대 사거리
90mm	HEAT	70.56	4.19	450	2100
	HE	62.38	4.5		
106mm	HEAT	99.8	16.88	1350	3000

개인 휴대용 대전차무기인 로켓 발사관을 사용하는 대전차무기 탄약은 성형장약탄두를 사용한다. 대부분 탄약 보관용기와 발사관이 겸용으로 탄두와 1회용 발사기로 구성되어 있는데, M72A6(미), WASP(프), AT-4(스웨덴), RPG(27(러),

Apilas(프), Panzerfaust-3(독) 등이 이에 속한다. 한편으로 대전차 유도무기는 발사대를 이용하여 유도탄두를 발사하는 형태로서 유도탄 탄약은 성형장약탄 EH는 자탄으로 SFF탄을 장입한 탄두를 사용하고 있다.

사. 화포 탄약

화포탄약은 견인포나 자주포 모두 동종의 탄약을 사용하고 있는데, 현재 주로 사용되거나 개발중인 탄약은 다음과 같다.

(1) 고폭(HE: High Explosive)탄

고폭탄은 화포 탄약 중에서 가장 기본적인 탄약으로 목표에 명중시키거나 목표 상공에서 폭발시켜 생성되는 폭풍 및 탄체의 파편효과에 의해 표적을 손상시킨다. 탄체는 단조 강재로 파편이 최적상태로 분쇄되며, 발사시의 높은 압력과 가속도에 견딜 수 있도록 충분한 강도 및 두께이어야 한다. 고폭탄은 여러 가지 방법으로 사거리를 연장시키고자 하여 다음에 소개하는 여러 가지 신탄약이 출현하였다.

(2) 탄저 공기항력 감소(BB: Base Bleed)탄

비행 탄체의 탄저부의 wake에 의한 항력은 전체 항력의 1/2~1/3로서 이 공기저항을 감소시킴으로써 사거리를 연장시킬 수 있다. BB탄은 탄저부에 항력감소장치 (base bleed unit)를 부착하여 탄저부의 wake 저항을 제거하거나 축소시켜서 사거리를 연장시킨다. BB탄은 현재 여러 국가에서 장비되어 있으며 최대사거리가 1.2~1.3배 증가되고 있다.

(3) 로켓보조 추진(RAP: Rocket Assisted Projectile)탄

RAP도 BB탄과 같이 곡사포용 탄약의 사거리 연장을 위하여 탄저부에 보조추진장치를 부착한 것으로, BB탄과 다른 점은 탄저부의 공기저항력을 감소시키는 것 뿐만 아니라 로켓모터에 의한 추진력을 부여한다는 점이다. 그러나 사거리 연장능력은 BB탄과 거의 같다. 최근에는 미국, 남아공 등에서 BB탄과 RAP탄의 기능을 혼합한 복합추진탄(Hybrid형 탄)을 개발하고 있다.

(4) 램제트(Ramjet)탄

Ramjet 추진장치를 장착한 가속탄으로, 공기는 첨단부에 있는 공기흡입구에서 흡입되어 연소실 내에 있는 고체 연료의 내부를 통하여 흐르며, 고체연료는 공기에 접촉된 부분으로부터 분해 연소한다. 노즐과 고체연료 사이의 공간은 체류시간을 증가시켜 연소효율을 향상시키는데, 공간체적이 클수록 연소효율은 증대하나 필요한 연소효율을 얻을 수 있는 최소한의 크기가 필요하다.

(5) 감지 대장갑탄(SADARM: Sense And Destroy ARMmor)

감지 대장갑탄은 원거리에 있는 장갑차량이나 전차의 상부공격에 의하여 파괴하는 원거리 대장갑탄이다. 감지 대장갑탄은 모탄 탄체에 2~3발의 자탄을 내장한 구조로 모탄은 탄체, 시한신관, 방출기구로 구성되고, 자탄은 목표감지용의 IR 또는 mm파센서, 성형단조파편탄두(EFP), 회전 낙하산 등으로 구성되어 있다. 감지 대장갑탄은 시한신관 및 방출기구에 의하여 적정고도에 도달하면 자탄을 목표 상공에서 방출하며, 방출된 자탄은 연직방향에 대해 약 30°의 경사를 유지하며 회전낙하산에 의하여 안정하게 회전하여 낙하한다. 이 회전운동을 이용하여 활성화된 센서가 목표를 주사, 감지하면 목표 상공 100~150m에서 SFF 탄두를 기폭시켜 폭발물의 폭발력에 의하여 중금속의 라이나를 압착하여 2000m/s 이상의 속도로 목표의 상부장갑을 관통하여 파괴시킨다.

(6) 이중목적 대인개량(DPICM: Dual Purpose Improved Conventional Munition)탄

DPICM탄은 대장갑 및 대인에 대하여 유효한 수십개의 자탄을 목표지역에 살포하여 지역 제압을 목적으로 한 탄약이다. 탄체에 내장되어 운반된 수십개의 자탄이 시한신관 및 방출장약에 의하여 목표상공에서 방출, 낙하하며 타원형의 형태로 살포되는 것이다. 자탄이 목표 또는 지상에 탄착하면 그 충격에 의하여 자탄신관이 기폭하여 HEAT 탄두의 성형장약을 폭발시켜 금속 라이나가 붕괴되면서 하방으로 제트를 분산하여 장갑차량의 상부장갑을 관통한다. 동시에 탄체의 파편에 의하여 대인효과를 얻는다.

(7) IR 발연탄

IR 발연탄은 원거리에 있어서의 우군의 장갑차량 집단을 적 IR 유도화기로부터 보호하기 위하여 IR파를 흡수 또는 난반사하는 연막을 발연 살포하는 탄이다. IR 발연탄은 자탄을 모탄 탄체에 내장하여 운반, 시한신관 및 방출기구에 의하여 목표지역의 상공에서 방출한다. 방출된 자탄은 낙하 안정기구에 의하여 안정되게 감속하여 강하하여 착지한다. 이때 IR 발연통을 점화시켜 IR파를 흡수 또는 난반사하는 연막을 수 분간에 걸쳐 발연, 살포함으로써 IR 방해차장을 형성, 적 IR 유도화기의 사용을 방해한다.

(8) 유도포탄

유도포탄은 원거리의 장갑차량 집단 또는 전차를 파괴하는 탄으로, 위성항법장치(GPS)를 활용한 탄도수정용 신관을 장착한 탄을 사용하여 목표 가까이 비행 중 탄도를 수정함으로써 개별목표 파괴능력을 향상시킨 탄이다. 현재 각국에서는 발사 후 망각방식인 원거리 대장갑탄을 개발 중이다. 발사한 탄의 탄도와 목표와의 오차를 발견하면 탄도 수정기구를 작동시켜 탄도를 수정하여 목표에 명중하게 한다. 목표 명중시에는 성형장약탄두를 기폭시켜 생성된 제트에 의하여 목표를 파괴한다. 유도포탄으로는 일반적으로 155mm 곡사포용 탄약에 적용하고 있다.

(9) 전자방해탄

전자방해탄은 적 통신망 방해용 전파를 발산하는 자탄을 적 부대 내에 살포하여 적부대의 지휘통제를 혼란시키는 탄이다. 먼저 모탄 탄체에 방해전파를 발산하는 자탄을 여러 개 내장하여 운반하고, 시한신관 및 방출장약에 의하여 적 부대 내 또는 침공이 예상되는 범위의 상공 수백m에서 자탄을 방출한다. 방출된 자탄은 낙하산 및 감속회전날개등에 의하여 감속, 감회전하면서 낙하하여 지상에 착지 후 용수철에 의해 안테나 부위를 위쪽으로 세워 편후 방해전파의 발신을 시작한다.

(10) 전자포탄(EMP: Electromagnetic Pulse Projectile)

EMP탄이란 203mm 곡사포탄 등의 대구경포탄 내부에 초기 전류용 콘덴서, 폭약발전기 및 방전부가 결합되어 있는 탄약이다. 그 원리는 자계 농축형(magnetic cumulation) 폭약발전기를 사용한 경우 초기 전류용 콘덴서의 전원을 평행 금속판의 회로에 흘려 평형 금속판을 폭약의 힘에 의하여 연속적으로 접합시켜 회로의 인덕턴스를 순식간에 감소시키므로 평행 금속판 내부의 자장강도와 회로 중의 전류 증대를 꾀한다. 이 전기에너지를 방전부에서 EMP로서 복사하는 것이다. EMP의 효과는 일시적 장해와 영구적 장해로 분류된다. 일시적 장해의 대표적인 것은 EMP에 의하여 금속에 유기된 서지(surge) 전압에 의하여 회로에 영향을 주는 오동작에 의한 것으로 회로장해의 정도는 EMP 대책의정도 이외에 시한장치, 회로의 저항 및 바이어스 전압 등의 크기에도 관계한다. 또한 영구적 장해란 전자부품의 소실이나 회로교란에 의한 기능정지를 말한다.

(11) 감시포탄

감시포탄이란 CCD 카메라 또는 각종 센서 등에 의하여 목표지역의 정보수집 또는 전투지역에서의 우군 탄약효과 파악을 위한 탄약으로, 전자기술의 급속한 발전을 기초로 하여 이들 첨단기술을 포탄에 적용한 탄으로, TV탄, 센서탄이 있다.

① TV탄

TV탄은 가시광 또는 적외선 CCD 카메라를 탑재한 자탄을 모탄 탄체에 내장하여 운반하여 시한신관 및 방출장약으로 적 부대 또는 전투지역 상공에서 방출시킨 후, 낙하산에 의하여 서서히 강하하면서 지상의 상황을 CCD 카메라로 촬영하여 영상정보를 실시간(real time)으로 송신하는 탄약이다.

② 센서탄

센서탄은 장갑차량의 접근을 감지하는 센서를 가지고 있는 여러 개의 자탄을 모탄 탄체에 내장, 운반하여 적 장갑부대의 침공이 예상되는 지역에 살포하여 적부대의 전개 상황을 파악하기 위한 탄약이다. 모탄에서 방출된 자탄은 낙하산 등에 의하여 감속되면서 낙하하여 지상에 착지한 후 신호송신용 안테나를 펼침과 동시에 목표감시센서를 활성화시킨다. 그후 목표의 근접을 센서로 감지하여 감지신호를 우군의 화포부대에 송신함으로써 지형상의 제약으로 전방감시병을 배치할 수 없을 경우에도 확실한 사격을 가능하게 한다. 목표감지 센서용으로 음향, 진동, 광 및 전파방식 등이 이용된다.

(12) ASX탄(Aerosol Explosive Projectile)

ASX탄은 원통형 통(canister)에 에틸렌 산화물 혹은 프로필렌 산화물과같은 액체연료를 주입하고 중심부에 원추형의 폭약을 배치한 형태인 기체폭탄(FAE 폭탄: Fuel Air Explosive Bomb)이다. 기본 단위의 캐니스터가 여러 개 내장된 포탄이 목표지역 상공에서 산포되면 일정한 자세를 취하면서 서서히 하강한다. 일정고도에 도달하였을 때 탄침에 의하여 폭약이 기폭되어 캐니스터가 파괴되어 액체연료가 공중에 살포된다. 그리고 적절한 지연시간 후 입자상태의 에어로솔(aerosol) 구름이 형성되면 방출된 기폭제에 의해 기폭되어 에어로솔 구름이 폭발하게 한다. 이탄은 폭풍압력효과를 이용하는 것으로 도달하는 최고압력이 고체폭약에 비하여 낮으나 넓은 영역에 균일한 폭풍압력을 형성시킬 수 있다. 따라서 단단한 목표 자체를 파괴하기에는 부적절하나 연한 목표(레이더 및 통신시설/설비 등)의 파괴, 지뢰지대처리에 대하여는 대단히 유효한 파괴수단이 될 수 있다. 또한 금속미세분말을 혼합한 ASX를 광범위에 균일하게 살포하여 고온의 열원을 형성함으로써 기만탄으로 사용할 수도 있다. 미군이 걸프전에서 지뢰지대처리를 목적으로 대지역공격용으로 사용한 경우가 있다.

아. 박격포 탄약

현재 개발하여 사용하고 있는 박격포용 탄약은 다음과 같은 종류의 탄약이 사용되고 있다.

(1) 고폭탄

박격포용 탄약은 탄피가 없이 날개 결합체에 증가추진 장약을 끼우는 탄약으로, 포신의 구분에 따라 회전안정탄과 날개안정탄이 있다. 회전안정탄은 곡사포용 고폭탄과 유사한 구조와 기능을 가지고 있다. 날개안정탄형 고폭탄의 현상은 공기저항력을 줄이기 위해 유선형으로 하고 있다.

(2) 대장갑 유도포탄

곡사포용 유도포탄과 유사한 구조 및 기능이 필요하고 소요기술도 같다. 박격포용 탄약을 위한 가속도는 필요 없다.

(3) DPICM탄 및 IR 발연탄

곡사포용 탄약과 유사한 구조와 기능을 가지고 있다.

(4) RAP탄

박격포용 탄약의 최대 사거리는 통상 6~8km이나 적의 근접전투화기의 사거리 밖에서 공격하기 위해서는 사거리 연장이 요망된다. 박격포용 탄약은 초속이 비교적 늦기 때문에 사거리 연장을 위해서는 RAP을 부여하는 것이 유효한 수단으로 이용된다.

국가별 개발현황은 다음과 같다.

① 미 국

미 육군은 현재 60, 81 및 120mm 등 3개 구경의 박격포를 운용하고 있으며, 각각의 경우 고폭탄, 연막탄 및 조명탄 등을 사용하고 있다. 120mm 박격포체계는 활강형으로서 최대 운용사거리는 7200m이고, 최소 사거리는 탄종에 따라 170~300m이다. 현재 사거리 10km의 사거리 연장탄에 대한 연구가 진행 중에 있으며, 정밀유도 박격포탄, 사거리 연장 이중목적 분산탄도 개발 중에 있다.

② 프랑스

프랑스는 120mm 박격포의 경우 활강포 및 강선포 체계를 동시에 연구하였으며, 근년에 들어 120mm M-12-RT 및 2R2M 강선포로 120mm 로켓보조고폭탄 발사시 사거리는 13km에 달한다. 또한 13km 사거리는 강선박격포용 장갑표적 감지 파괴포탄인 120mm ACED탄을 개발 중에 있는데, 이 탄은 이중모드의 적외선 · 밀리미터파 센서와 2발의 성형파편탄두(EFP) 자탄을 탑재하고 있다.

③ 이스라엘

이스라엘은 일찍이 120mm 구경의 활강 박격포체계에 대한 연구를 활발하게 수행하여 고폭탄 등 기본 탄종은 물론이고, 최대 운용사거리 10.5km의 120mm 활강포용 RAP탄을 개발한 바 있다. 현재 100mm 감소구경탄을 결합한 120mm DS M120HE 이탈피부착탄을 개발 중이며, A-4 EH는 A-7 장포신 박격포로 발사시 사거리가 12km에 이른다. 또한 IMI사는 사거리 5.75km의 이중목적 분산탄 M971/1을 개발 완료한 바 있다.

④ 스웨덴

스웨덴 육군의 120mm M/41C 박격포에 사용할 목적으로 적외선 표적추적장치에 의해 유도되는 12mm 종말유도 박격포탄을 개발하였다. STRIX라고 명명된 이 탄은 정상적인 탄도궤적을 그리며, 필요할 경우 로켓 모터를 부착한다. 탄 비행의 마지막 단계에서 적외선 탐색장치와 유도부가 작동하여 탄을 표적의 가장 취약한 상부표면으로 향하게 한다. STRIX탄은 전차의 상부장갑을 공격하는데, 수직에 가까운 최종탄도로 인해 작착된 적외선 탐색장치는 위장 및 연막차장과 같은 적의 은폐를 극복할 수 있다. 현재 이 탄은 개발이 완료되어 1994년부터 스웨덴 육군에 공급되고 있다.

세계 각국의 박격포탄 개발 현황을 상호비교하면 〈표 2-19〉~〈표 2-22〉와 같다.

〈표 2-19〉 각국의 120mm 박격포용 고폭탄 개발현황

구 분	미 국	프랑스		오스트리아	이스라엘	스페인	스위스
모델명		PR14	M852	Mk2	M57	AE	
사용화기	활강포	강선포	활강포	활강포	활강포	활강포	활강포
중량(kg)	14.97	18.6	14.26	15	13.2	14.8	14.33
전장(mm)	870	897	684	750	664	817	
폭약 종류	Comp. B	Tolite	TNT	TNT	TNT	TNT	TNT
최대 사거리(m)	10000	8100	7500	9000	7200	8250	7500
최소 사거리(m)		1100	500	500	200		
포구속도(m/s)	450			395	320	357	420

〈표 2-20〉 각국의 120mm 박격포용 정밀유도 박격포탄 개발현황

구 분	미 국	영 국	독 일	프랑스	스웨덴
모델명	PGMM	MERLIN	BUSSARD	ACED	STRIX
사용화기	활강포	활강포	활강포	강선포	활강포
구경(mm)	120	81	120	120	120
중량(kg)	17.2	6.5	17	–	18
전장(mm)	965	900	1,000	–	840
최대 사거리(m)	1500	4500	5000	1300	7500
탐색기	Laser/IR	mm파	Laser	mm파/IR	IR

〈표 2-21〉 각국의 120mm 박격포용 로켓보조추진 고폭탄(HE RAP) 개발현황

구 분	프랑스		이스라엘
사용화기	활강포	강선포	활강포
중량(kg)	13.42	18.6	16.7
전장(mm)	758	918	744
폭약 종류	RDX/TNT	RDX/TNT	Comp. B
최대 사거리(m)	8950	13000	10500
최소 사거리(m)	1100	1200	

〈표 2-22〉 각곡의 120mm 박격포용 이중목적 분산탄(DPICM) 개발현황

구 분		미 국	스페인	스위스	이스라엘
모델명		XM984	ESPN		M971/1
사용화기		활강포	활강포	활강포	활강포
중량(kg)		15.0	18.7	14.4	14.5
전장(mm)		940	796	827	823
최대 사거리(m)		10000~12000	6500	7200	5750
자탄 제원	중량(g)/폭약량(g)	128.8/Comp. A5 15.8	275/50	RDX 33	29.6/RDX 44
	자탄수(개)	54	21	32	24
	관통력(mm)/ 살상반지름(m)	60/5	150/6	70	105
	분산반지름(m)		(2200㎡)		100~110(4800㎡)
	유효파편수(개)		650(총 13600)	900	1200(총 29000)

3. 무기체계 발전추세

가. 소화기 탄약

(1) 소구경화 추구

소총탄은 유효사거리 400m에서 살상에 필요한 에너지를 가지는 범위에서 탄자를 소형화시키려고 한다. 이러한 경향은 소화기의 작동부분의 소형화를 포함하여 소화기체RP의 소형 경량화를 가져온다. 19세기 말엽까지 11mm이었던 탄자가 20세기 초에는 7.62mm로 감소하고, 1950년대 초에 5.56mm까지 감소하였다. 이러한 소구경화로 영국은 4.85mm, 독일은 4.3mm, 미국은 3~5mm 구경의 초소구경탄을 제작하였다. 현재 고려되는 구경은 미국의 1.78mm, 벨기에의 3.5mm, 독일의 4.3mm와 4.6mm, 스웨덴의 4mm탄, 러시아에는 4.85mm, 5.45mm탄 등이 개발된 상태이다. 그러나 일반적으로 채택하고 있는 소총은 미국을 비롯한 우방국들은 5356mm를, 러시아 등의 구 공산권 국가들은 5.45mm를 표준화기로 채택하고 있다.

(2) 관통효과의 증대

소화기탄은 일반적으로 동합금의 탄자외피와 납-안티모니 심 또는 철심으로 제작된다. 관통력을 증가시키기 위해 탄자를 고강도 강을 사용한 5.56mm SS109탄/M855탄과 고밀도의 WC 탄심을 사용한 철갑탄이 개발되었다. 또한 장갑침투능력을 크게 한 열화 우라늄탄자가 개발되어 사용하고 있는데, 이 탄은 탄착점에서 탄자의 운동에너지가 열에너지로 전환되며, 발열반응이 일어나 순간적으로 초고온 상승되어 장갑을 용해시켜 관통구를 형성하고, 관통된 우라늄탄자가 장갑의 후면 공간에서 공기와 접촉되어 폭발적인 산화반응을 일으키도록 되어있다.

(3) 무탄피탄의 개발

무탄피탄은 탄피가 소진되도록 탄자 및 뇌관체를 용착제로 성형한 고체화약에 압입시킨 탄이다. 화약외부는 방수 및 방염처리하고 외부의 충격에 변형이 되지 않도록 충분한 강도와 경도를 갖게 만든다. 이 탄은 중량을 약 40% 감소시켜 경량화를 기할 수 있고, 생산가격도 약 40% 감소된다. 또한 탄피가 소진되므로 차량탑재화기의 발산탄피 처리문제를 해결하고, 화기의 추출부품이 필요없게 되어 탄약의 이동거리가 짧아 자동화 장치가 간단하게 된다. 그러나 완전연소성, 약실 잠금의 완전성, 점화에 대한 확실한 신뢰성, 휴대 및 운반시의 강도의 유지성, 열이나 충격으로 인한 우발점화에 의한 연쇄폭발, 불발탄의 제거 등 많은 문제가 아직도 남아 있어서 실용화되기에는 더 연구가 필요한 실정이다.

제2차 세계대전 중 독일에서 개발하기 시작하여 1960년대부터 미국과 독일에서 활발하게 연구되고 있다. 가장 잘 알려진 무탄피탄은 독일의 Dynamit Nover사가 G11 소총의 Heckler & Koch사와 1970년경 공동개발한 4.73×33mm DM11 무탄피탄이 있다.

(4) 군수의 간편성 추구

현재 세계 각국은 소총탄으로 5.56mm탄을 기관총탄으로 7.62mm탄을 사용하고 있으나, 소총, 경기관총, 기관단총 및 가능하면 중기관총에 이르기까지 한 가지 탄종으로 사용하는 방향으로 탄종 수를 줄이려고 노력하고 있다. 한국군이 5.56mm K100 보통탄으로 K2 소총과 K3 기관총에 같이 사용하는 것은 대표적인 예이다.

현재 각 국가별로 추진하고 있는 소화기 탄의 발전추세를 알아보면 다음과 같다.

① 미 국

미국의 소화기 탄약은 5.56mm 운동에너지탄과 40mm 유탄을 기본으로 하여 OICW 및 OCSW 용 20mm 및 25mm 공중폭발탄 개발에 주력하고 있으며, 미래에는 탐지, 추적 및 탄도수정 능력을 갖는 LFL(Light Fighter Lethality) 탄약의 개념을 발전시키고 있다. 장갑차 탄약은 대장갑 목표를 위한 운동에너지탄과 대인·대물 표적을 위한 고폭탄이 주 탄종이며, 현재 M2 Bradley 계열에 사용되는 25mm 탄약에서 30, 35mm 및 40mm로 구경을 증대시키고 추진제의 고성능화, 관통자의 재질 개선 및 최적화 설계 등을 통해 대장갑 관통능력을 극대화하고 있다. 또한 기존의 시한방식에서 폭발위치를 정밀하게 제어할 수 있는 회전수·시한 하이브리드 방식 및 센서 융합기술 등을 발전시켜 다기능 정밀탄약의 개발에 적용을 계획하고 있다. 또한 포구에너지 증대를 위하여 전열화학추진(ETC: Electro-Thermal Chemical) 기술을 다양한 중구경 탄약에 확대 적용하며, CTA 탄약과 유사한 Supershot 탄약을 여러 탄종에 적용하여 발전시킬 것이다.

② 러시아

러시아는 소화기 분야에서 특이하게 수중에서 운용하는 화기(탄약)와 지상 표적을 위한 파이로테크닉 기술을 이용한 공중폭발탄을 개발, 운용하고 있다. 파이로테크닉 공중폭발 기술을 서방의 시한, 회전수 및 하이브리드 방식에 비해 정밀도는 떨어지나 비용대 효과 측면에서 큰 장점을 갖는 것으로 평가된다.

③ 유럽 국가

현재 윤도무기를 제외하고 가장 효과적인 대공무기체계로 인정받고 있는 AHEAD 기술이 여러 구경의 탄약으로 확대 적용되어 개발되고 있으며, 기존의 40mm 기관총에도 적용되어 정밀한 공중폭발 기능을 갖는 공용화기가 곧 실용화될 예정이다. AHEAD 기술은 사격되는 매 발의 탄속을 측정하여 실시간으로 보정하고 포열을 떠나는 탄의 신관에 정확한 폭발 시한을 프로그램 할 수 있다. 또한 지상 및 대공 표적을 다양하게 제압할 수 있는 3P 기술이 적용된 40mm 다기능 탄약도 개발되어 운용되고 있으며, 기존의 APDS탄보다 더 효과적으로 대공표적을 제압할 수 있도록 한 FAPDS탄 및 FMPDS(Frangible Missile Piercing Discarding Sabot)탄도 개발되었다. 3P 탄약은 정밀한 성형파편을 갖는 고위력 탄두와 사통장비와 연동되어 작용되는 근접·시한 방식의 프로그램 신관으로 구성되어 있다. 한편 결합체 형상이 원통형이 되도록 탄두를 탄피 내부에 삽입하도록 설계하여 탄약의 부피를 30% 이상 감소시킬 수 있는 반면, 고성능 추진제 적용으로 포구에너지를 30% 이상 증대시킨 CTA 탄약이 개발되어 탄약 적재량이 대폭 증가되고 이송장치가 단순화되는 등 ILS 문제를 획기적으로 개선시켰으며, 여러 구경의 다양한 탄종으로 그 적용이 확대되고 있다.

나. 대전차무기 탄약

(1) 경량화 추구

대부분의 휴대용 화기는 경량으로 간단하고 편리함이 추구되는데, 휴대용 대전차 무기는 개인 휴대 단독 발사기를 사용하는 시스템으로 무반동총과 발사관의 경량화가 추구되고 있다.

(2) 실내사격 가능 추구

휴대용 발사화기는 주퇴장치가 없기 때문에 반동을 감소 혹은 제거하는 방법이 채택되고 있다. 그러나 이 경우 후폭풍과 후방화염이 발생하여 엄폐된

호나 실내에서 발사가 불가능하고 적에게 발사위치가 노출되기 쉽다. 그러므로 후폭풍의 제거 혹은 감소 방안을 계속 발전시키고 있다.

(3) 탄약의 선택폭 확대

단일 탄종에 다기능을 갖게 하여 사수가 발사하기 전에 선택할 수 있도록 하는 탄약이 확대되고 있다. 예를 들면 신관의 지연작동을 조정할 수 있게 하여 장갑 또는 콘크리트 등 표적성질에 따라 신관지연 기능을 선택할 수 있게 한다.

(4) 성형장약탄두의 개량

탄두 위력을 향상시키기 위하여 고성능폭약, 라이너의 형상, 재질 등에 대한 연구가 늘고 있다.

(5) 지능탄의 개발

유도탄두의 명중도 및 정확도를 향상시키는 레이저 유도 및 자율유도 탄의 개발이 계속 추구되고 있다.

다. 화포 탄약

(1) 최대 사거리의 증대

화포 무기체계에 있어서 세계 각국의 공통적 발전방향으로, 화포탄약에서는 다음과 같은 방법으로 사거리 증대를 추진하고 있는 추세이다.

차세대 화포용 추진제는 2000m/s 이상의 높은 포구속도가 요구되는데, 이 높은 포구속도는 비행시간의 감소, 사거리 증대, 명중률 향상 및 목표물에 대한 종말 효과를 극대화시켜준다. 그리하여 새로운 에너지 물질들을 이용한 고에너지 추진제과 저취약성 추진제 개발이 이루어지고 있다. 또한 높은 포구속도를 얻기 위해 액체 추진제, 전자포, 전자열(화학)포 등에 대한 연구도 추진되고 있다. 액체 추진제의 경우 평균압력 대 최대압력의 비율이 커서 고체 추진제보다 약 10% 증가된 포구속도의 획득이 가능하며,Traveling Charge 개념을 이용한 Two-Stage LP gun을 120mm에 적용한 결과 2350m/s의 포구속도를 얻었다. Electrothermal 개념을 이용한 CAP Gun을 120mm에 적용한 결과는 3000m/s의 포구속도를 얻을 수 있는 것으로 알려지고 있다.

로켓보조추진과 탄저부 항력감소장치의 혼합형인 복합추진탄을 개발 중에 있다.

(2) 탄 위력의 증대

화포탄약의 탄두 위력을 증대시키기 위하여 다음과 같은 방법들이 이용되고 있다.

첫째로, 고파편 소재를 사용하여 살상위력을 증대시키거나, 기존 고폭탄에서 자탄을 내장한 DPICM탄을 사용한다. 둘째로, 사거리 증가에 따라 일어나는 탄의 분산도 오차를 감소시키기 위해 정확도 향상에 주력하고 있는 바, 포 발사용 유도포탄이나 사거리 및 편의 수정이 가능한 2차원 탄도수정 장치를 부착한 신형탄을 개발 중에 있다. 셋째로, 주위 전장 손실을 최소화하고 요구표적만을 정밀타격하기 위해서 최신 센서 기술, 유도제어 기술, 초소형(MEMS) 기술 등의 기술을 이용한 지능탄을 개발 중에 있으며, 특정 표적을 선별 타격할 수 있는 두뇌를 가진 지능탄(Brilliant munition) 개발에 대한 연구도 활발히 진행되고 있다.

(3) 명중도 향상

사거리 증가에 따른 탄의 분산도를 개선하기 위해서는 위성항법장치(GPS)를 활용한 탄도수정용 신관이 장착된 탄과 포 발사용 유도포탄을 사용하여 정확도를 획기적으로 개선한 탄의 개발에 주력하고 있다. 최근에는 지능화 기술 및 활강 기술을 이용하여 사거리 연장과 정확도가 획기적으로 개선된 탄의 개발에 주력하고 있다.

(4) 지능화 탄약(Guided Munition or SMART Munition) 개발

지능화 탄약은 감응기폭탄과 유도포탄으로 구분할 수 있다. 감응기폭탄의 대표적인 예는 감지 대장갑탄(SADARM)을 들 수 있는데, 이는 원거리에 있는 전투장갑차나 전차를 파괴하는 탄으로서 주로 155mm 포탄의 경우 탄체 내부에 2~3개의 SADARM 자탄을 운반할 수 있다. 감응기폭탄의 운용측면에서 고려되어야 할 사항은 점표적의 존재가 의심나는 지역에 정확히 분산되는 것이 요구되며, 이동 중에 있는 차량과 같이 신속히 움직이는 장갑표적에 대하여는 실제로 적합하지 않다는 단점이 있다. 유도포탄은 탄이 목표물의 상공에 도달하면 센서에 의해 목표 주사를 시작하고, 탄도와 목표와의 오차를 발견하면 탄도수정기구를 작동하여 탄도를 수정하여 목표에 명중하게 한다. 유도포탄은 감응기폭탄의 10배 거리에서 표적을 탐지할 수 있고, 탄도변경이 가능하여 이동 중에 있는 장갑차량이나 전차를 효율적으로 파괴할 수 있다.

SMART 탄약을 개발 및 운용하고 있는 대표적인 국가로는 미국, 영국, 독일, 프랑스 등이 있다. 미국은 육군의 ARDEC(Armament Research, Development and Engineering Center)에서 추진하고 있는 스마트탄 전략 계획하에 1980년대 초부터 개발을 착수하여, SADARM탄을 개발생산하여, 걸프전을 통하여 고가의 정밀 무기가 재래식 탄약보다 전투를 경제적으로 수행할 수 있게 하며, 무기효과 측면에서도 더욱 효과적이라는 교훈을 얻은 후 무기체계 전 분야에서 탄의 지능화 및 개량을 추진하고 있다.

(5) 정밀 탄약(PGM: Precision Guided Munition)의 개발

정밀 탄약은 비가시선 지역(BLOS: Beyond Line-of-Sight)에 대한 정밀타격 능력으로 표적을 선별 타격하여 군사 표적 이외의 주변피해를 최소화하는 능력을 보유하고 있다. 그러므로 저강도 분쟁이나 평화유지 작전시 특정 임무에 적합한 무력 사용을 용이하게 한다. 그러나 우수한 전장감시 및 표적획득 장비를 통하여 표적의 위치를 정확히 알아야 하고, 표적으로 정확히 유도하는 시스템이 갖추어져야 한다.

정밀 탄약은 초기 조달비용은 재래식 탄에 비하여 크게 소요되나, 1개 표적에 타격을 가하는 데 필요한 소요비용은 상대적으로 낮다. 또한 탄 소요량이 재래식 탄에 비요하여 약 5~100배 정도 적게 소요되어 탄이 차지하는 전체 중량 및 용적에 영향을 미쳐 조달단계에서부터 보급단계까지 이르는 전 군수지원체계에 영향을 미친다. 이와 같은 이유로 정밀탄약의 기술개발 및 확대활용이 계속 추진되고 있다.

라. 박격포 탄약

(1) 탄위력의 증대

탄체 재질은 고파편 소재인 고강력 합금이나 주조탄체를 사용하여 파편효과 증대를 기하고 있다. 또한 충전폭약을 TNT에서 Composition B로 전환하여 살상력을 증대시키고, 대구경 박격포를 보유함으로써 탄위력을 증가시키고 있다.

(2) 분산탄의 개발

탄체내에 약 20개 정도의 자탄을 넣은 120mm 박격포용 분산탄은 기존의 탄에 비교하여 2~3배의 살상효과를 낼 수 있다. 그리하여 많은 수의 자탄으로 피탄지역이 확대되는 방향으로 DPICM 탄약이 개발되고 있다.

(3) 탄종 다양화

오늘날에는 전자부품·장치의 가격이 현저하게 저렴해졌고 쉽게 구할 수 있으며, 휴대용 사통장치의 발달로 시한신관을 박격포탄에도 장착할 수 있게 되었다. 또한 전장 환경변화에 따라 박격포체계의 대전차전 수행을 위한 이중목적 분산탄 및 정밀 유도 박격포 탄이 개발되고 있다.

(4) 정밀유도 박격포탄의 개발

박격포의 고포물선 탄도특성을 이용하여 전차의 취약부위인 상부를 공격하기 위해서 대전차 유도 박격포탄을 개발하는 추세이다.

제 3 장

무기체계 원리 및 제원 · 특성

WEAPON SYSTEM

제1절 보병무기

I. 소 총

1. 소총은 어떻게 발전되어 왔는가?

1249년 프랑스의 Roger Bacon이 흑색화약을 발명하였고 1354년 독일에서 이를 이용한 최초의 대포가 발명되었다. 이를 계기로 소총의 기원이라 할 수 있는 수포가 만들어졌으며, 오늘날 소총의 형태인 화승총이 1500년경에 독일을 비롯한 유럽지역에서 개발되었다.

그 뒤 소총은 연발총으로 발전하여 미국은 M1소총을 제작, 제2차 세계대전과 한국전 당시 보병의 주된 소화기로 사용하였다. M16소총은 월남전에서 시험을 거쳐 1969년부터 미군의 표준화기로 채택되었고, 우리나라는 현재 M16보다 발전된 개념의 K-2 소총을 표준장비로 사용하고 있다.

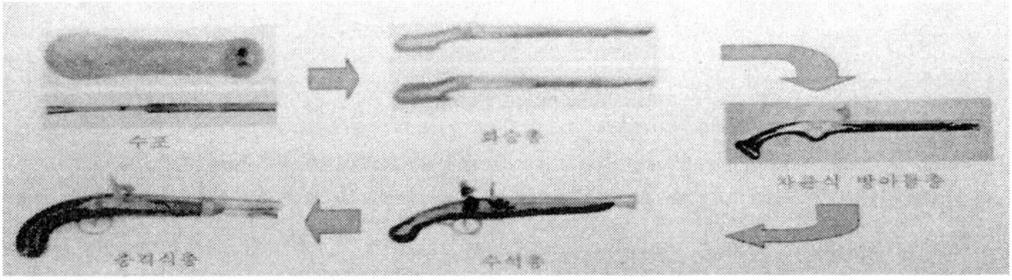

[그림 3-1] 소총의 발달

이후 우천시 불씨 보관이 어려운 화승총의 단점을 개량하여, 라이터의 원리를 이용한 차륜식 방아틀총이 만들어졌으며, 1550년경에는 부싯쇠의 마찰에 의해 불씨를 얻는 수석총이 만들어졌다. 1800년대 들어 충격식총이 만들어졌으며 차츰 현대화기로 변모해갔다.

현재 세계 각국은 기존의 소총을 개량하여 사용하고 있으며, 차세대 개념의 소총으로서 기존 소총에 사격통제장치 및 레이저 거리조절기를 장착하고, 기존의 운동에너지탄 이외에 폭발탄을 사격할 수 있는 복합형 소총의 개발에 박차를 가하고 있다.

[그림 3-2] 현대식 소총의 발달

2. 탄이 장전되어 총구를 나갈 때까지의 과정은 어떠할까?

탄약이 발사될 때마다 공이가 뇌관을 때리면 추진제가 점화되고 탄두가 총열을 통하여 발사되는 과정이 수동식이건 반자동식이건 아니면 완전자동식이건 간에 모든 소화기에서 일어난다. 이러한 총기의 사격간 가능을 단계별로 나누어 보면, 송탄, 장전, 잠김, 발사, 풀림, 추출, 방출 및 공이치기 잠김 작용의 8단계가 반복되는 것을 알 수 있는데, 이를 소총의 **기능순환 8단계**라고 한다.

송탄작용은 장전손잡이를 이용하여 노리쇠뭉치를 후퇴시켰을 때 탄창용수철의 복원력에 의하여 탄약 1발이 노리쇠 전진로상으로 올려 보내지는 것이다.

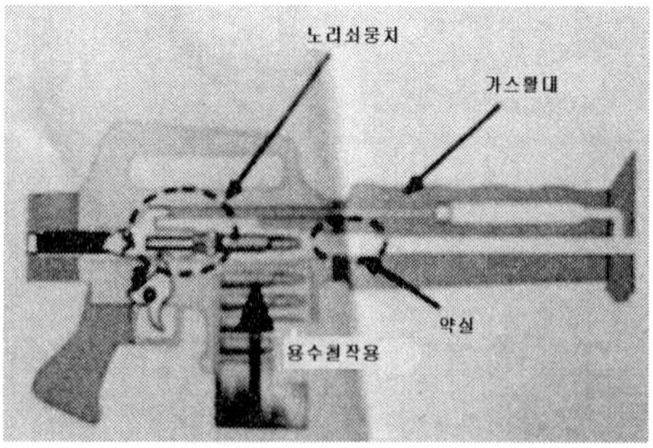

[그림 3-3] 송탄작용

장전작용은 압축되어 있던 복좌용수철의 복원력으로 노리쇠뭉치가 전진하면서 노리쇠 전면에 올려진 탄약을 약실로 밀고 들어가는 기능을 말한다.

잠김작용은 노리쇠가 탄약을 약실로 밀고 들어가 약실에 완전히 밀착시키는 기능인데, 이것은 노리쇠 선단의 톱니바퀴형 선단부분이 약간의 회전을 하며 약실의 톱니바퀴형 입구와 맞물리면서 가능하게 된다.

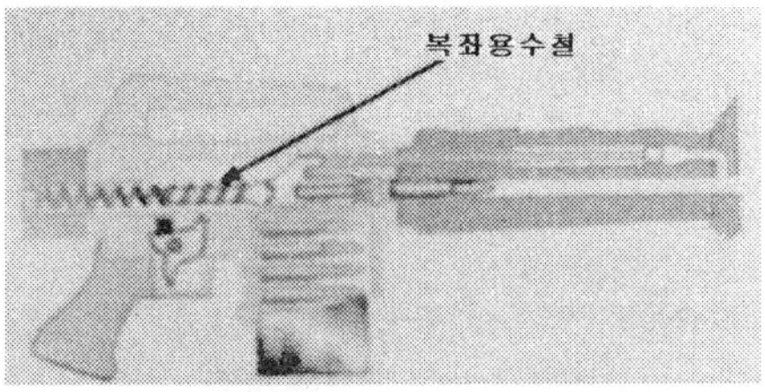

[그림 3-4] 장전작용

[그림 3-5] 잠김작용

발사작용은 방아쇠를 당겼을 때, 공이치기에 의해 노리쇠 내부의 공이가 탄약후미의 뇌관을 치면, 뇌관의 폭발로 탄피 내부의 추진제를 연소시키게 되고, 이 때 발생된 압력에 의해 탄두가 발사되는 것을 말한다.

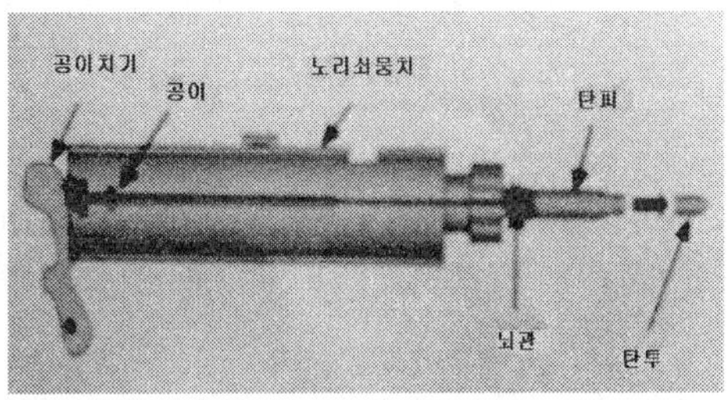

[그림 3-6] 발사작용

탄두가 발사된 후에는 가스통으로 유입된 추진가스의 일부가 가스활대를 뒤로 밀게 되고, 이때 가스활대는 노리쇠뭉치를 후퇴시키게 된다.

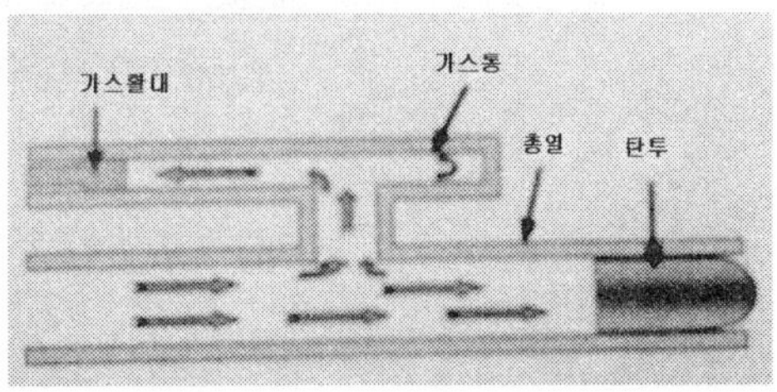

[그림 3-7] 가스활대의 후퇴

풀림작용은 탄두 발사후 가스의 힘에 의해 노리쇠뭉치가 후퇴하는데, 약실에 결합되어 있는 노리쇠 선단의 톱니모양의 돌출부가 역회전하면서 풀리는 기능이다.

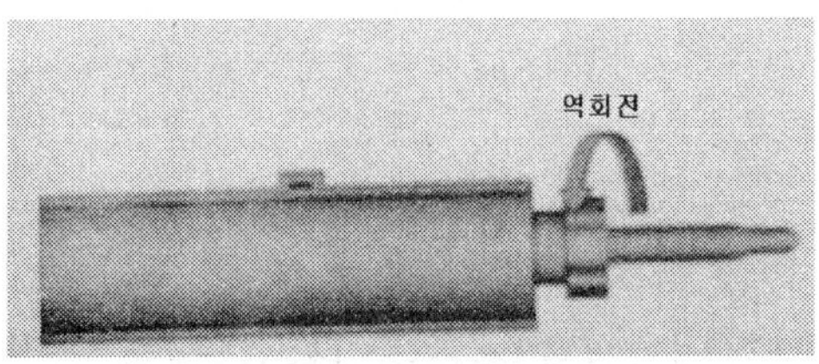

[그림 3-8] 풀림작용

추출작용은 탄두가 발사된 후 약실에 남겨진 탄피를 노리쇠뭉치 앞부분에 있는 갈퀴가 약실내에서 끌어내는 상태를 발하며, 방출작용은 탄피를 총몸 밖으로 밀어내는 것을 말한다.

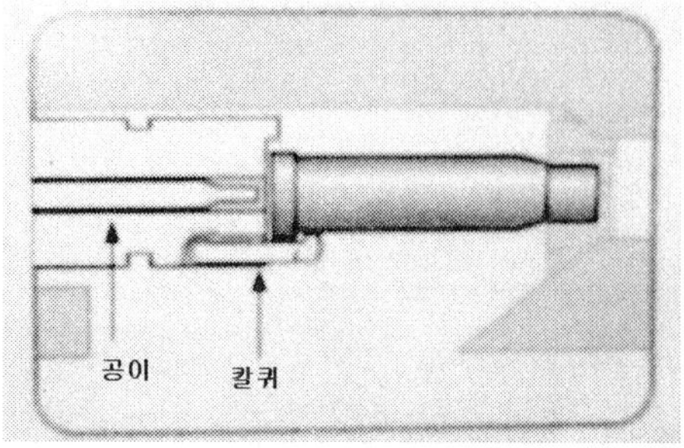

[그림 3-9] 추출작용

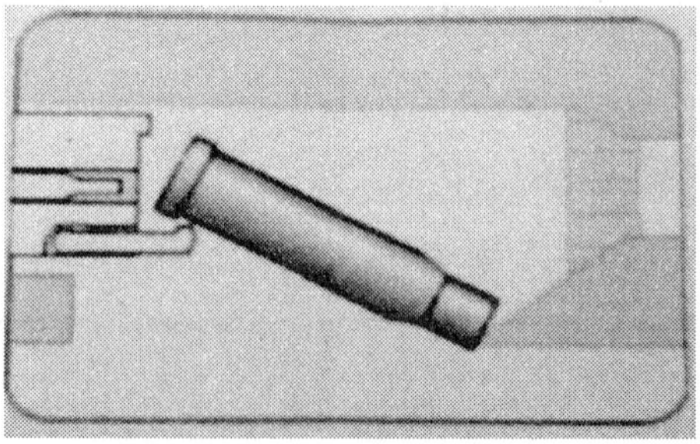

[그림 3-10] 방출작용

공이치기 잠김작용은 노리쇠뭉치가 후퇴하면서 공이치기를 뒤로 밀어내 방아쇠 연결쇠에 걸리도록 하여 다음 격발에 대기토록 하는 것을 말한다.

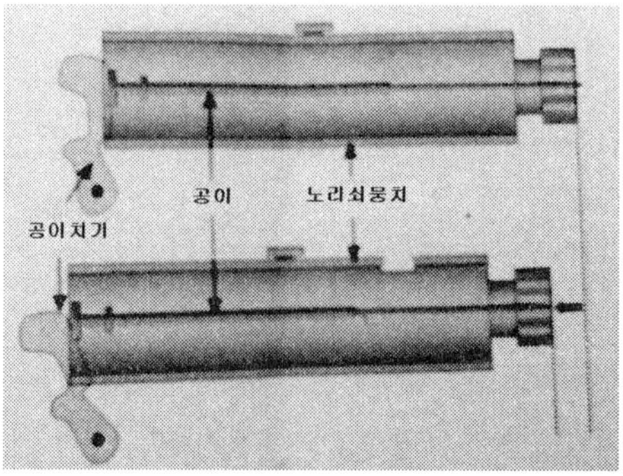

[그림 3-11] 공이치기 잠김작용

이와 같이 소총은 격발시 발생되는 추진가스의 힘으로 기능순환 8단계가 자동적으로 이루어지는데, 소총의 종류에 따라 일부 구성품이나 기능이 상이하긴 하나 전체적인 기능순환은 위에 기술한 내용과 대동소이하게 이루어진다.

3. 소총 점사사격시 어떻게 3발씩만 사격이 될까?

단발사격에서 연발기능을 갖춘 총이 등장했을 때 다소간의 문제점이 발생하였다. 즉, 실제 전투를 겪어보니 병사들이 참호에서 조준도 하지 않은 채 머리위로 총을 올려 사격을 하고, 또 연발사격으로 인한 반동력의 증가로 총구가 위로 들리는 앙등현상이 심하게 됨을 알았다. 따라서 탄약의 낭비를 줄이고 보다 정확한 조준을 위하여 한 번 격발시 3-4발의 탄만이 연발로 발사되는 기능이 필요하게 되었는데, 그것이 바로 **점사기능**이다. 한국형 소총인 K-2소총에는 3발 점사기능이 있다.

점사기능은 소총의 기능순환 8단계 중에서 마지막으로 이루어지는 공이치기 잠김작용, 즉 탄피가 방출된 후에 노리쇠뭉치와 공이치기가 후퇴를 하는 기능과 관련이 있다.

점사 기능은 노리쇠뭉치, 공이치기, 치차, 단발자, 점사발자, 조정간이 복합적으로 작용을 하여 이루어진다.

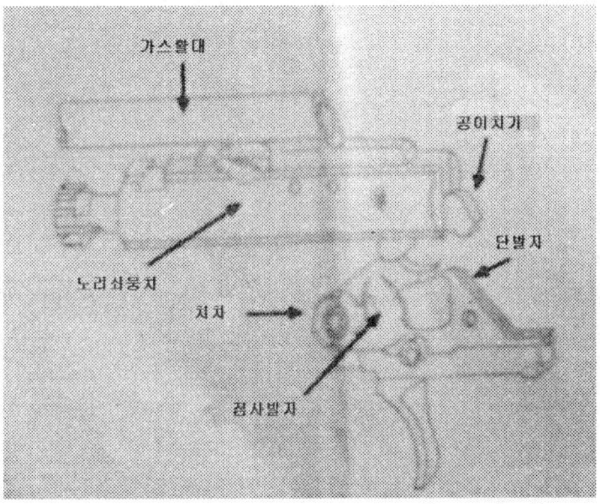

[그림 3-12] 점사기능과 관련된 구성품

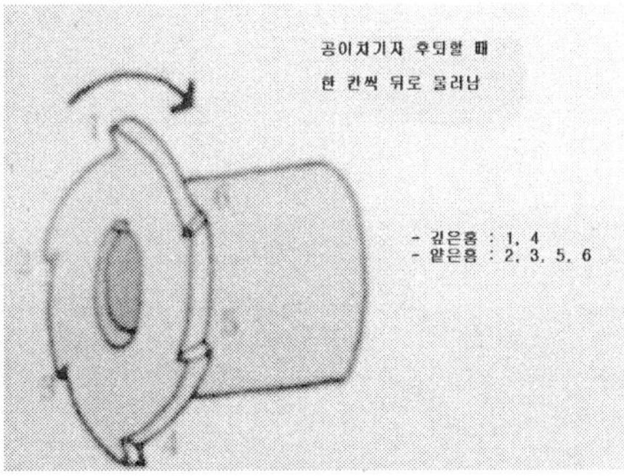

[그림 3-13] 치차의 형태와 회전방향

추진가스의 힘에 의해 가스활대가 밀리며, 이로 인해 노리쇠뭉치가 후퇴를 하면서 공이치기를 뒤로 젖힌다. 공이치기가 젖혀질 때 치차도 한 칸씩 뒤로 회전을 하는데 조정간을 점사에 두었을 때는, 아래 그림처럼 점사발자의 앞머리부분이 치차 톱니의 얕은홈(2, 3, 5, 6번)에서는 걸리지 않아 연발사격이 되고, 치차 톱니의 깊은홈(1,4번)에서는 걸리게 되어 사격이 멈추게 된다. 결국 방아쇠를 한 번 당길 때마다 3발씩만 연속사격이 이루어지게 된다.

만약 조정간을 연발로 하면, [그림 3-15]처럼 점사발자와 단발자 모두 작동을 못하게 되어 공이치기가 후퇴전진을 반복하며 연발사격을 하게되고, 조정간을 단발로 하면 단발자만이 작동을 하는데, 공이치기 중간턱이 단발자에 걸리어 1발사격 후 공이치기가 후퇴고정되게 된다.

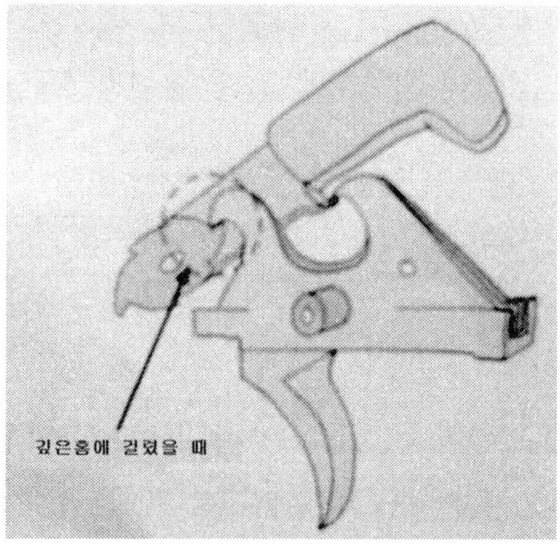

[그림 3-14] 점사기능의 원리

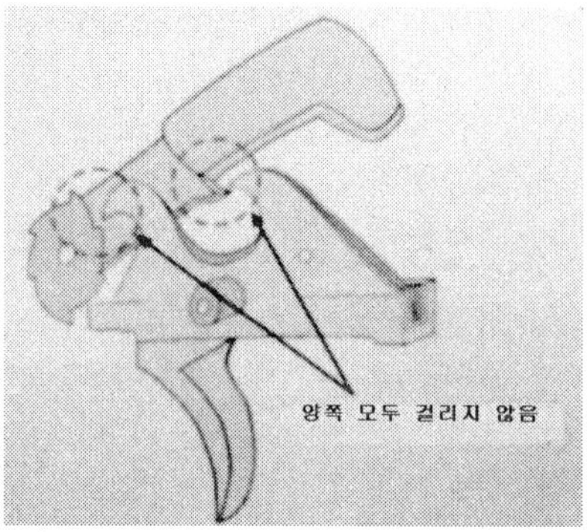

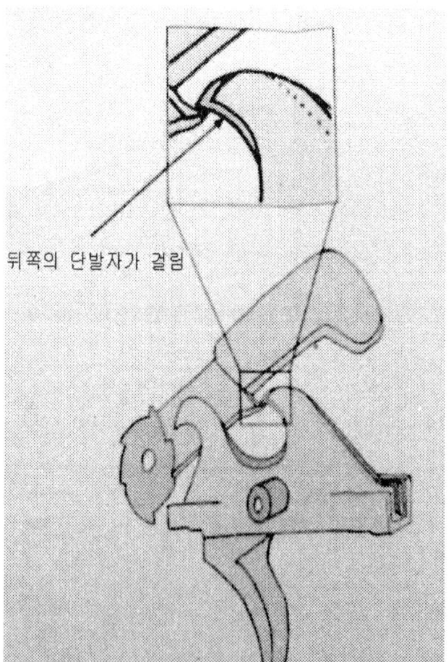

[그림 3-15] 연발기능의 원리

[그림 3-16] 단발기능의 원리

4. 총열내부에 있는 나선형 홈은 무슨 역할을 하는가?

탄두가 총구를 벗어나서 공기중을 미행할 때 탄두의 비행을 방해하는 저항력은 [그림 3-17]에서 보는 바와 같이 주로 탄두의 전면에서 부딪치는 공기(①), 측면의 공기마찰(②) 및 탄두의 후미에 생긴 낮은 공기밀도(③) 때문에 발생된다.

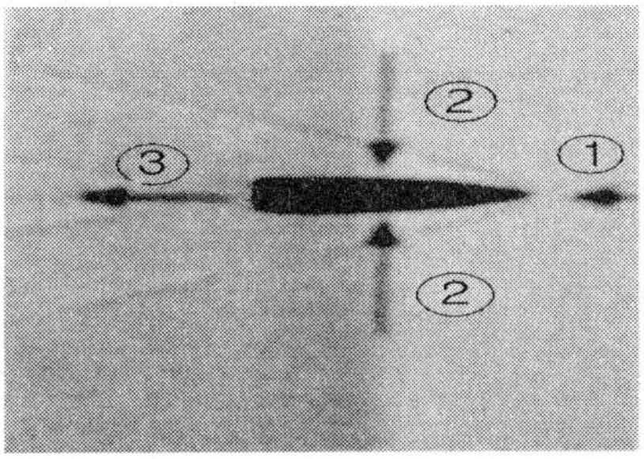

[그림 3-17] 공기의 저항력

탄두 후미에 생긴 낮은 공기밀도는 비행하는 탄두를 뒤에서 잡아당기는 역할을 하게 된다.

이러한 공기의 저항속에서 탄두가 비행안정성을 유지하기 위한 방법에는, 탄두 후미에 날개를 부착하는 **날개안정법**과 탄두를 회전시키는 **회전안정법**이 있다.

날개안정법은 한 쪽 끝에 깃털날개를 부착한 가벼운 화살대를 금속의 화살촉에 결합하여 비행안정을 얻는 방법으로, 주로 박격포탄, 로케트탄, 유도탄 등 길이가 길고 단면적이 작은 탄두에 적용한다.

실제로 탄두의 길이가 단면직경의 6배이상 될 때는 회전에 의한 비행안정을 얻기가 어렵다는 실험결과로 인해, 길이가 긴 로케트탄이나 유도탄에 회전안정을 사용하지 않고 날개를 부착하는 날개안정법을 적용하는 것이다.

이와같이 길이가 길고 단면적이 작은 탄두에 필수적인 날개안정법은, 날개에 의해 항력이 발생되며 횡방향 바람의 영향을 많이 받게 되는 단점이 있다. 따라서 소총탄이나 포병탄 등은 강제로 회전을 시켜서 비행안정을 시키는 회전안정법을 적용한다.

이처럼 탄두를 강제로 회전시키기 위하여 총열내부에 나선형으로 파여진 홈을 **강선**이라고 한다.

회전안정법은 공기의 저항속에서 탄두에 비행안정성을 부여하기 위하여 팽이의 원리를 적용한 것이다.

즉, 회전하지 않을 때에는 서지 못하는 팽이도 일단 빠른 회전운동이 주어질 때에는 뾰족한 침으로도 안정된 자세를 유지하는 원리를 이용한 것이다.

[그림 3-18] 강선의 구조

강제로 회전운동을 일으키기 위해서는 강선에 탄두가 잘 물려야 하는데, 이를 위하여 탄두의 표면은 질기고 연한 구리합금으로 제작된다.

또한 탄두의 직경을 총열의 직경보다 약간 크게 만들기 때문에 강선에 탄자가 완전히 밀착되어 전진하게 된다.

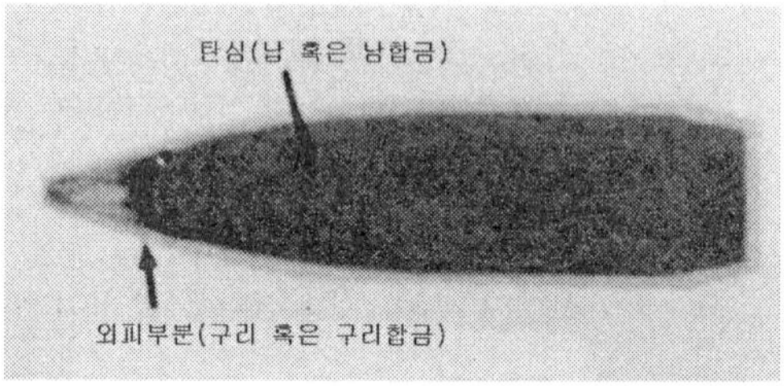

[그림 3-19] 탄두의 구조

그러므로 탄두는 회전력을 얻고 탄두와 총열 사이의 공간을 막아 가스의 누출 현상이 없게 된다.

만약 강선이 없어 회전이 안되는 경우에는 아래 그림처럼 탄두에 안정성이 없어 탄저, 즉 탄두의 뒷부분부터 떨어지는 전복현상이 일어날 수도 있다.

이와 같은 이유는 탄두가 비행할 때 공기의 저항을 받기 때문이다.

반면 탄두가 너무 빨리 회전하면 마치 공기의 저항이 없는 진공중의 비행처럼, 탄두가 지나치게 안정된다. 따라서 탄도를 따라 탄두의 방향이 변화되지 않게 되고 결국 탄저가 먼저 지면에 접촉하게 된다.

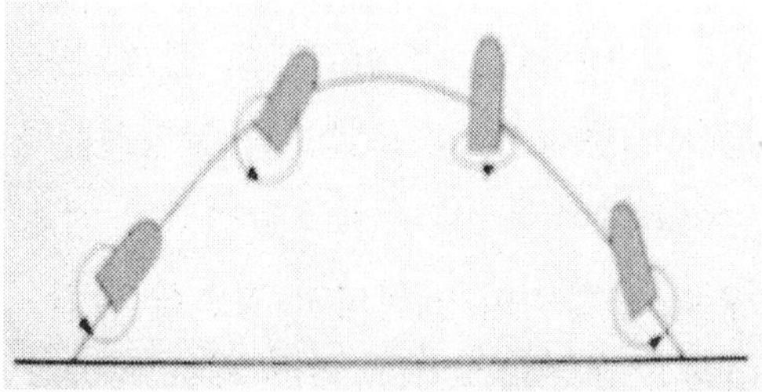
[그림 3-20] 무강선에 의한 탄자의 전복현상

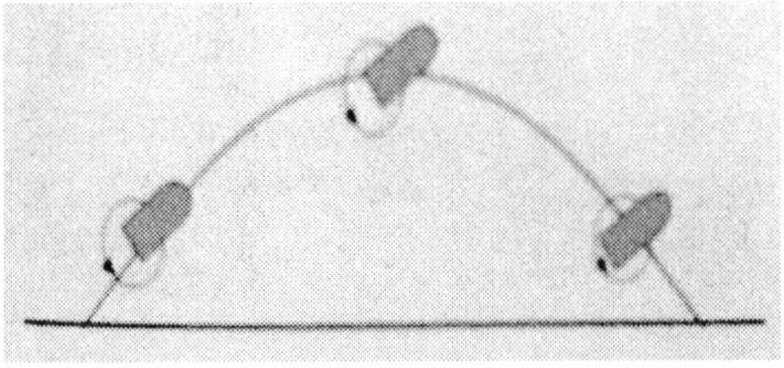

[그림 3-21] 과도한 회전

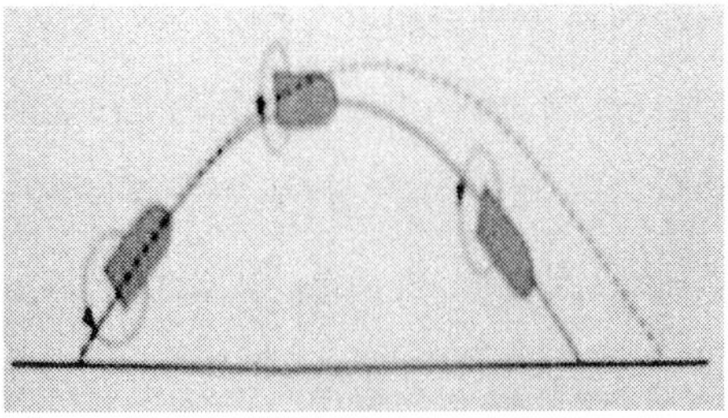

[그림 3-22] 부족한 회전

이와 반대로 회전속도가 너무 작으면 탄두가 탄도의 변화에 비해 너무 빨리 지면을 향하게 되어 탄두가 많은 항력을 받게 되어 사거리가 감소하게 된다.

우리가 사용하는 소총탄의 회전은 결국 이러한 이론과 수많은 실험의 결과로 최적화된 회전 강선율을 적용하고 있는데, K-2 소총의 경우 6조우선을 적용한다.

6조 우선이란 6개의 강선이 총열내부에서 우측으로 회전하고 있다는 뜻이며 탄두가 총열내에서 우측으로 2회전 하도록 설계되어있다.

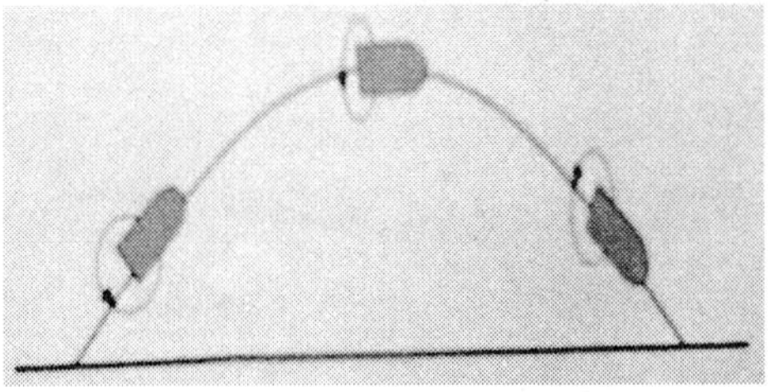

[그림 3-23] 최적화된 회전

5. 사격시 총구가 위쪽으로 들리는 이유는 무엇인가?

사격을 하다 보면 발사직후 총이 위로 들리는 현상을 볼 수 있는데, 최초의 총강축과 발사직후 위로 들린 총강축이 이루는 각을 **도약각**이라고 한다. 이러한 도약각은 **반동력**과 이로 인한 **우력**에 의해 좌우되는데, 이 도약각으로 인해 사격시 총구가 위쪽으로 들리는 현상이 발생된다.

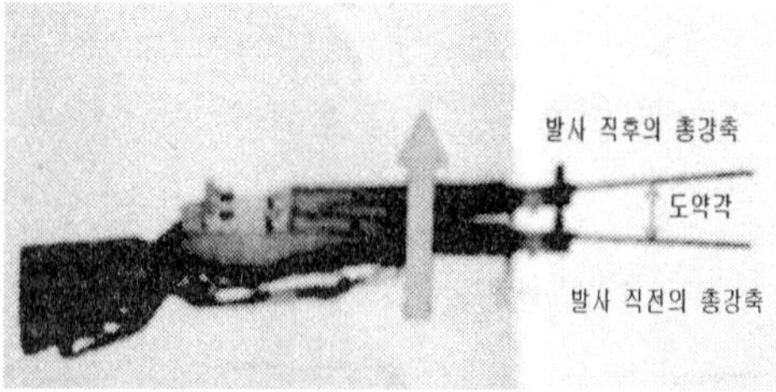

[그림 3-24] 도약각의 발생

[그림 3-25] K-2소총의 복좌용수철

여기서 반동력이란, 추진제가 연소하면서 생기는 가스의 힘이 탄피로 전달되어 노리쇠를 통해 총을 후퇴시키는 힘을 말한다. 소총의 경우, 가스활대 혹은 노리쇠의 후퇴시 복좌용수철을 이용하여 반동력을 감소시키기는 하나, 여전히 큰 반동력이 개머리판으로 전달되어 어깨로 흡수된다.

우력이란, 반동력이 개머리판을 통하여 어깨로 흡수될 때, 반동력이 전달되는 축과 개머리판을 지지하는 어깨접촉점과의 수직거리가 차이날 경우 발생되는 회전모멘트를 말한다.

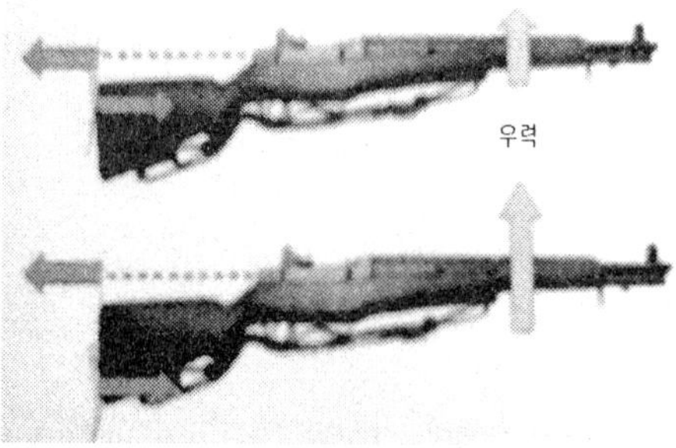

[그림 3-26] 작용점에 따른 우력의 크기

[그림 3-27] K-2 소총의 총강축

예전의 소총은 개머리판이 대부분 구부러져 있어서 총강축과 반동을 흡수하는 어깨선이 일치하지 않았다. 따라서 총강축과 반동력을 흡수하는 지점과의 수직거리를 곱한 값으로 나타나는 우력의 크기가 위의 그림처럼 사격자세에 따라 차이를 보였다. 하지만

K-2 소총과 같이 최근에 사용되는 소총은 개머리판을 총강축과 거의 일직선으로 제작하기 때문에, 예전의 소총보다는 우력이 작게 발생하여 상대적으로 도약각이 작게 발생된다.

그러나 이러한 소총이라 하더라도 사격자세, 즉 어깨에 개머리판의 어느 지점을 대느냐, 그리고 사격자세시 안정되게 하느냐에 따라 도약각이 차이날 수 있다.

즉, 총을 고정시키고 사격하는 것이 아니라 사수에 의해 사격이 이루어지기 때문에, 인체공학적으로 두가지 힘이 동시에 작용할 수 있다. 첫째는 어깨 접촉점에 따라 발생된 상방향 우력과, 사수의 몸에서 오른 어깨에만 힘이 가해지기 때문에 발생되는 우상방향 모멘트이다. 즉 몸의 중심을 기준으로 우측어깨로만 힘이 가해지기 때문에 결과적으로 총구는 우상방향으로 들리게 될 것이다.

[그림 3-28] 사수에게 전달되는 힘의 방향

또한 강선이 우선이기 때문에, 강내에서 탄자가 우측으로 회전하며 총을 우측으로 미는 힘을 작용한다.

결과적으로 이러한 힘들의 작용으로 인해, 사격시 총구가 우상방향으로 들리는 앙등현상이 발생하게 된다.

이러한 앙등현상을 줄이려면 어떻게 해야 하나?

M16A1소총의 소염기를 살펴보면 소염기 주위로 6개의 구멍이 균등하게 나있는 것을 볼 수 있다. 하지만 한국형 소총인 K-2소총의 소염기에는 우상방향으로 3개의 구멍만이 나있다.

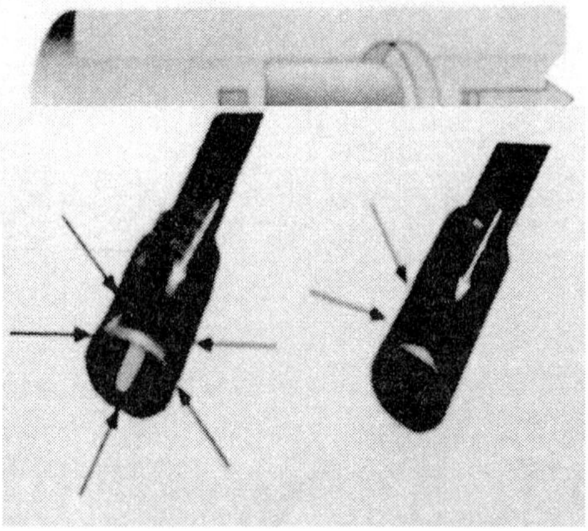
[그림 3-30] 소염기 형태

소염기는 총구로 빠져나오는 섬광을 분산시키는 역할을 한다. 만약 소염기가 없는 소총이 야간에 사격을 한다면 상당한 섬광이 총구에서 발생하는 것을 볼 수 있을 것이다. M16A1의 소총은 이러한 섬광을 6개의 구멍을 통해 사방으로 분산시키는 것이다.

여기서 한 가지 주목할 것은 소염기가 섬광뿐만이 아니라 총구로 빠져나오는 배기가스도 분산시킨다는 점이다. 바로 여기에 착안을 하여 만든 것이 우상방향으로만 구멍을 낸 K-2소총의 소염기이다.

즉, 총구로 빠져나오는 추진가스를 우상방향으로 좀 더 많이 배출시킴으로써, 우상방향으로의 앙등하는 힘을 상쇄시키는 것이다.

6. 사격시 사거리별로 조준점을 달리하는 이유는 무엇인가?

사격시 사거리별로 조준점을 달리해야 하는 이유는 탄이 비행하는 경로, 즉 탄도가 일직선이 아니기 때문이다.

따라서 목표 사거리별로 탄도를 고려한 조준점을 선정해야 한다.

탄두의 비행경로가 일직선이 안되는 이유는 크게 공기의 저항과 중력 때문이다.

공기의 저항값은 다양한 실험치와 경험 요소로 구해질 수 있으며, 또한 공기의 상태에 따라 달라지기 때문에 공기저항이 없는 순수한 중력의 영향만을 고려한 탄도를 생각해 보자.

가. 무중력상태

총구를 벗어난 탄두가 어떠한 외부의 저항도 받지 않는 무중력상태일 경우는 어떻게 될까?

탄두는 총구를 빠져나올 때에 가지고 있는 관성력에 의하여 총열이 지향한 방향으로 총구속도와 동일한 속도로 날아가는 등속의 직선운동을 계속하여 표적에 명중하게 될 것이다.

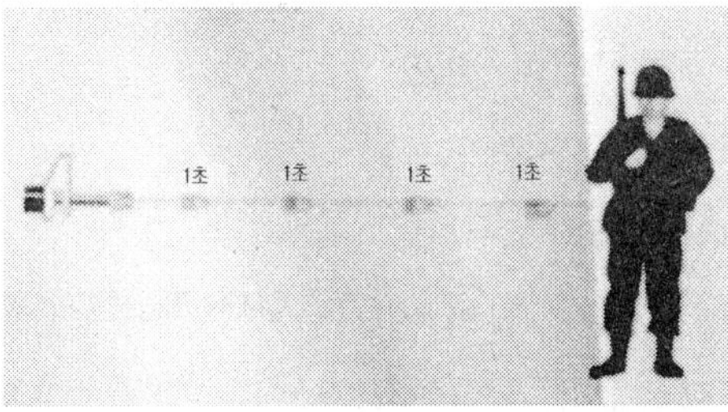

[그림 3-31] 중력이 작용하지 않을 경우

나. 중력이 작용하는 경우

그렇다면 중력이 작용할 때는 어떻게 될까?

이때의 탄두는 자유낙하하는 물체와 같이 수직으로 낙하하는 운동을 시작하여 Newton의 운동법칙을 따를 것이다.

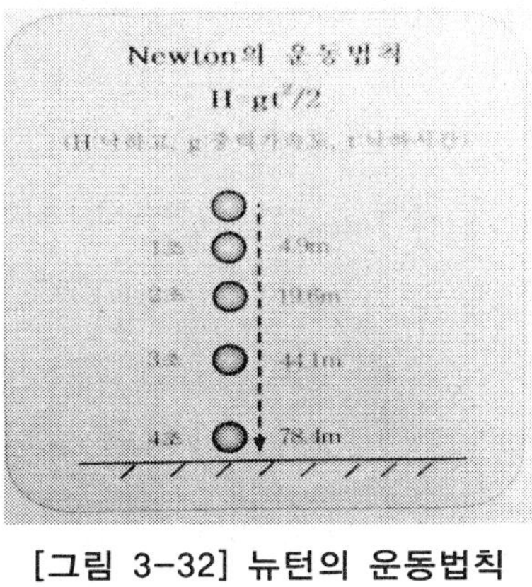

[그림 3-32] 뉴턴의 운동법칙

그렇지만 사격시에는 중력이, 일정한 속도로 전진하는 관성력을 가진 탄두에 작용하기 때문에, 1초 후에는 4.9m, 2초 후에는 19.6m라고 하는 낙하고는 실제로 총열의 연장선을 따라 탄두가 전진한 거리에서 [그림 3-33]과 같이 밑으로 떨어진 거리를 나타낸다.

그러므로 총열이 표적에 정확히 지향되어 있으면 그 탄두는 표적에 명중될 수가 없다.

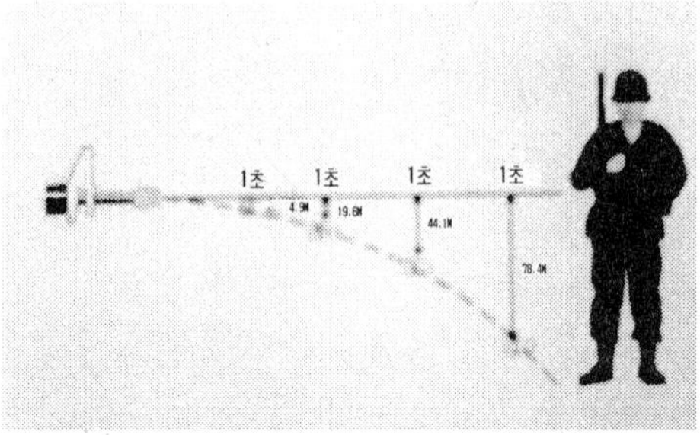

[그림 3-33] 탄자 비행시 중력에 의한 낙하

따라서 표적을 명중시키려고 하면 중력의 영향을 받아 굽어진 탄도로 하여금 목표의 중심을 통과하도록 총열의 방향을 목표보다 높게 잡아야 한다.

이와 같이 총열의 축선이 총구의 중심과 목표로 이루어지는 직선과 일정한 각도를 유지하도록 사격할 때 명중하게 된다. 이 일정한 각을 발사각이라고 한다.

[그림 3-34]에서 보는 바와 같이 중력만이 작용하는 경우 탄도는 완전히 대칭이 되는 포물선을 그리게 된다.

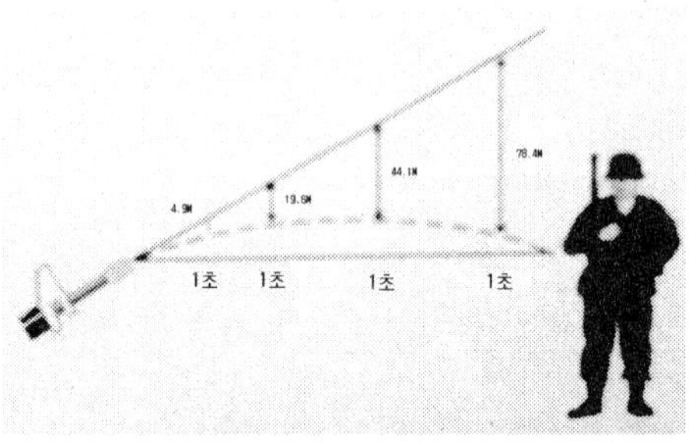

[그림 3-34] 실제 탄도를 고려한 조준의 원리

위와 같은 탄도의 원리로 인해 실제 소총의 총렬은 조준선과 일정한 각도를 이루게 제작되어 있다.

K-2소총을 예로 들면 조준선과 총열이 이루는 각도가 대략 0.082°이다. 따라서 조준사격을 하면 탄두는 직선이 아닌 곡선 탄도를 그리며 비행하게 되는데, 이때 탄도는 최고점을 기준으로 좌우가 정확한 대칭이 아니라 공기의 저항과 중력 등의 영향으로 목표 쪽으로 약간의 경사가 있는 포물선을 그리게 된다.

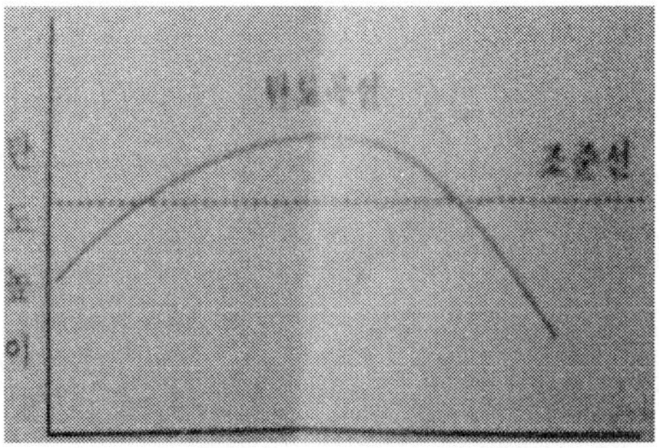

[그림 3-35] K-2소총의 탄도곡선 형태

〈표 3-1〉 K-2소총 탄자의 거리별 탄도높이(K-100탄 기준)

거리 (m)	0	25	38.5	100	200	250	300
탄도높이 (cm)	-6	-1.0	0	8	7	0	-12

〈표 3-1〉에서 보는 바와 같이 탄자는 총구를 출발할 때부터 이미 조준선보다 약 6cm하단에서 출발하여 25m에서는 1cm하단을 지나게 된다. 결국 계속 비행하면서 38.5m와 250m에서 조준선과 비행하는 탄자가 일치하게 된다.

따라서 이와 같은 탄도특성을 고려하여 목표사거리별로 조준점을 달리해야 한다.

7. 총열내 이물질이 있는 상태로 사격을 하면 어떤 현상이 일어날까?

총열안이 깨끗하지 않은 상태로 사격을 하면 극단적인 경우 **총열이 팽창할** 가능성이 있다. 소총의 총열내에 생길 수 있는 이물질의 종류에는, 총열을 손질한 뒤에 남겨진 헝겊이나 철솔의 철가루, 방울같이 농축된 윤활유의 기름 유막이나 설편(雪片)과 같은 눈조각 또는 흙이나 먼지 등을 들 수 있다.

이와 같은 이물질은 탄자가 강내에서 이동하는 중에 일종의 **브레이크 역할**을 하여 탄자의 운동을 둔화시키고 결국 가스의 압력을 돌발적으로 증가시킨다.

아래 그림에서 보는 바와 같이 탄자의 뒷면을 따라 총구방향으로 이동하던 추진가스의 입자는 이물질로 인하여 탄자의 속도가 느려질 때 탄자의 뒷면에서 탄자와 충돌한 후 반사되어 되돌아온다. 이때 총구방향으로 전진하는 정상적인 입자와 탄자의 뒷면에서 되돌아오는 반사입자가 상호 충돌하면서 겹치어 총열에 강력한 압력파를 형성한다. 이 압력파가 총열내의 일부분에 탄성한계를 넘는 높은 압력을 가하게 된다. 이 급격하고도 큰 국부적인 가스압력의 증가가 총열을 팽창시키고 때로는 파열현상까지 일으키게 한다.

총열의 팽창은 총열을 주의 깊게 보았을 때 확인할 수 있는데, 총열을 육안으로 보았을 때 둥글고 컴컴하게 보이기 때문에 쉽게 발견할 수 있다.

팽창도가 커서 총열 외부에 둥근모양으로 불록 나와있을 경우에는 손으로 만져도 그것을 찾아 낼 수 있다.

팽창을 방지하기 위해서는 총열 내부를 깨끗이 닦아야 한다.

그러므로 사격 전에는 반드시 세심한 주의를 기울여 총열을 점검하는 습관을 가져야 한다.

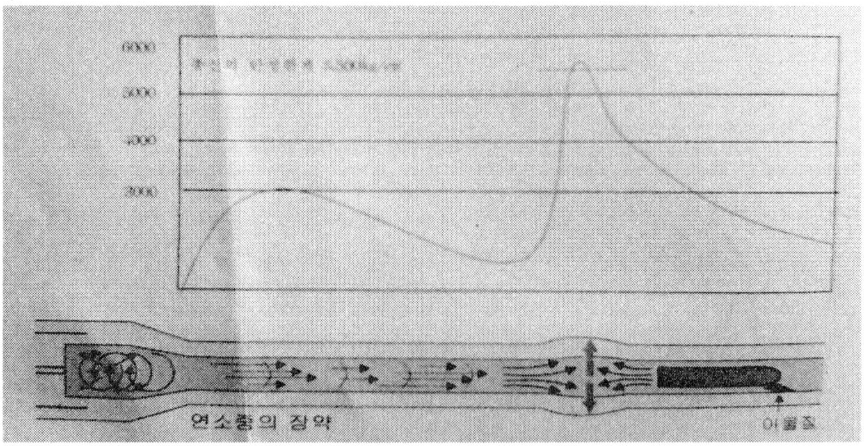

[그림 3-36] 추진가스의 압력에 의한 총열팽창

8. M16소총의 유효사거리는 왜 460m일까?

유효사거리란 적을 조준하여 철모를 관통시킬 수 있는 거리를 말하는데, 소총의 유효사거리는 과거 전쟁의 통계적 수치와 철모를 관통하는데 필요한 에너지를 고려해서 정한다.

제2차 세계대전, 한국전쟁. 월남전 등 세계 곳곳에서 일어났던 전쟁에 대한 기록을 분석한 결과 대부분 소총의 교전사거리는 그림에서 보는 것과 같이

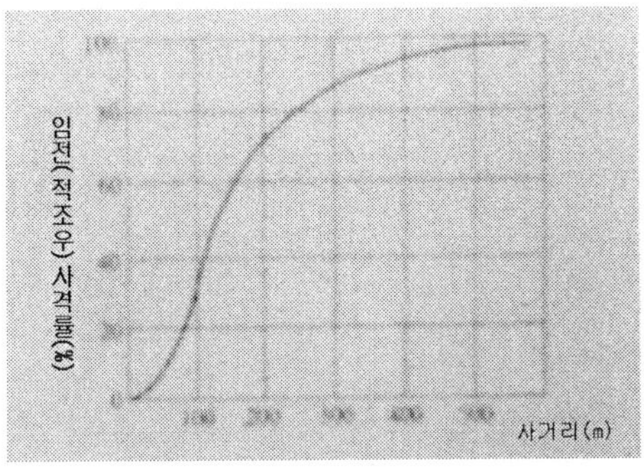

[그림 3-37] 사거리별 교전 사격률

400m이내라는 결론을 얻었다. 즉, 소총을 가지고 적과 싸우는 거리는 95%이상이 사거리 400m 이내에서 이루어지므로 소총의 유효사거리는 400~500m정도면 충분하다는 뜻이다.

총구를 출발한 탄자의 속도는 공기의 저항을 받아 계속 감소하며 그에 따라 탄자의 운동에너지도 감소하게 된다. 따라서 표적이 너무 멀리 떨어져 있으면 탄자가 표적에 도달하더라도 그것을 관통하기에 충분한 에너지를 갖지 못한다.

M16A1소총의 경우 총구속도는 990㎧이며 탄자(M193)의 질량은 3.6kg이다.

운동에너지 $Ev=\frac{1}{2}mv^2$ 의 식을 사용하여 총구에너지를 구해보면 1,764J이다. 이 탄자가 계속 비행하여 460m까지 비행한다면, 그 때의 비행속도는 대략 480㎧정도이며 이때의 잔여에너지는 420J정도이다.

아래 표는 M16탄자와 M1탄자가 각종 표적을 관통하는데 필요한 에너지를 나타내고 있다.

〈표 3-2〉 표적 관통 에너지 (단위: Joule)

표 적	M16소총탄자	M1소총탄자
병 사	80	80
9인치 목재	150	200
경 장갑차	150	200
철 모	420	770
2인치 콘크리트	1200	1500

표에서 보는 것처럼 M16탄자가 철모를 관통하는데 필요한 에너지는 420J인데 위에서 언급한대로 M16탄자는 사거리 460m에서 대략 420J의 에너지를 가지고 있기 때문에 이 거리가 M16소총의 유효사거리로 정해진 것이다.

우리나라의 K-2소총의 경우는 M16과 동일한 탄(M193)을 사용할 경우 460m의 유효사거리를 갖지만, 성능개량된 신형탄(K100)을 사용하면 신형탄의 무게(4.0g)가 기존탄(M193)의 무게(3.6kg)보다 무겁기 때문에 탄자의 에너지가 M16보다 크며, 이로 인해 유효사거리가 600m로 증가하게 된다.

9. 공포탄으로 연발사격을 하기 위해서는 왜 별도의 장치를 해야 하는가?

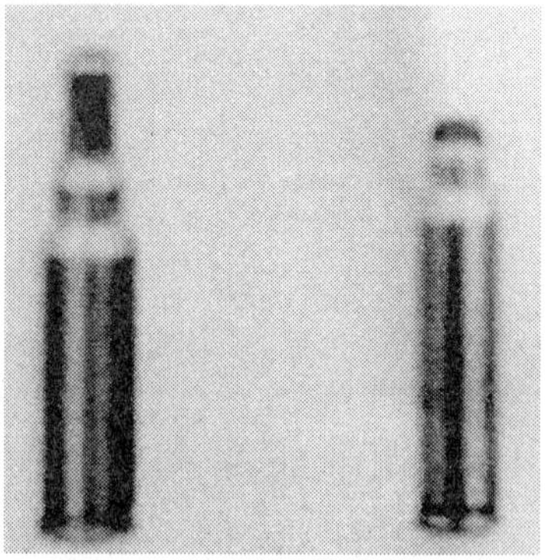

[그림 3-38] M60 및 K-2 공포탄

공포탄은 훈련 및 예식, 모의사격 등의 목적으로 사용되는 탄으로, 형상은 탄두가 없고 탄 앞부분이 막혀있는 모양이다. 이 공포탄을 사격해 보면 단발사격밖에 안되는 것을 알 수 있는데 그 이유는 무엇일까?

현재 우리가 사용하는 K-2소총, M16A1소총, K-3 기관총과 M60기관총 모두 가스 작용식이다. 가스 작용식이란 탄이 발사시 관내에서 발생되는 추진가스 일부분의 힘을 이용하여 노리쇠를 후퇴시키는 기능을 말한다. 즉 탄두의 뒤를 따라가던 추진가스의 일부가 총열과 연결된 가스통으로 들어가 가스활대를 밀고, 이 가스활대는 같이 연결되어 있는 노리쇠뭉치를 후퇴시켜 기능순환이 일어나게 하는 것이다.

M16A1의 경우 가스가 직접 노리쇠를 후퇴시키킨 하나 이 역시 추진가스의 힘을 이용한 것이다.

그런데 공포탄은 그 사용목적상 탄두가 없고 탄 내부의 추진제 양이 일반탄에 비해 현저히 작다. 따라서 추진가스의 양이 밀봉된 탄두를 터지게 하여 소음을 발생시킬 정도는 되지만, 가스활대를 밀어 노리쇠를 후퇴시킬 정도의 힘에는 못미치게 된다. 따라서 총구로 빠져나가는 추진가스를 막아 노리쇠를 후퇴시킬 힘을 전달할 필요가 있는데, 이같은 역할을 하는 장치가 바로 공포탄 발사기, 일명 어댑터라고 하는 장치이다.

이 어댑터는 총구로 빠져나오려는 추진가스의 대부분을 막아 가스통으로 유입되게 함으로써 노리쇠의 후퇴를 가능하게 하고, 적은 양의 가스는 어댑터 내부에 뚫려있는 구멍을 통해 총구로 빠져나오게 함으로써 소음효과를 낼 수 있도록 하고 있다.

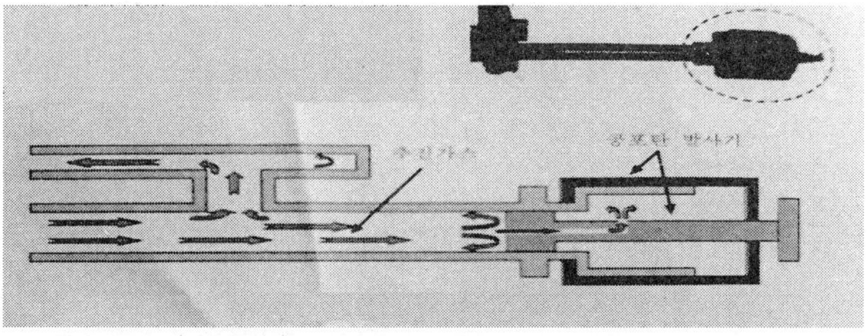

[그림 3-39] 공포탄 발사기의 원리

10. 차기 소총의 개발추세는 어떠한가?

현대 무기체계는 재래식 무기들이 갖고 있는 단순기능에서 체계화되고 복합기능을 갖는 추세로 발전하고 있다. 소총의 경우 미국을 비롯한 선진국에서는 차기 소총체계 연구에 착수하여 이미 상당한 진전이 이루어지고 있는 실정이다.

미국의 경우 차기 소총을 OICW(Objective Individual Combat Weapon)라 하여 화기의 각 서브시스템에 대한 시험이 거의 완료된 단계에 와있다.

OICW는 기존의 5.56mm 소총과 유탄발사기를 대체하는 개념의 소총이지만, 큰 차이점은 다음과 같은 기능이 있다는 점이다.

가. 공중폭발탄

차기 소총은 5.56mm탄과 함께 20mm 공중폭발탄을 사용할 것이다. 이 탄은 발사시 사격통제장치로부터 정보를 받아 표적 위에서 공중 폭발함으로써 건물 뒤에 숨은 적이나 참호에 숨은 적에게도 타격을 가할 수 있다.

나. 사격통제장치

레이저 거리측정기를 사용하여 적의 정확한 거리를 계산하고, 공중폭발탄이 발사시 자동적으로 신관에 비행시간을 입력할 수 있다. 또한 주야간 조준경 및 열상장비를 통하여 전천후 사격이 가능할 것이다.

[그림 3-40] 차기 소총 체계

다. 경량화 및 반동력 감소

차기 소총은 첨단 경량화 소재를 이용하여 체계의 무기를 줄일 것이고, 별도의 장치와 방법 등을 이용하여 반동력을 크게 줄일 것이다.

이같은 차기 소총은 차기 병사체계와 연동되어 효과적인 사격이 이루어질 것이다.

II. 기관총

1. 기관총은 어떻게 발전되어 왔는가?

기관총의 시초는 1862년 미국 남북 전쟁시 10개의 총열을 묶은 GATLING 기관총이 등장하였고, 이후 실전 효율이 높은 경기관총이 1883년 유럽거주 미국인 Maxim에 의해 개발되었다. 이후 1차 세계대전에서 사용된 기관총은 무거운 수냉식 냉각방식이었으나 2차 세계대전에서는 독일의 MG-34 모델과 같은 가벼운 공랭식 모델이 등장하였다.

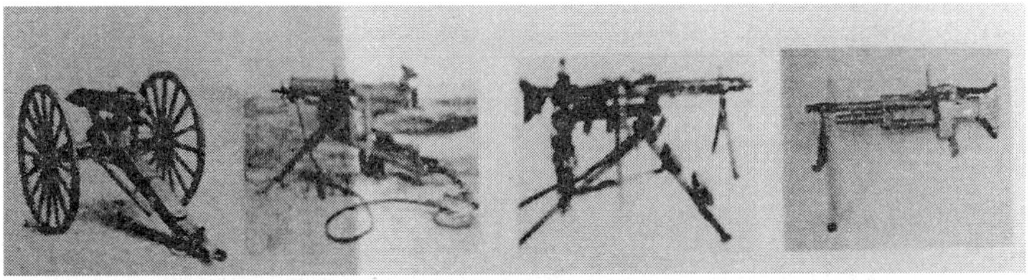

[그림 3-41] Gatling, Maxim, MG-42, M60 기관총(왼쪽부터)

1930년대 미국은 장갑차량 등의 철판을 관통시킬 수 있는 구경 50의 브라우닝 중기관총을 개발 보급하였으며, 2차 세계대전이 끝날 무렵에는 독일의 다목적 기관총인 MG-42 기관총의 영향을 받아 새로운 기관총을 개발하기 시작하였으며 1950년대 후반에 이를 완료하여 베트남전에 M60 기관총을 선 보였다. 우리나라는 1960년대 후반에 M60 기관총을 도입하여 지금까지도 유효한 보병무기체계로서 활용하고 있으며 국내에서 개발한 K-3 기관총과 함께 지원화기의 중핵을 이루고 있다.

현재 우리 군이 사용하고 있는 기관총은 크게 경(經), 중(中), 중(重)기관총으로 구분되며 해당화기는 아래 표에서 보는 바와 같다.

〈표 3-3〉 기관총의 분류기준

구 분	분 류 방 법	화 기
경(經)	•소총과 동일한 구경의 탄약사용 (7.62밀리 미만) •양각대 이용	K-3
중(中)	•소총보다 약간 큰 구경의 탄약사용(7.62~12.7밀리 미만) •삼각대 이용	M60 CAL30
중(重)	•12.7밀리 이상의 탄약사용 삼각대(거치대)이용	CAL50 K-6

2. 기관총은 어떤 원리로 연발사격이 가능할까?

앞서 소총을 통해 총기의 기능순환에 대해 알아보았다. 기관총 역시 기능순환 8단계를 통해 사격이 이루어지는데 여기서 연발사격은 소총에 비해 비교적 원리가 간단한 편이다.

소총의 경우 치자와 점사발자, 노리쇠뭉치의 복합적인 기능으로 단발, 연발, 3발점사가 이루어지지만 기관총의 경우는 원래가 연발을 목적으로 하는 총이기 때문에 방아쇠를 당긴 상태만 유지를 하면 단발자와 노리쇠의 걸림작용이 풀려서 연발사격이 이루어진다.

즉, 아래 그림에서 보는 바와 같이 탄이 발사되면 약실에 찬 가스의 일부는 가스통으로 들어가게 된다. 가스통으로 들어간 가스의 힘으로 피스톤을 밀고 이것이 다시 가스활대를 밀게 되는데, 이때 가스활대와 연결된 노리쇠뭉치도 같이 후퇴하면서 기능의 순환이 이루어지게 된다.

방아쇠를 당기고 있으면(①) 단발자가 가스활대를 걸지 못하게 되어 가능순환이 연속적으로 이루어지게 되고, 만약 방아쇠를 놓으면(②) 가스활대가 단발자에 걸리어 사격이 멈추게 되는 것이다.

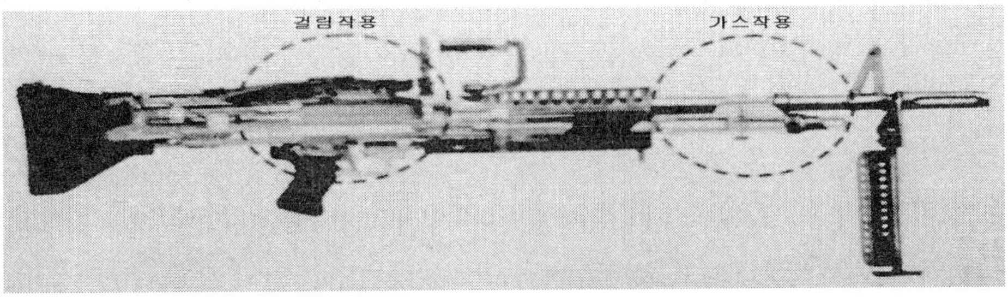

[그림 3-42] M60기관총 단면도

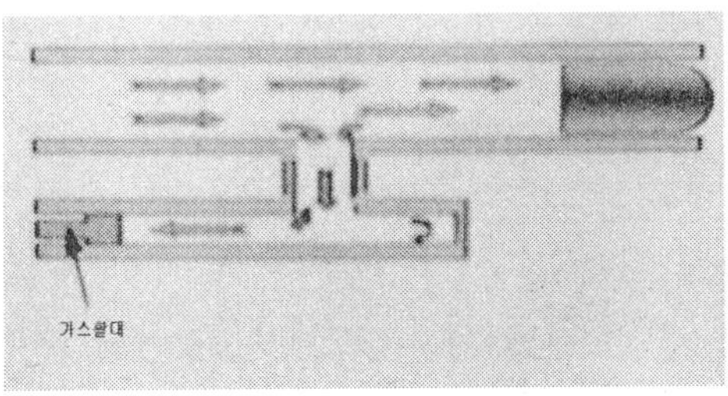

[그림 3-43] 가스활대의 후퇴

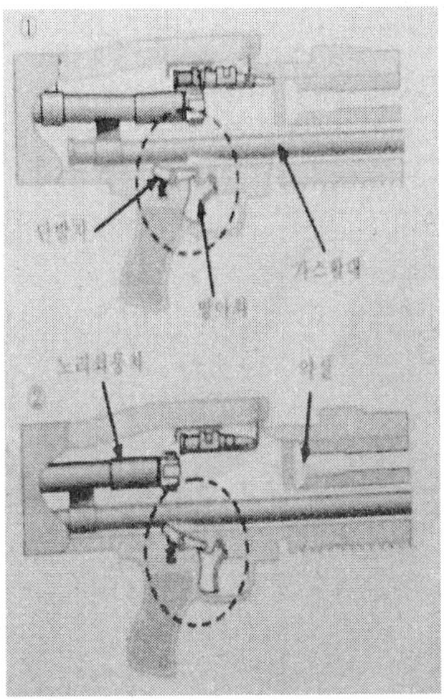

[그림 3-44] 단발자와 노리쇠뭉치의 걸림작용

3. 탄자가 비행시 탄도에 영향을 미치는 요소는 무엇인가?

사격할 때 동일한 지점을 겨냥해서 사격을 해도 탄착점이 항상 같지는 않다. 그것은 사격후 탄이 공기중을 비행할 때 그 비행경로, 즉 탄도에 영향을 미치는 요소가 있기 때문이다. 이와 같이 탄도에 영향을 미치는 요소는 크게 4가지로 구분할 수 있다.

가. 총구속도

같은 탄을 사격하더라도 총구속도가 같지는 않다. 이는 추진제, 총열 등 총의 구성요소가 가지는 미세한 차이에 의해 총구속도가 달라지기 때문이다. 이러한 총구속도의 차이로 인해 탄이 비행하는 경로가 달라지게 된다.

나. 탄자의 형상

아래 그림과 같이 탄두부분이 예각을 보일수록 탄두에 가하여지는 공기의 압력이 감소하고, 탄미부분이 비스듬히 잘리어져 있을수록 탄두의 밑바닥에서 만들어지는 준진공지대가 작아져서 공기의 저항도 작아짐을 볼 수 있다.

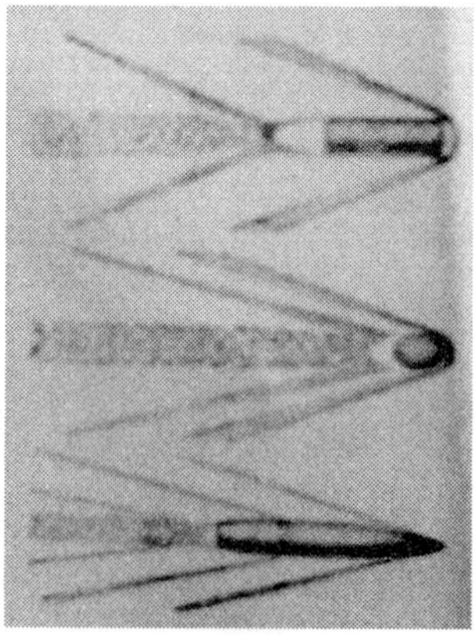

[그림 3-45] 탄두의 형상에 따른 공기저항

다. 탄두의 단면하중

탄두의 중량이 그 탄두의 횡단면에 대하여 가지는 비율을 그 탄두의 단면하중이라 하는데, 단면하중은 공기의 저항과 반동력의 세기와도 관계가 있다. 현재 사용되고 있는 탄들은 이러한 여러 가지 요소들을 복합적으로 고려하여 제작한 것이다.

라. 대기의 조건

대기의 온도와 압력 및 습도 그리고 바람의 영향은 탄도의 변화를 초래한다. 바람을 예로 들면 아래표에서처럼 8㎧의 옆바람이 불 때 800m 표적을 향해 사격하면, 4.2m의 편차량을 나타낼 정도이다.

〈표 3-4. 사격시 옆바람에 의한 편차〉

사거리(m)	경탄자(9.6g)의 편차량(cm)		
	미풍(2㎧)	화풍(4㎧)	강풍(8㎧)
100m	1	3	6
500m	34	140	140
800m	110	420	420

기온은 섭씨 1도의 변화에 탄두 초속이 약 1㎧가 변하게 된다. 따라서 여름과 겨울의 기온차가 심한 나라에서는 동일탄을 사용하더라도 수 십㎧ 큰 초속도차이를 나타낸다.

〈표 3-5. 온도 10℃변화에 따른 상하편차〉

사거리(m)	평균탄착점의 상하 편차량(cm)	
	경탄자(9.6g) 사용시	중탄자(11.8g) 사용시
400	4	4
800	35	28
1000	80	59

4. 기관총 사격시 일정발수를 사격하면 총열이 뜨거워지는데 그 상태로 계속 사격을 하면 어떻게 될까?

기관총은 통상 500여발을 연속사격하면 총열이 가열되어 총열 직경이 증가하기 때문에 사격 및 총열수명에 나쁜 영향을 미치므로 적절히 총열을 교환해주어야 한다.

총열이 가열되어 뜨거워지는 효과는 100℃의 온도 증가마다 약 0.028mm 크기로 총열의 직경이 증가하여, 탄자와 총열사이에 간격이 생기고 이 틈으로 추진가스가 새어나오면서 탄자의 운동방향과 대칭축이 이루는 각(이축각)이 허용치를 넘게 된다. 또한 가스의 누출로 인해 총구속도가 저하되어 결국 탄착점이 한 곳으로 모이지 않고 흩어지는 결과를 초래하게 된다.

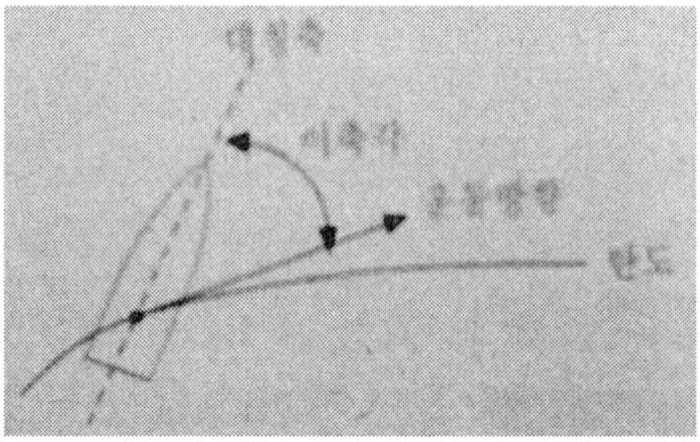

[그림 3-46] 이축각의 발생

뿐만 아니라 총열의 온도가 올라감에 따라 총열재료의 강도가 떨어져 결국은 영구변형이 생기고 쉽고 총열이 손상되기 쉽다. [그림 3-47]에서 보듯이 약 600℃ 이상에서는 탄자를 입힌 피복재가 총열재료보다 경도가 더 높음을 알 수 있다. 따라서 강선이 시작되는 점에서 강선이 탄자로부터 큰 힘을 받기 때문에 온도상승으로 무르게 된 강선은 많이 깎이어 나갈 것이다.

이와 같이 강선이 깎이어 나가는 손상이 누적될 경우 탄자는 충분한 회전력을 가질 수 없다. 따라서 강외탄도에서 안정성이 낮아지므로 탄두의 뒷부분부터 표적에 맞는 전도까지도 일어날 수 있다.

결국 총열온도의 상승은 강선의 마모와 추진가스로 인한 부식을 가속시키고, 탄자의 속도를 떨어트리며, 총구속도를 불균일하게 만들고 회전속도를 줄인다.

고온에 의하여 손상된 총열로 사격할 경우 부정확한 사격이 계속될 것이고 극단적인 경우에는 탄자의 비행이 불안정하게 된다. 이러한 현상을 방지하기 위해서는 총열이 탄자보다 무르게 되는 임계온도를 넘지 말아야할 것이다.

우리가 기관총 사격시 일정 발수를 사격한 후에 총열을 교환하게 하는 것은, 실험에 의하여 총열의 경도와 온도와의 관계를 고려한 조치라고 볼 수 있다.

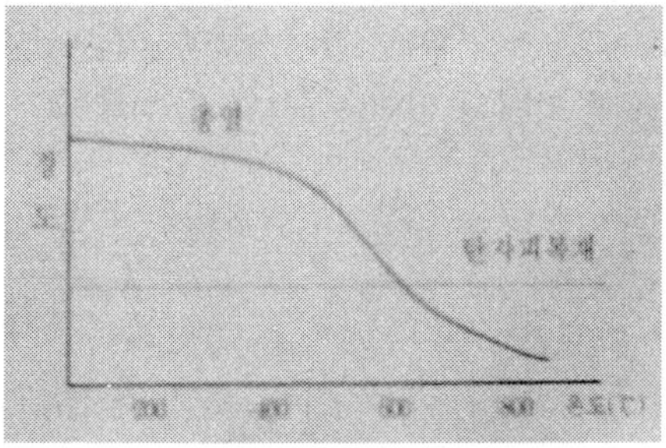

[그림 3-47] 총열재료의 온도에 따른 경도 변화

5. M60 기관총과 K-3 기관총의 피탄지 형태는 왜 다를까?

기관총은 소총과 달리 단발사격보다는 연발사격으로 지역 및 밀집부대를 살상하는 역할을 하는 화기이다.

따라서 기관총으로부터 여러 발의 탄알이 발사가 되면 각 탄알은 총의 진동 및 대기조건 등에 의해 약간씩 다른 탄도, 즉 다른 비행경로를 갖게 된다. 이와 같이 약간씩 다른 탄도의 묶음을 **집속탄도**라고 한다.

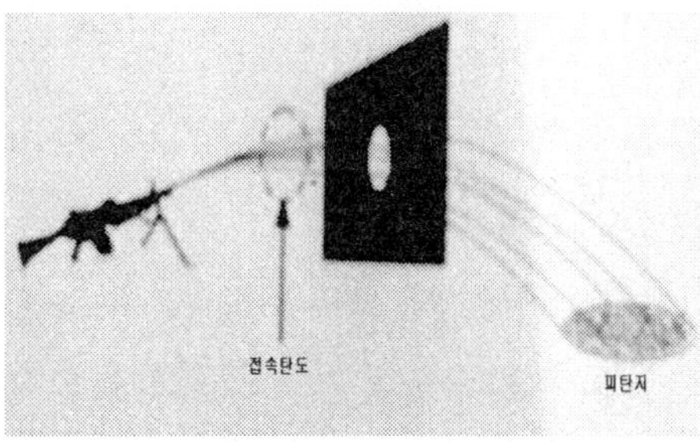

[그림 3-48] 집속탄도와 피탄지

피탄지란 이러한 집속탄도가 지면이나 표적에 맞는 부분을 말한다.

그런데 K-3 기관총과 M60 기관총의 피탄지 형태를 보면 약간 차이가 있는 것을 알 수 있다.

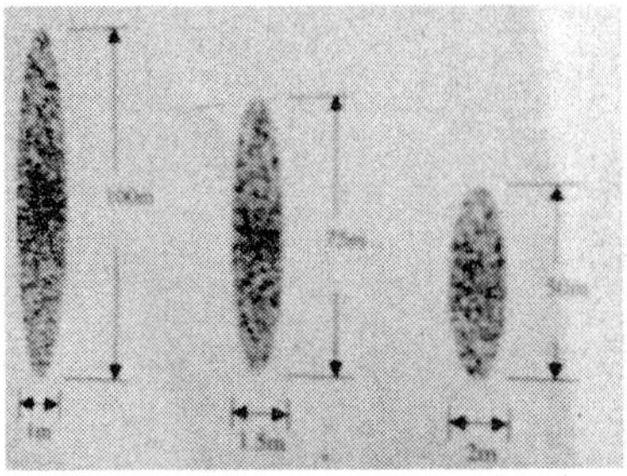

[그림 3-49] M60 기관총의 피탄지 형태

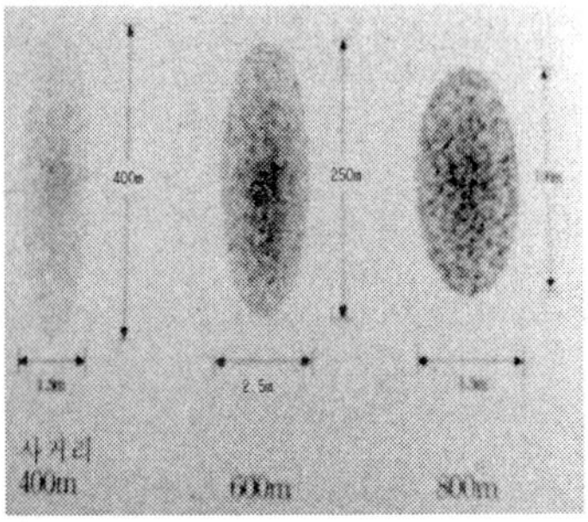

[그림 3-50] K-3 기관총의 피탄지 형태

K-3의 경우는 약간 둥그스름한 타원형이고 M60의 경우는 좌우가 좁은 형태를 띠고 있다.

이렇게 피탄지 형태의 차이가 나는 이유는 외부요인과 내부설계상의 요인으로 나눌 수 있다.

가. 외부요인

외부요인에 의한 이유는 수발의 탄알이 발사되었을 때 총의 진동, 탄알의 불균등, 대기의 조건 등에 의해 탄도가 흐트러지기 때문이다. 또한 사격시 목표가 정확하게 측정된 거리에 출현되지 않으며, 항상 안정된 상태로 사격하는 것이 아니기 때문이다.

나. 내부 설계상 요인

내부 설계상의 요인은 탄자가 갖는 에너지와 평탄도 유지를 들 수 있다.

6. 미래의 병사는 어떤 모습을 하고 있을까?

우리는 영화에서 특별한 복장을 하고 레이저 총을 지닌 미래 병사를 볼 수 있다. 하지만 현실적으로 가까운 미래, 구체적으로는 10년 이내에 병사들은 다음과 같은 모습을 하고 있을 것이다.

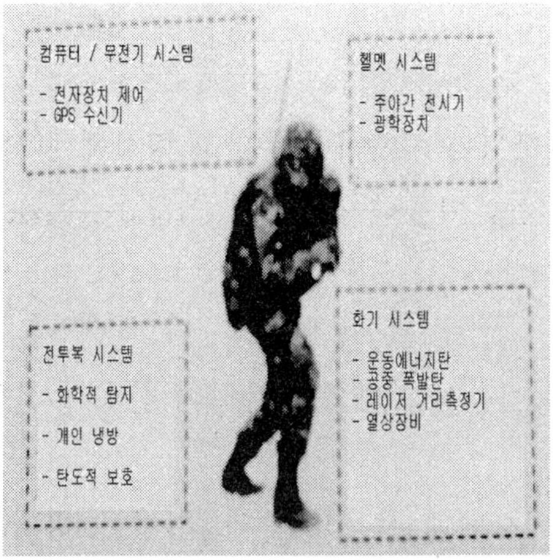

[그림 3-51] 미래 병사의 모습

세계 각국에서 시행되고 있는 미래 병사체계는 방법론에서는 차이가 있으나. 기본전략은 대체로 일치하며, 다음의 5가지로 요약할 수 있다.

가. 치 명 성

각개 병사는 첨단 전자장치와 운동에너지탄 및 공중 폭발탄을 지닌 차기 소총을 휴대할 것이다.

나. 지휘통제

병사는 무전기와 컴퓨터 및 헬멧 장착형 디지털 전시기로 통합된 정보체계를 갖출 것이다.

다. 생존성

전투복은 화염 및 열기, 화학적/생물학적 위협으로부터 병사를 보호할 수 있으며, 적의 레이저조준 및 사격으로부터의 위협도 경고받을 수 있을 것이다. 또한 개인군장은 체형에 맞도록 설계되어지고 방탄복은 소화기로부터의 피탄에도 병사를 보호할 수 있을 것이다.

라. 임무지속성

소형화된 동력공급장치를 이용하여 수일간 병사체계에 필요한 동력을 공급받고, 개인용 정수장치를 이용하여 식수를 얻을 수 있을 것이다.

마. 기 동 성

각개병사는 미래의 기동성 체계를 이용하여 신속히 전장으로 이동할 수 있을 것이다.

마지막으로 모든 시스템에 사용되는 재료들은 경량화, 소형화, 전자화 될 것이며, 과학기술의 발전에 부합하는 시스템이 될 것이다.

이와 같이 미래의 병사체계는 첨단 장치를 장착한 하나의 무기체계화가 될 것이며, 미국의 경우 1980년대 후반에 개발에 착수하여 이미 병사체계를 이루고 있는 서브시스템들에 대한 실험을 마쳐가고 있는 상태이다.

우리나라의 경우 아직은 구체적 연구가 시작되지는 않았으나 차기 소총에 대한 개발이 진행되고 있는 추세를 감안하면, 멀지 않은 장래에 병사체계에 대한 연구도 시작할 것으로 기대된다.

Ⅲ. 박격포

1. 박격포는 어떻게 구성되며 발사과정은 어떻게 되는가?

박격포는 크게 포신, 포다리, 포판으로 구성되어있다.

여기서 포신은 실제 탄을 넣고 발사하는 기구이고, 포다리는 포신을 사격방향으로 지지하는 역할을 하며, 포판은 발사시 충격력을 지면에 전달, 흡수케 하는 역할을 한다.

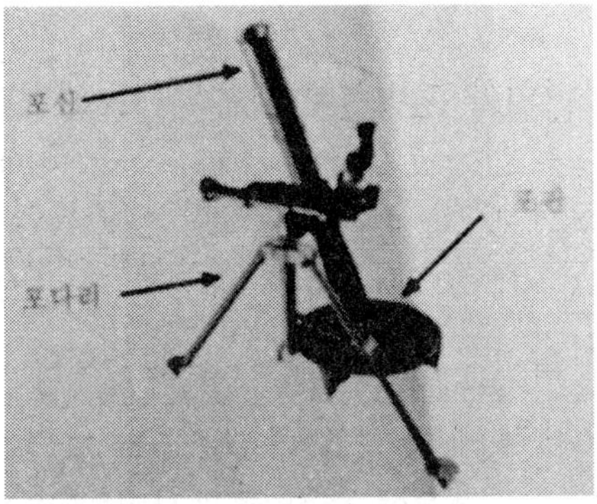

[그림 3-52] 박격포의 구성

박격포탄의 추진에는 매우 간단한 원리가 적용된다. 박격포의 발사작용을 세가지로 요약해 설명하면 첫째, **장전작용**([그림 3-53] ①)으로 박격포탄의 후미(추진장약이 결합된 부분)를 아래로 향하게 하여 포탄을 포구에 넣은 다음 포강내부로 낙하시킨다. 둘째는 **격발작용**(그림 3-53] ②,③)으로, 포강 내부로 낙하된 포탄이 자체 중량에 의하여 포강 하단부로 내려가서 충격식뇌관이 포강하부의 공이에 부딪침으로써 폭발하여 점화약통을 점화하고, 외부로 뚫린 구멍을 통해 추진장약을 점화하게 된다. 마지막 단계는 **발사작용**(그림 3-53] ④)으로 추진장약의 연소에 의해 생긴 높은 압력의 가스 힘으로 포탄이 발사되어 포구를 떠나 비행에 들어가는 단계이다.

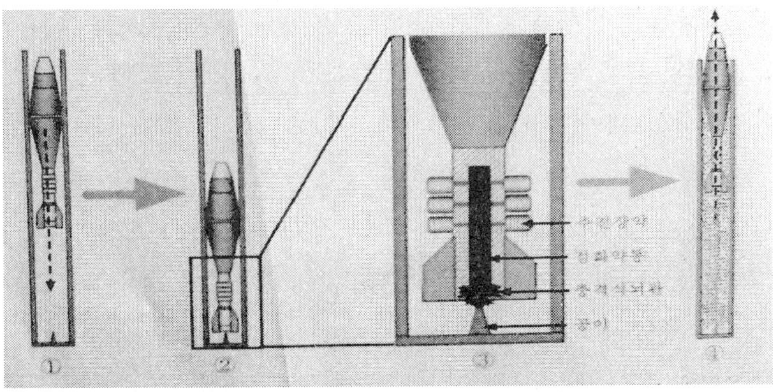

[그림 3-53] 박격포의 발사원리

2. 박격포탄의 살상범위가 포병탄보다도 넓다는데 그 이유는 무엇인가?

박격포는 재래식 화포에 비해 구조가 단순하고 운용이 간편하다. 따라서 제작비용이 저렴하고 유지 보수가 용이하기 때문에 일반 보병부대에서 쉽게 운용할 수 있어 보병들이 화력지원 능력을 손쉽게 확보할 수 있다. 그밖에도 포구장전방식을 사용함으로써 빠른 발사속도를 얻을 수 있고, 고사각 탄도 특성을 이용하여 고지 후방이나 참호에 대한 효과적인 공격을 할 수 있는 장점을 가지고 있다. 특히 이러한 박격포의 고각사격으로 인한 살상 효과는 야포보다 우수하다.

우선 상대적으로 낮은 사격압력 때문에 박격포탄은 일반 포병탄보다 탄체의 두께를 더 얇게 설계할 수 있어서 폭발시 파편이 더 많이 생기도록 설계할 수 있는 잇점이 있다.

또한 아래 그림에서와 같이, 박격포탄은 땅에 떨어질 때 수직에 가까운 각도를 이루게 되어 파편의 비산이 거의 원모양을 형성하기 때문에 그 피해효과가 더욱 크다.

반면에 낮은 각도로 떨어지는 포병탄은 파편의 비산 모습이 완전한원을 이루지 못하고 하트 모양을 하게되며, 파편자체도 지면으로 흡수되어 손실되는 파편이 많기 때문에 피해율을 떨어뜨린다.

아래 표는 이와 같은 살상효과의 차이를 단적으로 보여주는 예로써, 구경대 살상범위를 비교했을 때 야포보다 박격포의 살상범위가 더 넓은 것을 알 수 있다.

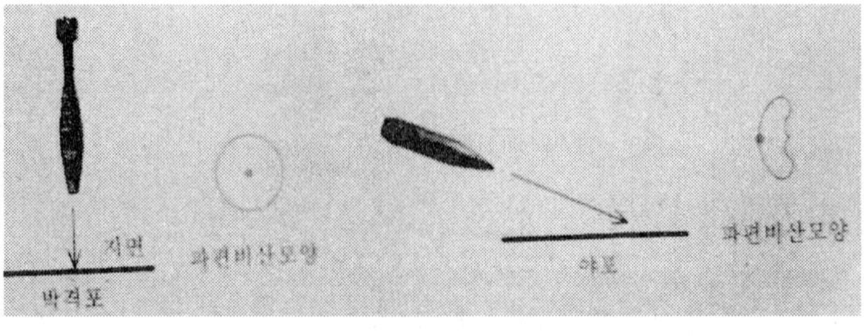

[그림 3-54] 박격포와 야포의 파편분산모양

〈표 3-6〉 박격포와 야포의 살상범위 비교

구 분			지상폭발 (㎡)	2m 상공폭발 (㎡)
포	구 경	탄 종		
박격포	81mm	FA32	370	430
		M57D	450	620
		M61	635	830
	120mm	M44V1	720	1244
		M44V2	1,055	1588
		PR14	818	1,117
		PRPA	899	1,326
	4.2"	M329	552	838
곡사포	105mm	HE M1	415	650
	155mm	HE M107	500	816

3. 박격포탄이 발사될 때 포열내에서 가스의 밀폐는 어떻게 이루어질까?

박격포탄이 포신에 장전될 때 포탄 주위에는 공기가 통할 정도의 간격이 있어야 한다. 만약 탄의 외경과 포열의 내경사이에 간격이 너무 없을 경우는 포탄을 장전하기 어렵거나, 포탄이 밑으로 천천히 떨어지면서 장전되어 결과적으로 사격률이 감소하게 된다.

따라서 현재 박격포탄은 위의 그림처럼 실제 포열의 내경보다 약간 작게 설계되어 포탄의 장전을 원활하게 한다.

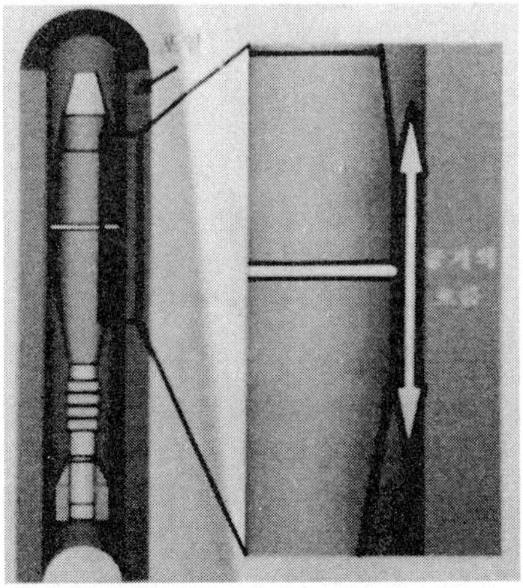

[그림 3-55] 박격포탄과 포열의 간격

하지만 포탄이 완전히 밑으로 장전되어 공이가 뇌관을 친 후에는, 추진장약의 점화로 인해 발생한 가스가 누출되지 않도록 해야 한다. 이를 위해서는 포탄과 포열사이의 간격을 완전히 밀폐시킴으로써 가능하다.

이와같이 포탄과 포열의 간격을 밀폐시키는 방법은 크게 세 가지로, **폐쇄링을 이용한 방법, 포탄의 홈을 이용한 방법**, 마지막으로 질기고 연한 **구리의 특성을** 이용한 방법이다.

먼저 **폐쇄링을 이용한 방법**은 플라스틱 재질의 폐쇄링을 포탄의 몸통에 부착시키는 방법이다. 탄이 포구 아래로 하강하여 공이가 뇌관을 치면 추진장약이 점화되면서 포열내부에 고온고압의 추진가스가 발생한다. 이때 이 추진가스의 힘에 의해 플라스틱 폐쇄링이 팽창하면서 포탄과 포열의 간격을 밀폐시키게 된다. 이와 같은 방법은 현재 60mm 신형 박격포탄과 81mm 박격포탄에 적용되고 있다.

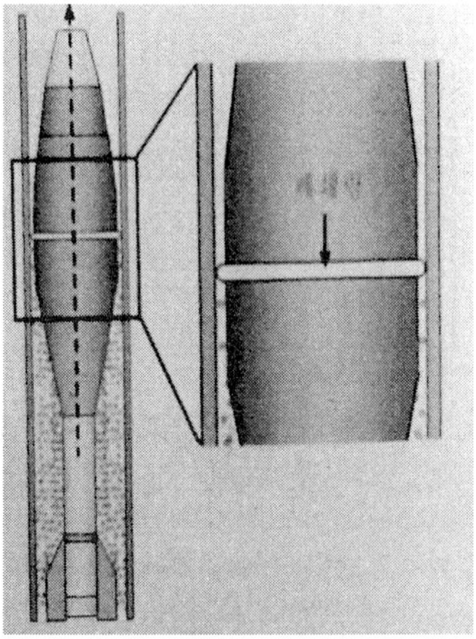

[그림 3-56] 폐쇄링을 이용한 방법

Ⅳ. 대전차화기

1916년, 제1차 세계대전당시 연합군전차의 출연은 독일군에게 공포심과 무력감을 주는 당시 최고의 무기로 등장하였다. 한국전쟁 초기에 소련제 전차가 밀려올 때 우리 국군들이 공포에 떨었던 것과 같다.

결국 이러한 지상의 왕자인 전차를 파괴하기 위해서 별도의 무기가 필요했는데, 처음에는 기관총 탄에 텅스텐 탄심을 넣어 사격해 보았고, 그 후 13mm

대전차 총이 개발되었으며 1930년대에 들어 37mm, 57mm 대전차포가 개발되기에 이르렀다. 이후 무반동총, 대전차 로케트에 이어 현재 대전차 유도미사일이 탄생하게 되었다.

1. 대전차화기는 어떻게 분류하고 우리 군은 어떤 대전차화기를 보유하고 있는가?

대전차화기는 사거리에 따라 〈표 3-7〉과 같이 분류한다.

우리 군은 현재 대전차로켓으로는 M72LAW와 PZF-3를 운용하고 있으며, 무반동총으로는 90mm와 106mm 무반동총을, 대전차유도미사일로는 토우를 운용하고 있다.

최근에는 러시아제 METIS-M을 일부 부대에서 운용하고 있으며, 차세대 개념에 부합되는 대전차미사일을 국내 연구개발 추진중에 있다.

각화기의 제원 및 특성은 〈표 3-8〉과 같다.

〈표 3-7〉 대전차화기 분류

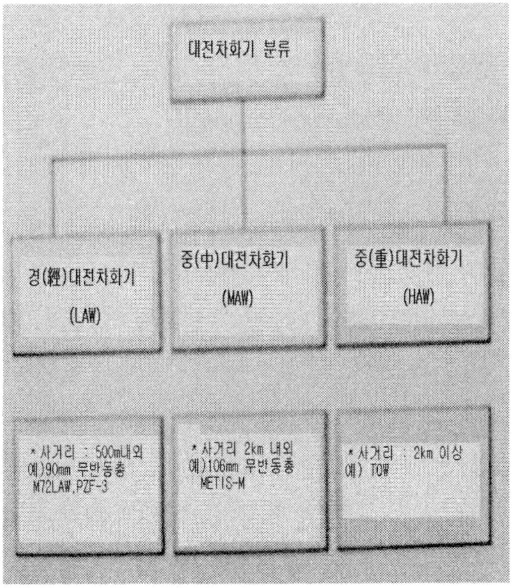

〈표 3-8〉 대전차화기의 특성 및 제원

구 분		구경 (mm)	길이 (cm)	무게(kg)	최대사거리 (m)	유효사거리 (m)	관통력 (mm)
무반동총	90mm	90	135	17	2100	800(지역) 400(점)	305
	106mm	106	343	206	7000	1100	424
로켓	M72 LAW	66	89.3 (65.4)	2.1	1000	250(고정) 200(이동)	305
	PZF-3	60 (110)	120	10.6(탄) 2.3(발사기)	2500	500(고정) 300(이동)	700
유도 미사일	METIS-M	130	98	13.8	1500		800
	TOW	152	173	105	3750		550

2. 무반동총은 사격시 발생하는 반동력을 어떻게 줄여서 안정된 사격이 가능할까?

무반동장치에서 추진가스의 일부는 탄자가 총구를 떠날 때 전방으로 따라 나오지만 대부분은 총미에 있는 구멍을 통하여 화기 후방으로 배출된다.

이 구멍은 축소확대노즐(converging diverging nozzle)의 형태로 되어 있어 배출되는 가스가 초음속으로 가속되어 높은 운동량을 갖게 하며 총구방향으로 이동하는 추진가스 및 탄자의 운동량과 같게 해준다.

이렇게 해줌으로써 화기 자체는 아무런 충격도 가하여지지 않아 화기는 주퇴하지 않고 정지하여 있게 된다.

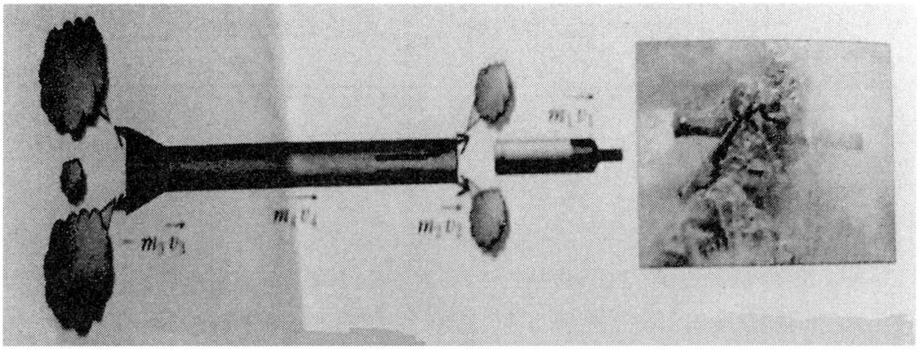

[그림 3-57] 무반동의 원리

그림에서 전방으로 이동하는 탄자의 질량과 속도를 각각 m_1 및 v_1, 전방으로 이동하는 추진가스의 질량과 속도를 각각 m_2 및 v_2, 그리고 노즐을 통하여 후방으로 이동하는 추진가스의 질량과 속도를 각각 m_3 및 v_3라 하고, 무반동장치의 질량과 속도를 각각 m_4 및 v_4라 할 때 운동량보존법칙을 적용하면 다음과 같은 식이 성립한다.

$$m_1\overrightarrow{v_1}+m_2\overrightarrow{v_2}+m_3\overrightarrow{v_3}+m_4\overrightarrow{v_4}=0$$

여기서 속도의 화살표 기호는 속도가 크기와 방향을 가지는 벡터량임을 나타낸다. 만일

$$-m_3\overrightarrow{v_3}=m_1\overrightarrow{v_1}+m_2\overrightarrow{v_2}$$

의 관계가 성립되면, 즉 탄자의 이동 및 전방으로 이동하는 추진가스의 운동량합과 후방으로 이동하는 추진가스의 운동량 합이 같다면 $m_4\overrightarrow{v_4}=0$, 즉 화기의 속도는 0이 됨을 알 수 있다.

무반동총 사격시 주의할 사항은, 반동을 흡수하는 장치없이 엄청난 운동량의 배기가스가 후방으로 방출되기 때문에, 사격시 후방에 위치하고 있으면 방출되는 배기가스와 맞부딪쳐 생명을 잃을 정도로 대단히 위험하다는 점이다.

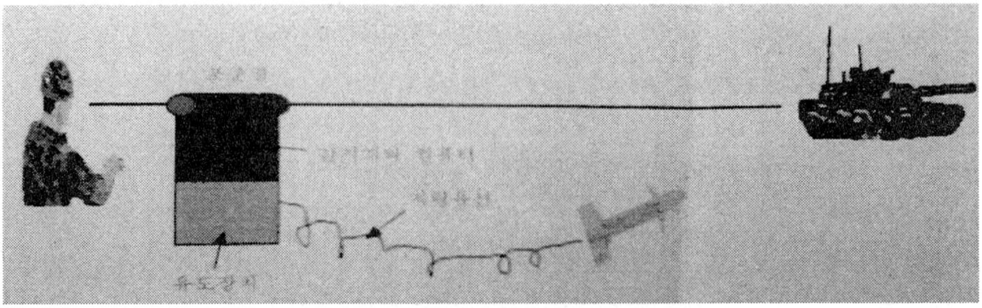

[그림 3-58] 2세대 반자동 지령유도방식

[그림 3-59]2세대 미사일 TOW

3세대 대전차 유도무기는 반능동 호밍유도방식의 무기로 관측자가 레이저 지시기를 이용하여 표적을 지시하면 미사일이 반사된빔을 따라 목표를 타격하는 방식이다.

제1세대 및 제2세대 미사일에서는 조작자가 미사일을 목표에 유도하는 동안 계속 집중하여야 하므로 정신적으로 압박감을 주거나 주의가 산만하게 되면 실패할 우려가 있는데, 3세대는 1, 2세대보다는 비교적 조작이 쉽다. 하지만 3세대 미사일의 단점은 지상에 잠복해서 유도하는 보병과 전투차량은 물론, 유도를 위해 공중에서 노출될 수 밖에 없는 헬리콥터가 격추당할 위험이 있다는 것이다.

대표적인 무기로는 미국의 Hellfire나 이탈리아의 Sparviero 등이 있다.

[그림 3-60] 3세대 미사일 Hellfire

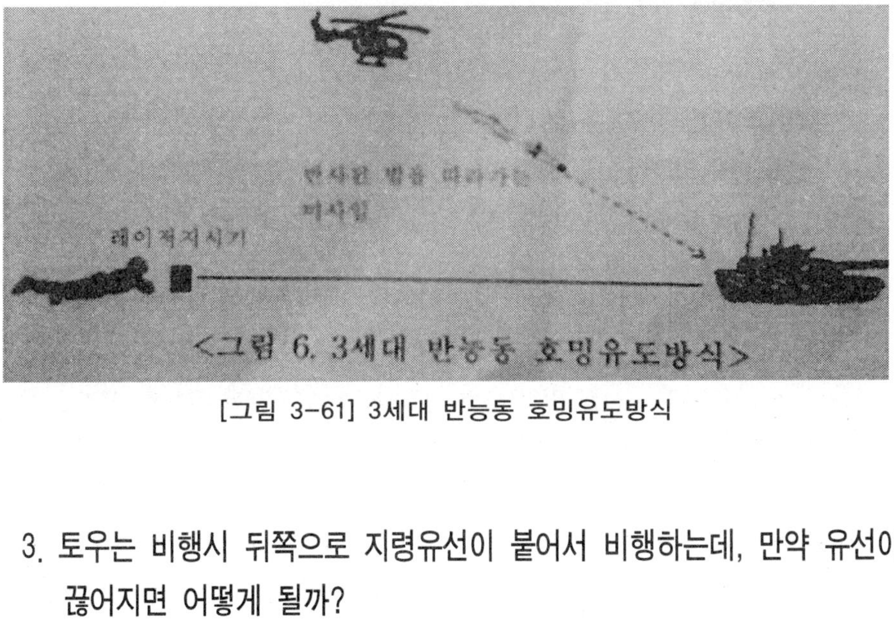

[그림 3-61] 3세대 반능동 호밍유도방식

3. 토우는 비행시 뒤쪽으로 지령유선이 붙어서 비행하는데, 만약 유선이 끊어지면 어떻게 될까?

토우는 무반동총이나 로켓과는 달리 한번 사격하면 더 이상 조정이 안되는 것이 아니라, 유선을 통하여 목표에 명중 할 때까지 유도를 할 수 있는 유도미사일이다. 즉 사수가 조준경을 통하여 목표를 추적하면 자동적으로 미사일내의 전자장치와 연동하여 미사일이 목표에 유도되도록 하는 반자동 지령유도방식의 2세대 대전차 미사일이다.

토우는 꾸준한 성능개량이 이루어져 현재는 전차의 상부공격이 가능한

TOW2B까지 개발되었다.

토우는 아래 그림과 같이 탄두 및 전자장치 날개, 적외선 방출기 등으로 구성되어 있다.

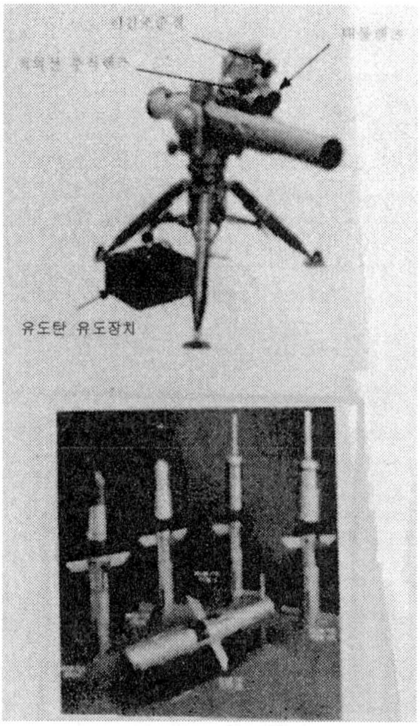

[그림 3-62] 토우 구성품 및 유도탄

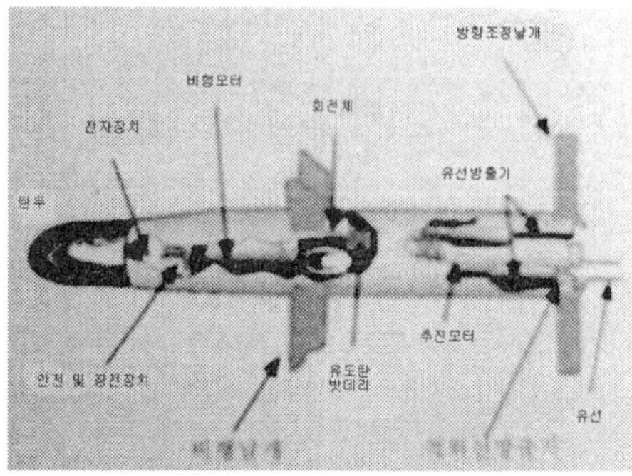

[그림 3-63] 토우 유도탄 구조

발사원리는, 사수가 방아쇠를 당기면 유도탄의 밧데리 및 추진모터가 작동되어 발사가 되고, 유도탄 후미에서는 적외선이 방출된다. 12m를 전진한 후에는 비행모터가 작동되고, 65m를 지나면서 안정장치가 풀려 탄두는 장전상태로 놓이게 된다. 유도탄의 유도는, 미사일에서 방출되는 적외선을 광학조준경에 있는 적외선 추적렌즈가 추적을 하여 사수가 조준하는 조준선과의 오차를 감지, 유도장치를 통하여 미사일에 전달하는데 이전달하는 경로가 바로 유선이다. 이 유선은 +, -의 두 가닥 선으로 되어있으며 특수 구리선으로 제작되었다.

만일 비행중에 유선이 절단될 경우에는 더 이상 유도명령이 전달되지 않아, 유선이 절단되기 직전 사수로부터 받은 최종지령에 의해 비행하게 되며, 결국 최종적인 유도가 불가능한 상태가 된다.

V. 제원 및 특성

1. 소 총

가. M16A1

제작사: Colt(미)
가격(장비/보통탄):22만/247원

구 경	5.56mm	최 대 발사속도	700~900발/분
강 선	6조우선		
무 게	2.9kg	최대사거리	2,653m
● 가스 작용식 ● 공랭식 ● 자동 및 반자동식			

※ 제원 참고: 야교 23-9 M16A1소총

나. K-2

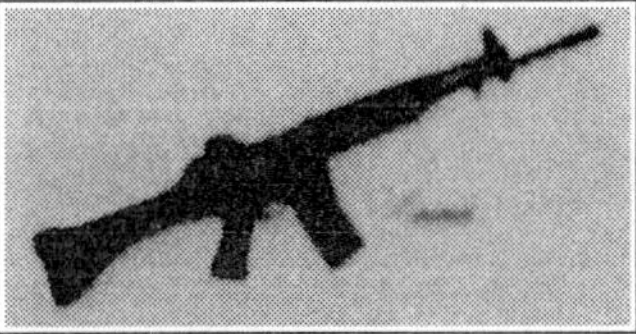

제작사: 대우정밀
가격(장비/보통탄):68만/247원

구 경	5.56mm	최 대 발사속도	700~900발/분
강 선	6조우선		
무 게	3.26kg	최대사거리	3,300m
● 가스 작용식 ● 공랭식 ● 연발, 3발 점사, 단발식			

※ 제원 참고: 야교 23-33 한국형소총(K-2)

2. 기관총

가. M60

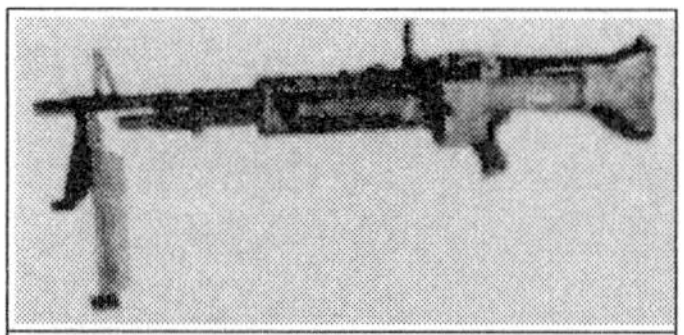

제작사: Saco defense(미)
가격(장비/보통탄):207만/516원

구 경	7.62mm	최 대 발사속도		550발/분
강 선	6조우선			
무 게	10.4kg	사거리	최대	3,725m
			유효	1,100m
● 가스 작용식 및 공랭식 ● 자동식 및 탄약띠 송탄식 ● 대우정밀에서 라이센스 생산				

※ 제원 참고: 야교 23-67 M60기관총

나. K-3

제작사: 대우정밀
가격(장비/보통탄):261만/247원

구 경	5.56mm	최 대 발사속도		700~1,000발/분
강 선	6조우선	사거리	최대	3,600m
무 게	6.85kg		유효	800m
● 가스 작용식 및 공랭식 ● 자동식 ● 탄알집 및 탄약띠 송탄식				

※ 제원 참고: 야교 23-36 한국형기관총(K-3)

3. 박격포

가. 60mm(KM181)

제작사: 기아중공업
가격(장비/고폭탄):363만/15만

무 게	18.0kg	사거리	최대	3,590m
			최소	67m
최 대 발사속도	30발/분(신형탄)	살상범위		직경 27m
● 활강식 ● 포구 장전식 ● 고각 사격식				

※ 제원 참고: 야교 23-39 60밀리박격포(KM181)

나. 81mm(KM187)

제작사: 기아중공업
가격(장비/고폭탄):2,125만/21만

무 게	42.0kg	사거리	최대	6,325m
			최소	78m
최 대 발사속도	30발/분	살상범위		직경40m
● 활강식 ● 포구 장전식 ● 고각 사격식				

※ 제원 참고: 야교 23-40 81밀리박격포(KM187)

다. 4.2"(M30)

제작사: 세일중공업
가격(장비/고폭탄):1,375만/11

무 게	302.4kg	사거리	최대	6,600m
			최소	920m
최 대 발사속도	18발/분	살상범위		40×20 m
● 강선식 ● 포구 장전식 ● 고각 사격식				

※ 제원 참고: 야교 23-42 4.2" 박격포(M30)

4. 대전차화기

가. 90mm 무반동총

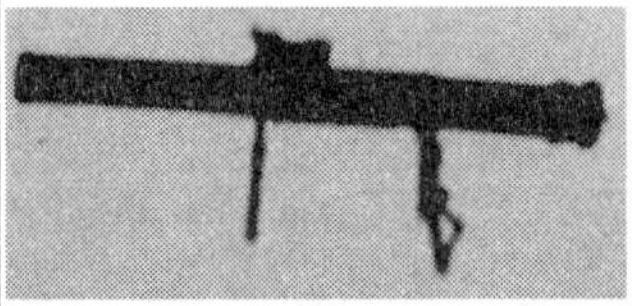

제작사: 세일중공업
가격(장비/고폭탄):571만/34만

무 게	17kg	사거리	최대	2,100m
			유효	400m(점)/800m(지역)
길 이	135cm	관통력		30cm

● 무반동식 및 단발식 ● 공랭식 및 회전 폐쇄식
● 총미 장전식 및 평사 탄도식

※ 제원 참고: 야교 23-11 90밀리무반동총

나. 106 무반동총

제작사: 세일중공업
가격(장비/고폭탄):1,576만/36만

무 게	114kg	사거리	최대	7,000m
			유효	1,100m
길 이	343cm	관통력		424mm

● 무반동식 및 단발식 ● 공랭식 및 회전 폐쇄식
● 총미 장전식 및 평사 탄도식

※ 제원 참고: 야교 23-82 106밀리무반동총

다. PZF-3

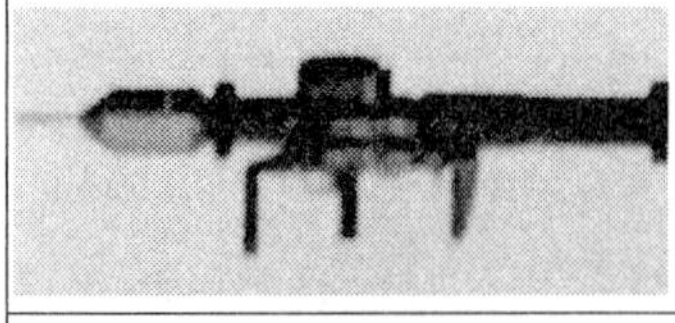

제작사: Dynamit Nobel(독)
가격(고폭탄/발사기):164만/107만

길 이		120cm	유효 사거리	고정	500m
무게	탄약	10.6kg		이동	300m
	발사기	2.3kg	관통력		700mm

● 무반동식 ● 발사관과 발사기 분리 휴대
● 후폭풍 최소화 ● 발사기 재사용 가능(4회)

※ 제원 참고: 야교 23-34 경대전차로켓(팬저 파우스트-3)

라. TOW(기본형)

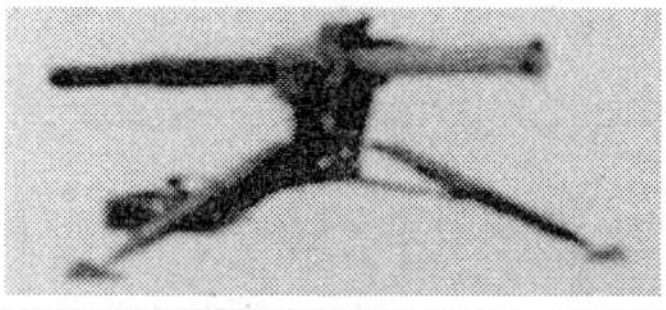

제작사: Hughes(미)
가격(고폭탄/발사기):577만

길 이	117.4cm	최대사거리	3,750m
무 게	22.5kg	관통력	550mm
● 유선 유도식			

※ 제원 참고: 야교 7-33 토우

제2절 포병무기

I. 화 포

1. 화포는 어떻게 발전되어 왔는가?

인간은 집단생활을 시작하면서 상대를 지배하기 위해서 끊임없이 전쟁을 치러 왔으며, 이러한 전쟁에서 상대를 제압하기 위한 수단으로 돌, 창, 칼을 사용하였고, 한 걸음 더 나아가 소·대구경의 총포 등을 사용한 것이 바로 화포의 태동이라고 볼 수 있다.

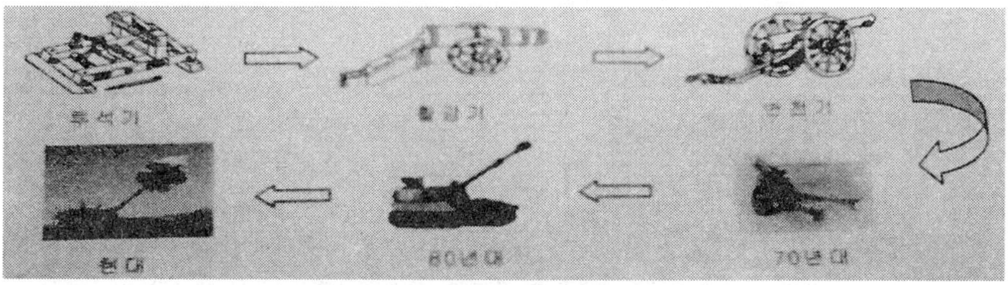

[그림 3-64] 화포 발달 과정

투석기(13세기)에는 가죽이나 밧줄 등의 탄성을 이용하여 커다란 돌을 적지에 날려 보냈다. 활강기(14~18세기)에는 전장포의 출현으로 화포가 처음으로 전투에 사용되었고, 차륜에 포를 장착하여 이동하는 견인포가 출현하였으며, 포신을 길게하여 원거리 사격이 가능하였다. 변천기(19세기)에 강선포의 출현으로 포탄에 회전력을 부여하여 사거리가 증대되고 파괴력이 향상되었으며, 회전 나사식 및 수평 회전식 폐쇄기의 출현으로 분당 발사속도가 증가하게 되었다.

국내에서는 1970년대에 들어와 구형 견인곡사포를 처음으로 생산하게 되었고 1980년대 초에개량 견인곡사포(KH-179)를 한국형 독자 모델로 개발하였으며, 1983년에 155미리 자주포(K-55)를 미국으로부터 기술도입생산하여 현재 야전에서 주력화포로 운용되고 있다. 또한 155미리 신형 자주포(K-9)는 1999년에 국내 자체기술로 개발된 장비로 세계의 유사한 어떤 자주포보다 우수한 성능을 보유하고 있다.

화포의 분류는 기동형태에 따라 견인포와 자주포로 구분되고 포신형태(구경장: 구경의 배수로 포열길이(표시)에 따라 평사포(30~50구경장), 곡사포(20~30구경장), 로켓포로 구분된다. 견인포에는 105미리(M101), 155미리(M114계열, KH-179)가 있으며, 자주포는 8인치, 175미리, 155미리(K-55, K-9)가 있다.

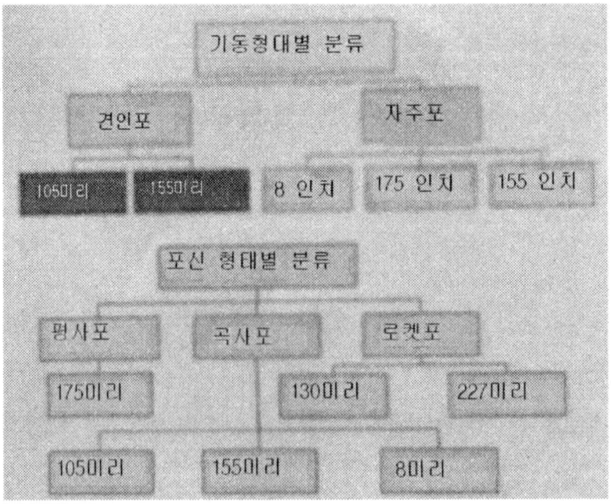

[그림 3-65] 화포 분류

2. 포병부대에서 화포를 어떻게 운용하는가?

포병부대의 임무는 화포를 사용하여 기동부대에 지속적인 화력을 지원함으로써 적을 제압, 무력화 또는 파괴할 뿐 아니라, 포병자체 화력으로 전투를 수행하는 화력전투 개념으로 발전하고 있다.

포탄을 사격하여 적을 정확하게 타격하기 위해서는 표적을 획득하고 포의 위치를 결정해야 하며 적절한 장약의 선정과 정확한 사격제원(편각, 사각)을 산출하여야만 가능하다. 이러한 임무를 수행하기 위해 관측, 측지, 사격지휘, 전포, 통신 등 포술 5개 분과와 이를 지원하는 수송분과가 있다.

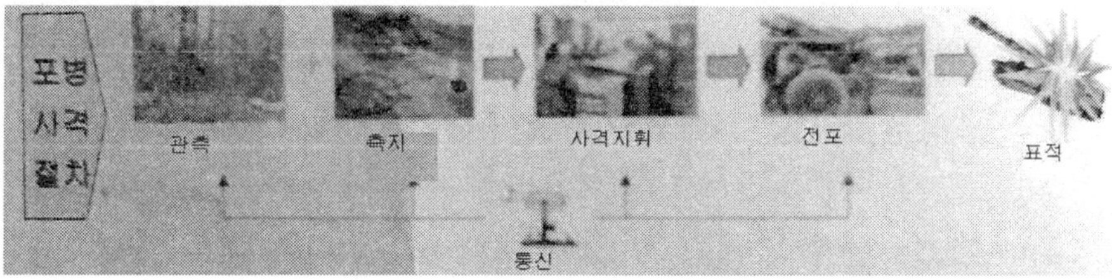

[그림 3-66] 포병 사격 절차

가. 표적 획득

포병은 기동부대 후방에 위치하여 대부분 보이지 않는 표적에 대해 사격을 하므로, 관측반에 의한 표적획득은 필수적이다. 관측반은 1/3명으로 편성되며, 지도, 쌍안경, 레이저거리 측정기, 무전기 등을 휴대하여 임무를 수행한다. 최근에는 대대전술사격지휘체계(BTCS)가 배치되어 관측제원입출력기(DMD)를 사용하여 손쉽게 사격을 요청하고 있다.

포병 탄은 여러 가지 요인들로 인하여 최초 탄부터 표적에 명중시키기가 어렵다. 따라서 포대 중앙에 위치한 기준포로 수정사격을 하여 표적 가까이로 탄을 유도한 후에 6문의 포(1개 포대에 편제된 포)가 동시에 사격(효력사)을 하여 적을 무력화시키게 된다. 하지만 이러한 절차는 많은 시간이 소요되어 아군의 위치가 적에게 노출될 우려가 있으므로 정확한 표적위치 결정과 기상 및 초속오차(MET+VE)를 적용하여 최초탄부터 효력사로 표적을 제압하는 추세이다.

관측반을 활용하지 않고 표적을 획득할 수 있는 방법에는 GPS를 이용하는 방법, 무인항공기(UAV) 및 항공정찰에 의한 표적획득, 상급부대(ASIC)에 의한 표적할당, 기동부대 요원들에 의한 사격요구, 전탐기(AN/TPQ 36, 37)를 이용하는 방법 등 다양한 표적 획득 방법이 있다.

나. 사격제원 결정

사람의 두뇌와 같은 역할을 하는 사격지휘소(FDC)는 관측반으로부터 사격요구를 접수하여 대대전술계산기(BTC), 사격도판, 사격지휘셋(GFT, GST) 등을 이용하여 편각, 사각 등 사격제원을 산출하며, 전포대에 사격명령을 하달한다. 또한 우발상황 발생시 즉각 사격이 가능하도록 포신을 계획표적에 지향시켜 놓고 있으며, 4시간 단위(전시 2시간)로 기상제원을 접수하여 수정량을 산출한 후 화포에 장입하여 즉각사격 준비태세를 확립하고 있다.

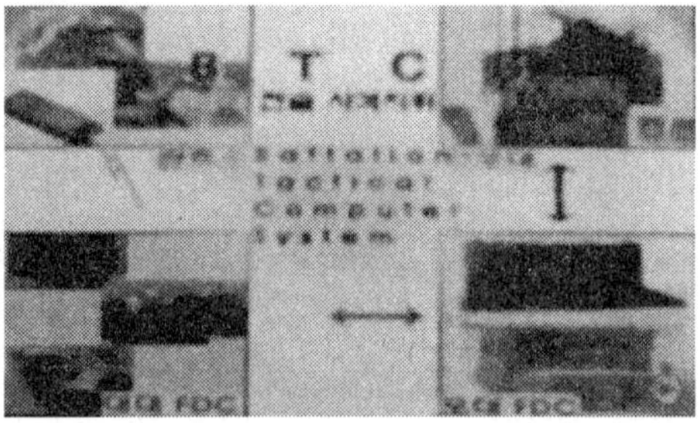

[그림 3-67] BTCS 운용도

사격지휘소는 대대사격지휘소(2/8명)와 포대사격지휘소(1/3명)로 구분되며, 포대사격지휘소는 기술적 사격지휘(사격제원산출)를 담당하고 대대사격지휘소는 전술적(탄종 및 사격발수, 공격방법 결정 등) 및 기술적 사격지휘를 병행하며, 연대급 이상 제대에서는 전술적 사격지휘를 담당한다.

다. 실제 사격 및 포 운용

전포반은 사격지휘소에서 하달한 사격제원을 화포에 장입하고 포탄을 장전하여 최종적으로 사격임무를 수행하는 분과이다. 사람의 손과 발 역할을 하는 전포반은 "포병의 꽃"이라고 불릴 만큼 그 역할이 중요할 뿐 아니라 편성 인원 또한 곡사포대 인원의 60% 정도를 차지하고 있다.

전포대는 전포대본부, 6개의 곡사포반, 탄약반으로 구성되며, 전포반은 전포대의 일부로서 새로운 진지를 점령하자마자 포를 표적지역으로 지향시키는 "방열"을 하며, 시간적인 여유가 없을 때(진지변환도중) 실시하는 긴급방열과 정찰반에 의해 정상적인 절차를 거치는 급속(야간: 정밀방열) 방열로 구분된다.

라. 각 분과간 의사소통

포병에서 통신의 역할은 포술 제분야가 원활하게 임무를 수행할 수 있도록 연결해 주는 것이며, 사람의 신경조직과 유사한 역할을 한다. 표적위치와 사격제원을 정확하게 결정하고 포 방열을 신속하게 완료했다할지라도 상호 의사소통이 되지 않는다면 모든 것이 수포로 돌아가게 마련이다. 포병의 각 분과는 효과적인 임무수행을 위하여 유선, 무선(AM/FM), 디지털통신 체계로 연결되어있으며, 각 통신 수단별 효과적인 운용으로 전장의 주도권을 좌우해야 한다.

또한, 통신은 인접 및 상급 포병부대, 기동부대와 거미줄같이 연결되어 있으며, 타 병과간 협동작전이나 타군과의 합동작전을 성공적으로 수행하기 위하여 가용한 통신수단을 통합하여 운용해야 한다.

마. 위치 결정

[그림 3-68] 측지원리

측지는 사격제원을 결정하는데 필요한 화포 및 관측소, 표적지역 위치를 신속하고 정확하게 결정하여 본대에 제공하는 중요한 요소이다. 측지반은 자동측지장비(PADS), 광파거리측정기, M2 나침반 등의 장비를 이용하여 제원을 결정하며, 어느 지점의 위치를 측정하기 위해서는 정확한 기준점(측지통제점: SCP)이 있어야 하고, 이 지점으로부터 전이(轉移)나 삼각측지 기법을 이용하여 표적이나 진지지역의 좌표를 측정할 수있다. 참고로 신형자주포(K-9)의 경우 MAPS 장비가 장착되어 이러한 절차를 거치지 않고도 화포의 위치를 자동으로 결정할 수 있다.

3. 화포에 사용되는 추진장약의 입자는 어떤 형태인가?

추진제의 연소는 장약 입자의 표면에서만 연소되므로 장약 입자의 형태는 연소속도를 제어하는 중요한 요소이다. 포신은 추진제 가스에 의한 최대 압력을 견딜 수 있어야 하고 연소가 진행되어 포탄이 이동함에 따라 연소실 체적증가에 따른 적절한 압력을 제공하여야 하므로 화기에 따라 장약 입자의 형태가 다르다. 대표적인 장약 입자의 형태별 연소 표면적이 변화하는 예는 아래 그림과 같다.

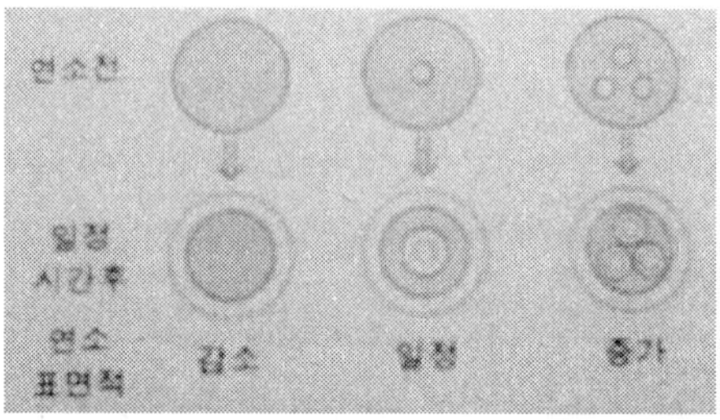

[그림 3-69] 연소에 따른 연소표면적 변화

가. 누감 연소

장약 입자가 구형이나 환형과 같은 형태는 연소가 진행됨에 따라 연소표면적이 감소되어 연소량이 감소되므로 초기에 높은 압력을 발생한다. 그러므로 포신이 짧은 박격포나 소화기 탄약에 주로 사용된다.

[그림 3-70] 누감연소 장약 입자 형태

나. 중성연소

장약 입자가 단공관인 형태는 연소가 진행되더라도 연소 표면적이 거의 일정하게 유지(외부표면적의 감소 ≒ 내부표면적의 증가)되므로 일정한 추진력이 요구되는 로켓 추진제에 주로 사용된다.

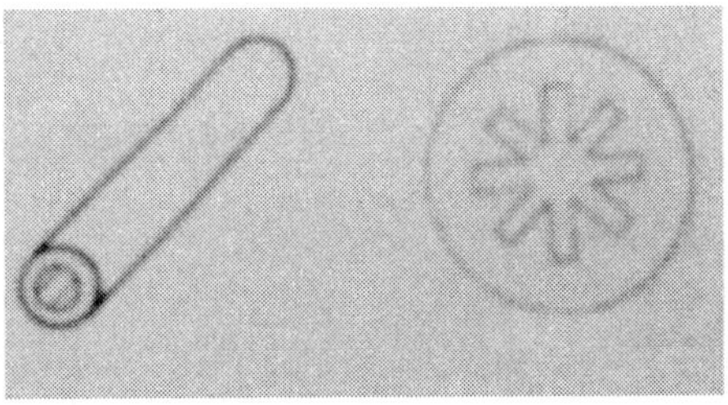

[그림 3-71] 중성연소 장약 입자 형태

다. 누진연소

장약 입자가 다공관인 형태는 연소가 진행됨에 따라 연소표면적이 증가(외부표면적의 감소 〈 내부표면적의 증가)되어 연소량이 증가되므로 포신이 긴 포신 포병 탄약에 주로 사용된다.

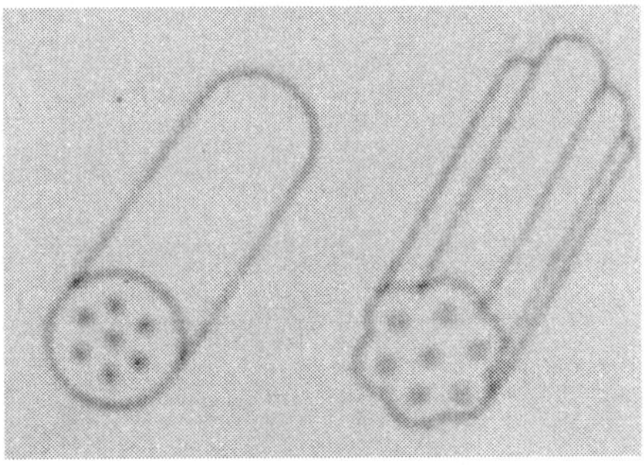

[그림 3-72] 누진연소 장약 입자 형태

4. 포탄을 날려보내는 추진장약은 어떤 종류가 있는가?

사람의 몸무게와 비슷한 포탄을 몇십 km까지 어떻게 날려보내는가? 이것을 가능하게 하는 것이 추진장약이다.

추진장약은 뇌관에 의해 점화되어 연소하면서 발생된 다량의 가스가 약실과 포신 내에서 높은 압력을 형성하여 포탄을 표적지역까지 운반하는데 필요한 에너지를 제공하는 동력원이다. 추진장약이 연소되어 발생되는 연소가스의 압력은 포신의 허용응력을 초과하지 않는 한도내에서 포탄이 포신 내에서 이동하는 동안 지속적으로 추진력을 제공하여야 한다. 그러므로 포신의 허용 응력, 탄의 이동에 따른 약실체적의 증가 등을 복합적으로 고려하여 추진장약의 양과 연소속도를 설계하여야 한다. 이러한 추진장약은 **녹색, 백색, 적색장약**과 같은 약포 장약 체계로 운용되어 오다가 신형자주포에는 **단위 장약, 모듈장약**과 같이 기능이 향상된 장약을 사용하고 있다.

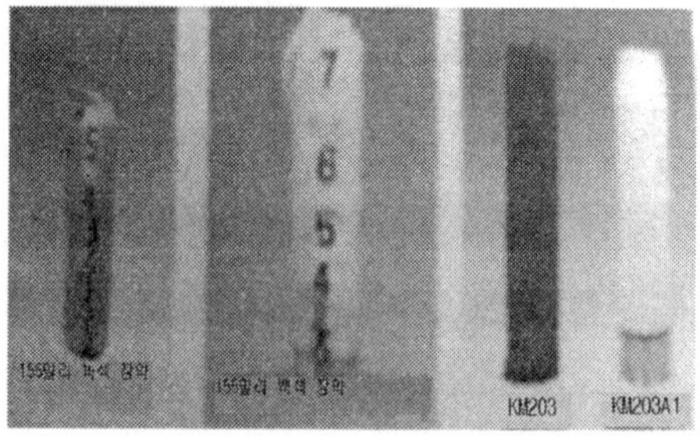

[그림 3-73] 약포 장약

녹색장약은 연소가 일정하게 이루어지는 단공형으로서 비교적 정확도가 요구되는 근거리 사격에 사용되고, **백색장약**은 다공형(7공)으로서 순간 연소력이 뛰어나 원거리 사격에 사용된다. **적색장약**은 백색장약과 같이 다공형이나 사거리 연장(최대사거리 30km)을 위해 장약입자의 크기와 성분이 다르며, 하나의 약포에 포장되어 로켓보조탄(RAP: Rocket Assisted Projectile) 사격에 사용된다.

이러한 약포 장약 체계는 사격 임무에 따라 추진제를 적절하게 조정하여 사용하고 남는 장약은 다른 용도로 사용할 수 없어 폐기하므로 비경제적이다. 단위 장약은 동일한 크기로 제조하여 사거리에 따라 가감할 수 있으며 남는 장약은 버리지 않고 사용이 가능하므로 경제적이다. 또한, 약포와는 달리 연소 후에도 잔사가 없는 소진용기로 포장되어 있고 견고하기 때문에 기계에 의한 자동장전이 가능하다.

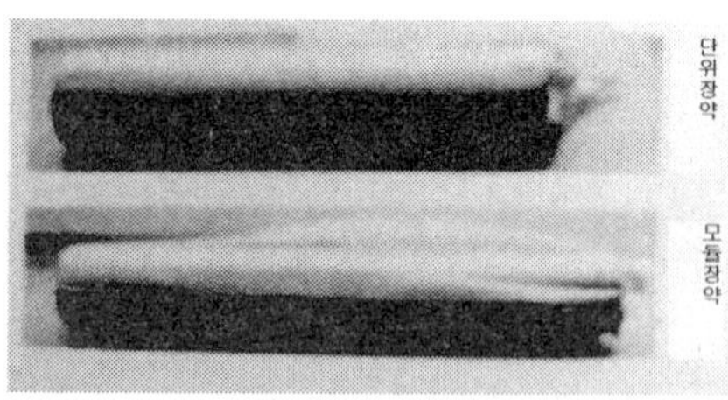

[그림 3-74] 단위/모듈 장약

단위 장약은 다공형(7공)으로 3호부터 5호까지 각각의 단위장약이 암수형(凹, 凸)의 형상을 이루어 결합되고, **모듈 장약**은 추진제 조성은 적색장약과 동일하나 장약 입자의 크기와 구멍(19개)이 차이가 있으며 장거리 사격에 사용하는 장약이다.

5. 포신은 얼마나 사용이 가능한가?

포신도 수명이 있다. 포탄을 발사할 때마다 포강 내부에서 발생하는 화학적, 물리적 작용에 의해 포신의 수명은 점차 줄어간다. 포신 수명은 추진장약 연소시 발생하는 고압이 포신에 반복적으로 작용함에 따른 피로 수명과 고온 고압의 가스 및 연소 잔재물과 포탄의 고속운동 등으로 포신벽이 깎여 나가는 침식에 의한 마모 수명으로 구별된다.

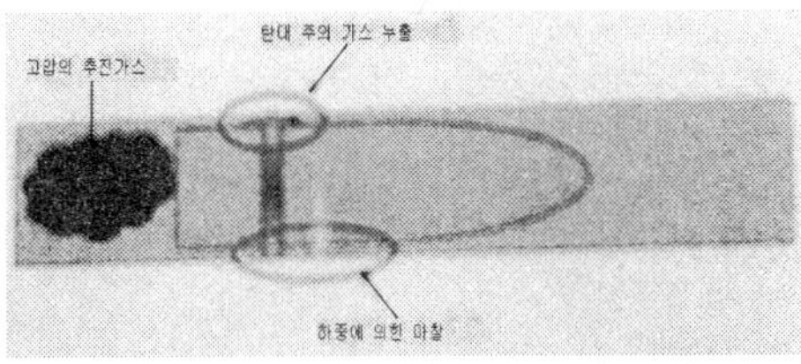

[그림 3-75] 포신 내부의 침식 현상

침식의 발생은 추진제가 연소할 때 불안정한 가스 발생으로 고온에서 포신재료와 화학작용을 일으켜 표면경화 현상을 일으키고 고압에 의해 발생된 커다란 응력에 의해 경화된 표면은 취성이 높아 사격시 쪼개어 지게 된다.

이와 같은 침식은 주로 마손과 삭마로 나뉘어진다. **마손(磨損)**은 포탄의 회전대와 포강벽 사이로 빠져나가는 추진가스의 배출로 인하여 생기는 침식으로 강선 또는 포강벽의 결함으로 인하여 회전대의 밀폐가 충분하지 못할 때 일어난다. 이는 탄이 장전되었을 때 탄의 무게로 인하여 윗부분에 간격이 생기기 때문에 주로 포강의 상부에 생기게 된다. **삭마(削磨)**는 포탄과 포신과의 접촉에 의해 발생되며 주로 포강의 하부에 생긴다. 삭마로 인하여 포강벽은 계속 깎이게 되고 계속해서 침식이 일어나 탄은 밑으로 처지게 되어 마손도 증가된다.

포신 수명 판단 방법에는 주로 게이지검사와 발사탄수계산 방법이 있다.

게이지 검사방법은 포강의 마모치를 측정하여 포신 마모수명을 판단하는 방법으로 155미리 화포의 경우 약실 입구로부터 41.75인치 위치에서 측정된 포강 내경이 6.1인치 내경 중 0.1인치 이상 마모가 되면 포신을 교체해야 한다.

발사탄수 계산방법은 탄종별, 장약별로 마모량이 다르기 때문에 포신의 피로 및 마모 수명판단을 「화포별 최대장약 1발에 해당하는 발사탄수」를 기준으로 하여 산정하며, 다른 장약의 경우에는 계수를 적용하여 환산해서 판단한다.

K-9의 포신수명은 모듈장약 6호(K676)를 기준(완전장약 1발)하여 고폭탄 사격시 1,000발이며, 단위장약 3호(K676) 사격시 10,000발을 사격할 수 있다. 만약 백색장약 7호(KM4A2)를 3,000발 사격한 포신은 모듈장약 6호로 400발을 더 사격할 수 있다.

〈표 3-9〉 장약별 포신수명 판단 예

구 분	K676(M) 6호 모듈장약	K677 (3U) 3호 단위장약	KM4A2(7W) 7호 백색장약
계 수	1.00	0.10	0.20
사격가능 발수	1,000÷1.00 = 1,000발	1,000÷0.1 = 10,000발	1,000÷0.20 = 5,000발

II. MLRS / ATACMS

1. MLRS란 무엇인가?

MLRS(Multiple Launch Rocket System)는 일명 “다련장 로켓”이라고도 하며, 미국이 1979년에 바르샤바 조약군과의 전력격차를 줄이기 위하여 개발 착수한 것으로 고성능 사격통제장치와 이동식 발사대를 하나의 시스템으로 통합한 혁신적인 포병무기이다(현재 우리 군에서는 130mm와 227mm가 운용되고 있으나 여기서는 227mm MLRS 위주로 설명하고자 한다).

가. 능 력

MLRS는 2개의 6열 로켓 발사관으로 구성되어 있으며, M270 발사대에는 3명의 승무원이 차량 안에서 60초 이내에 12발의 로켓을 발사할 수 있으며, 로켓한 발의 화력은 155mm 곡사포 18문이 동시에 사격하는 것과 동등한 위력(축구장 크기)을 갖고 있을 뿐만 아니라 3분안에 재장전이 가능하며 궤도식 차량으로 야지에서도 기동성이 우수하다.

[그림 3-76] MLRS 발사대 및 탄약

M270 발사대는 M/A계열 모든 탄종을 사격할 수 있으며 자체적으로 사격임무 접수, 위치결정, 사격제원 계산, 방열 및 사격 등을 처리할 수 있다.

탄약보급은 고기동전술트럭(HEMTT)과 고기동탄약트레일러(HEMAT)에 의해 실시되며, 각각 4개의 발사관 뭉치를 적재할 수 있어 한번에 48발의 로켓탄 또는 8발의 미사일을 보급할 수 있다.

[그림 3-77] HEMTT과 HEMAT

이와 같은 MLRS는 대량화력전과 기동전이 요구되는 현대전의 전장양상을 충족시켜 주는 화력지원수단으로써 대형표적공격에 효과적이며, 종심 깊은 타격능력, 신속한 기동성 및 치명적인 무기효과는 군단급 이상 제대의 핵심 표적 공격에 적절한 주·야간, 전천후 무기체계이다.

나. 편 성

일반 포병대대는 1개 포대에 화포 6문이 편성되고 1개 대대는 3개 곡사포대로 편성되나, M/A대대는 3개의 사격대로 구성되고 사격대는 다시 ○○개의 사격포대(MLRS 3문)로 구성되어 중거리 로켓탄이나 장거리 미사일을 사용하여 군단급 이상 제대를 지원한다. 통상 1개 포병대대가 1개 보병연대를 지원하는 것을 감안한다면 MLRS 대대는 엄청난 규모의 화력을 보유하고 있음을 알 수 있다.

2. MLRS/ATACMS는 어떻게 운용되는가?

MLRS/ATACMS(이하M/A)는 야전군자산으로 통상 주요 축선별 포병 여단에 사격대 단위로 운용하게 되며 군단 작전시에 로켓탄과 미사일 화력을 제공하고 야전 포병 부대의 화력을 증원하는 임무를 수행하고 있다.

이러한 M/A대대는 표적을 획득하여 사격하는 일련의 절차는 일반 포병부대와 유사하나 표적의 규모가 크고 작전지역이 광활하여 일반 포병부대에서 운영하는 관측반은 없으며, 그림에서 보는바와 같이 상급부대에서 할당받은 표적 또는 표적획득반(AN/TPQ-36, 37)에서 제공하는 표적에 대해 사격제원을 산출하여 사격임무를 수행한다. 사격임무는 대대 사격지휘소에서 접수하여 사격대나 포대에 할당할 수 있고 사격대나 포대로 곧바로 임무가 주어질 수도 있다.

사격임무를 접수한 사격지휘소에서는 기상반에서 제공한 기상제원과 측지반에서 제공한 위치 및 방위각 제원을 참고하여 BTCS로 제원을 산출하게 되며 이러한 체계는 C4I 시스템으로 통합되어 통합화력 운용의 효과를 극대화시킬 수 있다.

M/A대대의 BTCS는 전술통제기(TCC), 포대통제기(BCC) 등으로 구성되어 일반 포병부대의 BTCS와 유사한 개념으로 운용된다.

M/A대대 및 사격대의 측지반은 위치 및 방위각 결정 장비(MAPS)를 보유하고 있어 신속하고 정확하게 위치, 방위각, 표고 등을 결정할 수 있으며, MAPS 운용 불가시 경 정밀 GPS 수신기(PLGR)를 사용하여 발사대의 위치를 산출할 수 있다. PLGR은 4대 이상의 위성에 의해 동시/계속적으로 추적되므로 지구상 어느 곳에서도 사용될 수 있다.

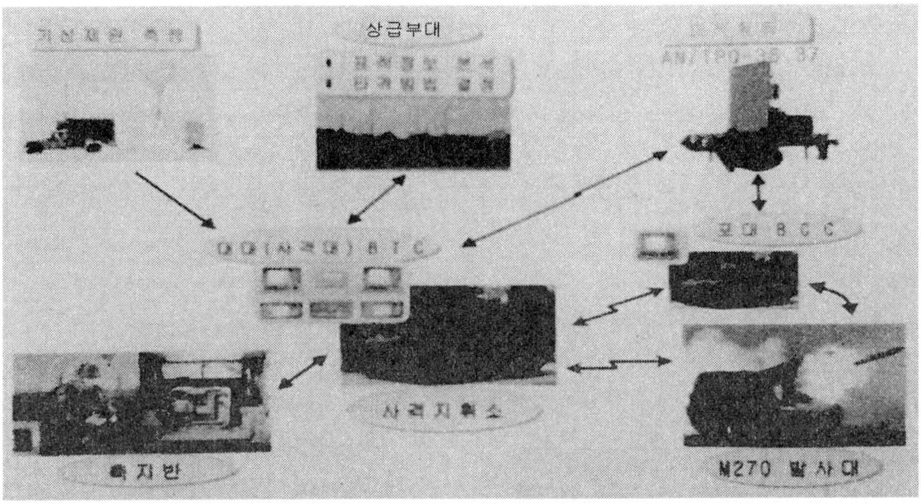

[그림 3-78] MLRS 운용체계

3. MLRS/ATACMS 발사대(M270)는 어떻게 구성되어 있는가?

M270발사대는 크게 장전장치(M269)와 탑재차량(M993)으로 구성되어 있고, 운송차량은 장갑형 무한궤도 차량으로서 승무원실 내부에서 모든 발사 임무를 수행할 수 있도록 제작되어 있다. 장전장치는 기계부와 전자부로 나뉘어 지는데 주요 기능은 다음과 같다.

가. 기계부

기계부는 하부결합체, 회전포탑 결합체, 장전 결합체로 구분되고, 하부 결합체는 차체에 장전장치를 장착하여 발사관을 회전시키는 것으로 탑재차량 프레임에 고정되어 있다.

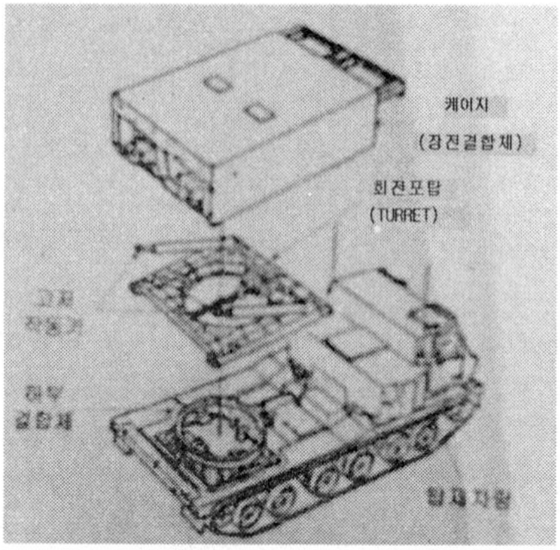

[그림 3-79] M270 발사대 구조(Ⅰ)

회전포탑(TURRET)결합체는 하부결합체 위에 설치되며, 발사대 장전결합체를 회전시키는 발사대 구동장치에 의해 회전된다. 회전포탑결합체와 장전결합체 사이에는 2개의 대형 고저작동기가 설치되어 있어서 작동기가 신장 또는 수축됨에 따라

장전결합체 앞부분을 상승 또는 하강시킨다.

장전 결합체(Cage)는 화포의 포신과 같은 역할을 하는 것으로 사격 임무시 장전결합체를 표적지역으로 지향시키면 로켓과 미사일은 목표지점에 조준된다. 또한 장전결합체는 2개의 붐(Boom)과 들기고리(Hoist)를 조작하여 발사관 뭉치(로켓 Pod)를 장전 및 고정 또는 제거할 수 있다.

나. 전 자 부

전자부는 주전원 공급기, 통신 시스템, 사격통제시스템 등 3개 보조 시스템으로 구성되어 있다. **주전원 공급기**는 차량전원을 이용하여 사격통제장치 및 발사대 장전모듈에 24볼트의 직류전원을 공급해주고, **통신시스템**은 수신 주파수를 탐지하여 자동으로 해당 모드를 보내는 역할을 한다.

사격통제시스템(FCS)은 장전장치에 대한 전반적인 사격통제를 하며 사격시 모든 전자 장치들을 조정 및 통제한다. 이 시스템에는 사격통제패널, 전자장치, 사격통제장치, 붐통제기, 회로점검기, 안정화장치 및 위치결정시스템, 장전 접속모듈, 프로그램 입력장치, 통신 프로세서 등으로 구성되어 있다.

사격통제패널은 차량 조종석 중앙에 있으며 사격통제시스템을 통제하는 장비로서 사격임무, 위치 및 각종 메시지를 접수하는 기능이 있으며, 시스템의 자체 결함을 찾아내는 기능을 가지고 있다.

전자장치에는 컴퓨터 프로그램과 데이터 처리 장치가 있어 사격제원을 산출하며, 주기억장치에는 발사 및 탄도 계산을 위해 현재의 모든 무기체계 정보와 작전 자료를 저장하고 있다.

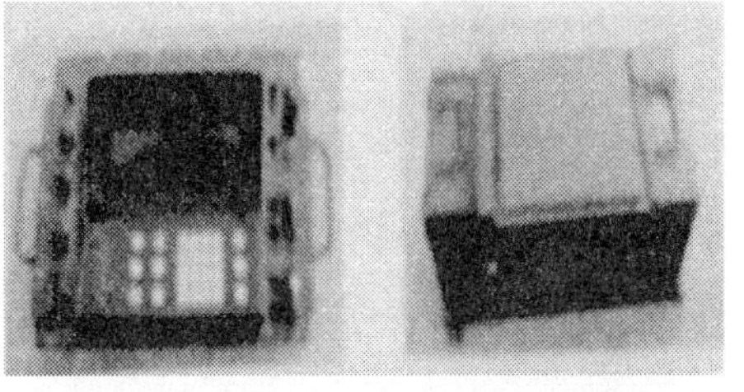

[그림 3-80] 사격통제기 및 전자장치

사격통제장치는 발사대 가동시 발생되는 디지털신호를 필요한 아날로그신호로 변화시켜 주고, 타 구성 요소로부터 입력을 받아 전자장치가 사용할 수 있는 신호로 변화시켜 주는 역할을 한다.

안정화장치 및 위치결정시스템(SRP/PDS)은 사격통제시스템에 방향, 고각, 경사, 위치제원을 제공하는 것으로써 차량이 새로운 진지로 이동을 하면 계속해서 위치를 추적하여 사격통제시스템에 이러한 변경된 제원을 제공한다.

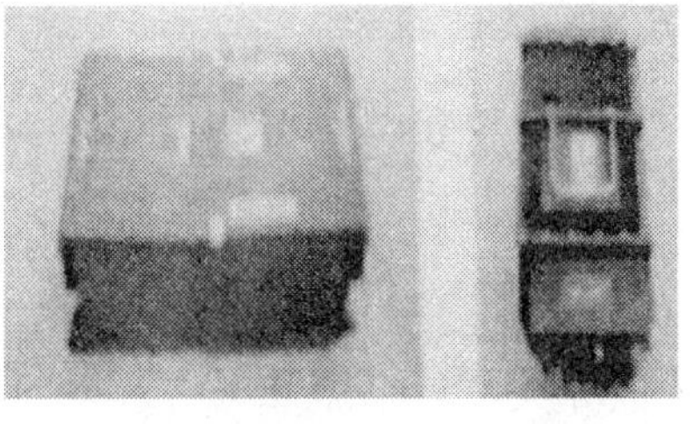

[그림 3-81] SRP/PDS와 PIM

장전접속모듈(PIM)은 사격통제장치와 미사일 또는 로켓 탄두 사이의 전원 및 탄두 프로그램 데이터를 제공한다.

프로그램 입력장치는 전자 장치의 특정한 프로그램 파일을 카세트를 이용하여 저장, 판독, 재생 및 삭제할 수 있는 기능이 있으며, 사격통제시스템이 가동되면 전자장치로부터 복사한 프로그램을 재생한다. 프로그램 입력장치가 카세트의 자료를 전부 전송하는데는 최소 22분에서 25분이 소요된다.

[그림 3-82] M270 발사대 구조(Ⅱ)

Ⅲ. 제원 및 특성

1. 105미리 견인포(M101A1)

제작사: 미국(79)
단 가: 5.1천만원

전체중량	2258.9kg	최대사거리	11,274 m
포신중량	474.5kg	약실입력	3900psi
전체길이	6 m	고 저 각	+65도, −5도
포신수명	5,000발	인 원	8명
발사속도	3발/분	최대 속도	56 km/h
초 속	470.4 ㎧	강 선 수	36조 우선
특 성	직접 및 간접사격, 용수철식 평형기 반고정탄 사용, 인락식 격발장치		

※ 제원 참고: 종합군수학교 교재 "화포학"

2. 155미리 견인포(KH-179)

제작사: 기아기공('84)
단 가: 1.16억원

전체중량	6855kg	최대사거리	11,274 m
포신중량	2744kg	약실압력	3900psi
전체길이	10.4 m	고 저 각	+65도, -5도
포신수명	1750발	최대발사속도	분당 4발
발사속도	2발/분	인 원	13명
초 속	825 ㎧	강 선 수	48조 우선
특 성	계단막음 나사식 폐쇄기, 유기압식 주퇴장치, 기압식 평형기, 분리장전탄 사용, 격철식 격발 장치		

※ 제원 참고: 종합군수학교 교재 "화포학"

3. K-55 자주포

제작사: 삼성테크윈('85)
단 가: 8.9억원

최대사거리	24km	발사속도	최대	4발/분
엔진 출력	405마력		지속	1발/분
포신수명	6,375발			
포탑선회	360도	저투중량		25톤
항속거리	000km	전 장		9.12m
탄약적재량	36발	최대속도		56km/h
승 무 원	6명	등판능력		60%
특 성	유기압식 주퇴장치, 제연기 장착, 신속한 진지변환, 정밀 사격통제 장치 및 유압장치 탑재, 장갑보호			

※제원 참고: 종합군수학교 교재 "자주포학"

4. K-9 자주포

제작사: 삼성테크원('99)
단 가: 37.11억원

최대사거리	40km	발사속도	급속	3발/15초
엔진 출력	1,000마력		최대	6발/분
참호통과능력	2.8m		지속	2발/분
등판능력	60%	포탑선회		360도
항속거리	000km	전 장		12m
탄약적재량	48발	전투중량		47톤
승 무 원	5명	최대속도		67km/h
특 성	유기압식 주퇴장치, 제연기 장착, 신속한 진지변환, 정밀 사격통제 장치 및 유압장치 탑재, 장갑보호			

※제원 참고: 야교 **6-35 155**밀리 자주곡사포

5. MLRS/ATACMS

제작사: 삼성테크원('85)
단 가: 8.9억원

전체중량	26톤	최대속도	64km/h
전체길이	6.27 m	전 폭	2.97 m
엔진 출력	500마력	항속거리	000km
최대발사속도	1발/5초	인 원	3명
NBC방호	가능	강 선 수	4조 우선
무 장	로켓 12발 미사일 2발	최대사거리	로켓: 60km 미사일: 300km
특 성	위력: 로켓 → 축구장 1개 크기 미사일 → 축구장 4개 크기 표적성질: 기갑/기계화/포병/미사일 부대		

※제원 참고: 야교 **6-25 MLRS/ATACMS**

제3절 전차·장갑차

I. 전 차

1. 전차는 어떻게 발전되어 왔는가?

영국은 1차 세계대전 당시 참호전으로 인하여 교착상태에 빠진 서부전선에서 적의 화력으로부터 방호를 받으면서 진지를 공격할 수 있는 새로운 무기체계를 개발하였는데 이것이 최초의 전차이다.

[그림 3-83] 세계최초의 전차, 마크 I

그 후 1차 세계대전을 거치면서 세계 각국은 고유 전차를 개발하였는데, 처음에는 보병 공격의 보조역할을 하는 수준이었으나 2차 대전시에는 1차 대전의 경험을 바탕으로 성능이 크게 향상되어 전차의 성능이 전투의 성패를 가늠하는 결정적인 역할을 하였다.

전차는 분류기준에 따라 여러 가지로 구분할 수 있으나, 출현시기에 따라 분류하면 다음과 같다.

가. 1세대 전차

1916년 솜므전투에서 최초로 영국이 49대의 마크 I 전차를 운용한 것을 시작으로 1차 세계대전 직후부터 1950년대에 개발된 전차로 다음과 같은 특징을 갖추고 있다.

① 구경 90mm급 주포, ② 전차의 기동가능 최대허용범위 내에서 장갑의 방호력 강화, ③ 합리적인 차체 설계, ④ 비교적 높은 기동성 등 1세대의 대표적인 전차로는 소련 주력전차(MBT: Main Battle Tank)의 시초이며 한국전에도 참가한 T-34전차, 미국의 M-26 Pershing 전차와 이를 기본으로 엔진과 밋숀 등을 개량한 M-46 Patton 전차 등이 있다.

[그림 3-84] 미국의 M-46 패튼전차

나. 2세대 전차

2세대는 1960년대부터 1970년대 중반까지로 2차 세계대전 후의 기술혁신을 통해 신기술을 도입하여 1세대 전차보다 화력과 기동력을 크게 향상시켰다.

이 시기 전차의 특징은 화력면에서 ① 구경 100mm급 주포와 신형 분리철갑탄(APDS: Armor Piercing Discarding Sabot) 사용, ② 포 안정화장치, 탄도계산기 도입, 거리측정시스템 개량에 의한 사격통제능력 향상, ③ 야간전투시스템(적외선, 미광증폭식 야시장비 등) 추가 등이며, 기동력면에서는 ① 디젤 엔진, 신형 현수장치(토숀바, 유압식)에 의한 속도/기동거리 및 주행성능 향상, ② 스노클(Snorkel)에 의한 도하능력을 갖추었다.

방호력면에서는 화생방 방어능력을 구비하였으나 대전차 미사일의 출현으로 오히려 방호력이 취약한 문제점을 드러내었다.

2세대의 대표적인 전차는 둥근 계란모양의 포탑에 100mm포를 장착한 소련의 T-54 및 115mm 활강포를 탑재한 T-62 그리고 105mm 주포와 새로운 사격통제시스템을 구비한 미국의 M-60전차, 독일의 레오파드 Ⅰ, 스웨덴의 S전차, 영국의 센츄리온 등이 있다.

[그림 3-85] 스웨덴의 S전차

다. 3세대 전차

1970년대 후반부터 전차는 2세대에 비해 보다 많은 신기술을 적용하여 전자장비의 비중이 높아졌으며, 특히 방호력이 현저히 향상되었다. 전체적으로 제3세대 전차의 주요특징은 아래와 같다.

화력면에서 ① 120mm급 활강포 장착 및 날개안정 분리철갑탄(APFSDS: Armor Piercing Fin Stablilized Discarding Sabot) ② 반자동 또는 자동장전시스템에 의한 승무원 수 감소(4명에서 3명으로), ③ 다양한 사격제원의 입력이 가능한 컴퓨터 사격통제시스템 적용, ④ 야시장비에 의한 야간전투능력 구비 등 전자장비에 의해 성능이 크게 향사되었다.

기동력면에서는 경량·고출력의 가스터빈엔진을 채택하였으며, 방호력면에서 ① 복합장갑, 유격장갑(Space Armor)의 채택으로 인한 방호력 향상, ② 피탄시 탄약·연료 폭발로 인한 승무원 및 내부피해를 최소화하기 위한 내부 격실화 시스템, ③ 장차 장갑성능개량에 대비한 가변형 장갑을 채택하였다.

제3세대의 주력전차는 러시아의 T-72, 미국의 M1, 영국의 챌린저, 서독의 레오파드 Ⅱ 등이 있다.

[그림 3-86] 국내에도 도입/배치된 러시아의 T-80

라. 잠정세대(3.5세대)

잠정세대 또는 3.5세대 전차는 기존 3세대 전차의 아날로그방식을 디지털 방식으로 개량하여 실시간 정보지원 가능한 차량전자화(vetronics) 기술을 적용하였다.

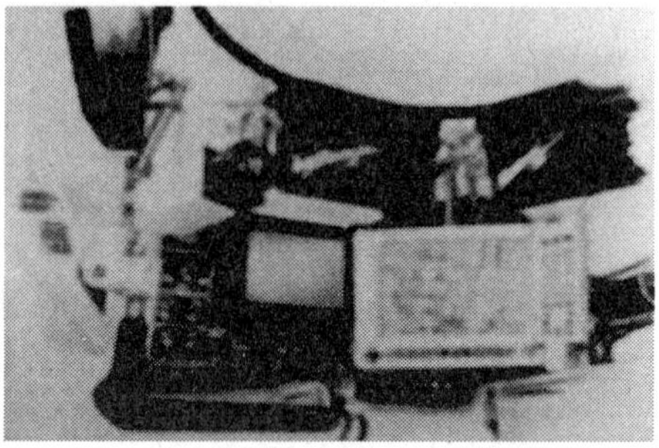

[그림 3-87] 차량전자화된 미국 M1A2전차 내부

이 3.5세대 전차는 미래전투체계(FCS: Future Combat System) 도입 전까지 각국의 주력전차로 활약할 것으로 판단되며, 미국의 M1A2, 프랑스의 르끌레르 전차가 이에 해당되며 현재 국내에서 개발중인 차기전차도이 범주에 속한다.

2. 전차는 어떠한 구성품으로 이루어졌는가?

전차는 크게 차체와 포탑으로 구분되는데 이는 포탑을 차체와 분리하여 360°회전 및 사격이 가능토록 하기 위해서다.

차체는 전차기동을 위한 장비들을 장착하고 있으며 각각의 부품들이 유기적인 작동으로 전차가 이동할 수 있도록 하는 역할을 수행하며 동력발생장치, 주행장치(현수장치), 유압장치, 전기장치로 구성되어 있다.

① 기동륜: 엔진의 구동력을 궤도에 전달

② 유동륜: 차체 좌우측 전방에 위치하여 궤도정렬 유지

③ 보기륜: 지표면 압력과 궤도 정렬 유지

④ 완충장치: 차체에 부착되어 기동시 차량의 충격을 흡수

⑤ 무한궤도: 각각의 궤도를 하나로 연결하여 끊이지 않는 무한궤도를 형성하고 이 위를 기동륜이 지나감으로써 전차가 기동하게 된다.

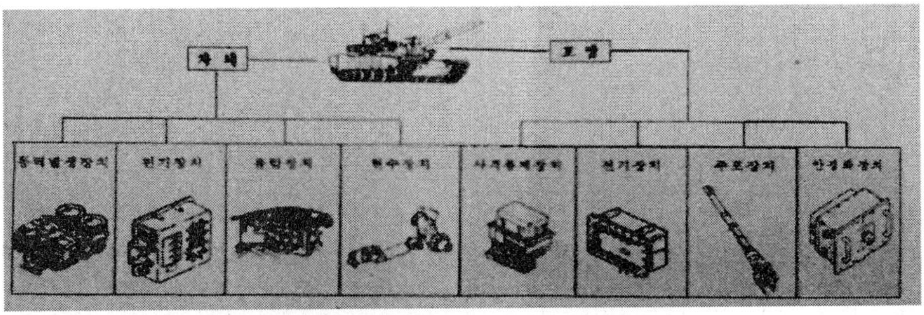

[그림 3-88] 전차의 주요 구성품

가. 동력발생장치

엔진, 변속조향장치, 종감속기, 냉각장치, 흡·배기관으로 구성되어 있으며 전차운용에 필요한 동력을 발생시킨다. 통상적으로 차체의 후방에 파워팩의 형태로 통합 탑재되며 부수장치로서 연료탱크, 밧데리등은 동력장치의 좌·우 및 전방공간을 이용하여 탑재된다.

나. 주행장치(현수장치)

기동륜, 유동륜, 보기륜, 완충장치 및 무한궤도로 구성되어 있으며 동력발생장치로부터 동력을 전달받아 전차를 기동시킨다.

다. 유압장치

엔진의 동력을 이용하여 유압유에 압력을 발생시키고, 유압에너지를 기계적 에너지로 전환하여 차체와 포탑에 공급하는 장치로, 포탑에는 슬립링을 통해 유압을 전달한다.

라. 전기장치

축전지로부터 전원을 공급받아 전차를 시동하게 하고, 이후 발전기에서 전기를 발생시켜 차체 및 포탑의 각종 전기장비에 전기를 공급한다.

3. 포탑

포탑에는 슬립링을 통해 전원을 공급하는데, 슬립링은 포탑회전시 차체와 포탑간 전기신호, 유압유 및 정화공기를 지속적으로 전달하는 기능을 한다.

포탑은 [그림 3-89]와 같이 화력으로 적을 타격할 수 있도록 사격통제장치, 주포장치, 포 및 포탑 안정화장치, 전기장치로 구성되어 있다.

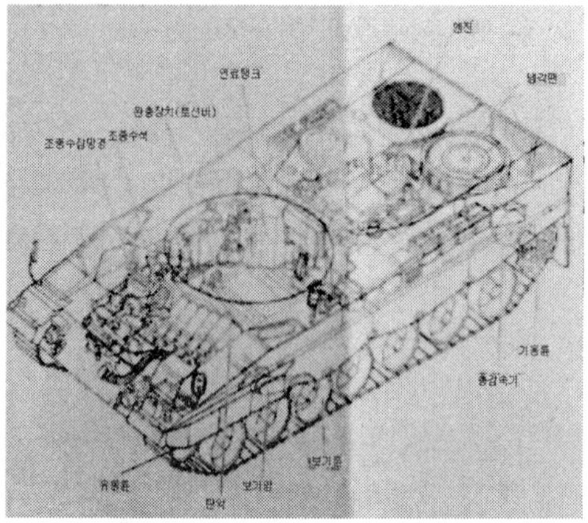

[그림 3-89] 전차 차체구조

가. 사격통제장치

전차장 및 포수 조준경, 탄도계산기, 레이저 거리측정기 등으로 구성되어 있으며 표적을 획득하고 사격제원을 산출한다.

① 조준경: 표적 식별 및 관측

② 탄도계산기: 사격제원산출에 필요한 각종 입력 데이터(탄종 선택 신호, 레이저 거리신호, 조준경의 고저각 및 방위각 신호 등)를 이용하여 탄도해석 값 산출

③ 레이저 거리측정기: 레이저를 이용하여 표적에 대한 사거리 측정

나. 주포장치

전차탄을 발사하는 장치로 포신과 포마운트로 구성되어 있으며 포신은 포열, 포미장치, 배연기 등으로 이루어진다.

① 포열: 탄두를 목표지점까지 비행토록 발사하는 역할

② 포미장치: 탄약장전, 뇌관 격발, 사격후 탄피추출기능

③ 배연기: 사격후 포강내의 연소가스를 포구쪽으로 배출

④ 포마운트: 사격간 차체에 미치는 사격충격력을 제어하는 역할

다. 포 및 포탑 안정화장치

자이로, 서보장치, 고저 · 선회장치, 포수전동 손잡이, 포 및 포탑 구동 전자유닛 등으로 구성되어 있으며 기동간 사격이 가능토록 주포를 안정화시키는 장치이다.

라. 전기장치

포탑의 전기장치는 포수 및 전차장 조정판, 실내등, 포탑 통풍기, 포탑 회로망 상자 등으로 구성되어 있다. 슬립링을 통해 차체로부터 전원을 공급받는다.

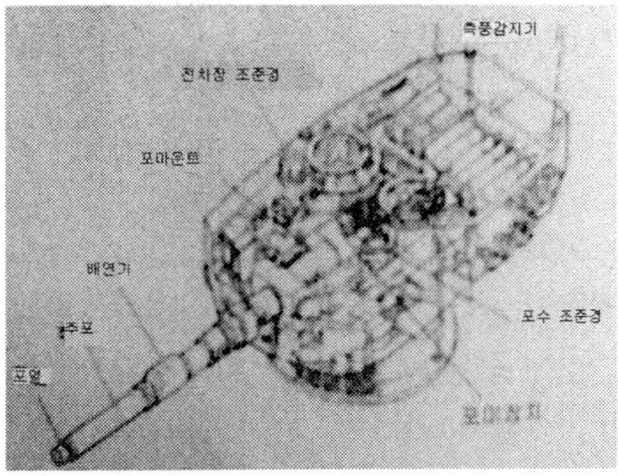

[그림 3-90] 전차 포탑구조

II. 장갑차

1. 장갑차는 어떻게 발전되어 왔는가?

장갑차의 역사는 제1차 세계대전 말 전장에서 전차만으로 탈취한 목표의 계속적인 확보가 곤란하여 전차와 협동작전을 수행할 수 있는 보병의 능력이 요구되면서 **보병수송용 장갑차**(APC: Armored Personnel Carrier)의 개념이 등장하면서 시작되었다.

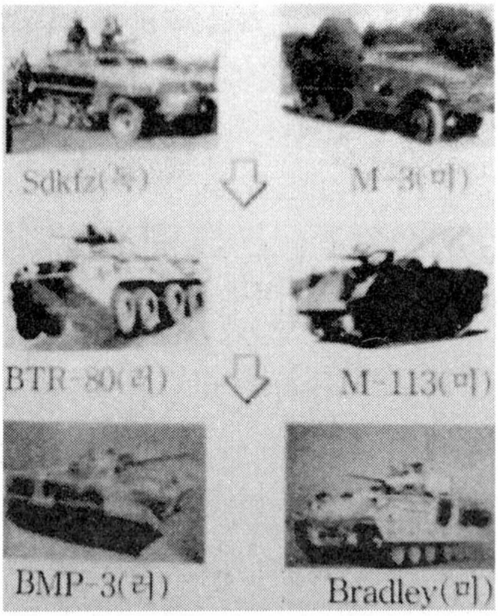

[그림 3-91] 장갑차의 발달과정

제2차 세계대전시에는 Sdkfz, M-3와 같이 차륜과 궤도가 혼합된 형태의 반궤도형 APC가 실용화되었다.

이후 서방에서는 M-113과 같이 밀폐식 상자형 차체를 갖는 궤도형 APC가, 구소련 및 구동독 진영에서는 BTR-80과 같은 차륜형 APC가 주류를 이루었다.

이러한 초기의 APC는 전시창이 없어 탑승보병이 장갑차 밖의 상황을 파악할 수 없었고, 총안구를 통해 사격을 할 수 없었다는 것이 단점이었고, 특히 소구경화기만의 운용으로 탑승전투가 어려웠다.

국내에서는 1980년부터 APC 개념의 K-200 장갑차가 국내 독자 개발되어 우리군이 운용하고 있으며, 이를 기본모델로 K-228(구난용), K-242/281(박격포탑재용), K263(발칸탑재용), K-277(지휘용), K-216(화생방정찰용) 등 다양한 계열의 장갑차를 개발 운용하고 있다.

[그림 3-92] 국내 장갑차 현황

그러나 보병수송을 주목적으로 개발된 APC의 화력과 방호력의 한계는 탑승 보병의 빈번한 하차전투가 강요되었고, 점차 장갑차에 탑승전투 능력이 요구됨에 따라 화력 및 방호력이 증대된 보병전투 장갑차(IFV: Infantry Fighting Vehicle)개념이 등장하였다. BMP-3와 Bradley로 대표되는 IFV는 2인승 포탑에 중구경 화기를 탑재하여, 탑승한 보병의 관측과 사격으로 경장갑차량의 제압능력을 확보하고, 방탄강판 차체로 방호력을 향상시킴으로써, 탑승전투 수행을 가능케 하였으며, 야지 주행성능이 우수한 현수장치를 통한 기동력 향상으로 전차와의 협동작전을 할 수 있게 되었다. 현재 우리 군은 장차전 양상과 장갑차 발전추세를 고려하여 주력전차와 협동작전 및 탑승전투가 가능하도록 40mm 중구경 화기를 탑재한 2인승 포탑 및 야지 기동 성능이 우수한 현수장치를 적용한 IFV를 개발중에 있다.

2. 장갑차는 어떤 하부체계로 구성되어 있는가?

[그림 3-93]과 같이 장갑차는 하나의 체계(System)이며, 이는 차체, 동력발생 및 전달장치, 현수장치, 포탑, 기타장치와 같은 여러 개의 하부체계(Sub System)로 구성되어 있다.

가. 차 체

차체는 주로 알루미늄 장갑판재를 이용하여 유격장갑의 형태로 제작, 승무원 탑승 및 장비탑재 공간을 제공하고, 외부 공격이나 충격으로부터 내부 승무원과 구성품을 보호하는 용접구조물이다.

나. 동력발생 및 전달장치

동력장치는 주동력의 발생 및 전달을 통해 차량의 기동에 필요한 견인력, 재동력 및 조향력, 그리고 차량운용에 필요한 전력을 제공하는 기능을 한다.

여기에는 엔진, 변속기, 조향장치와 속도를 감속시키고 힘을 크게 하여 기동륜에 동력을 전달하는 종감속장치 등이 있다.

엔진은 장갑차에 필요한 동력을 발생시키는 구성품으로, 현재는 280~350마력 수준이며 앞으로는 차체의 중량과 가속성능 등을 고려하여 750마력 수준으로 개발하는 추세이다.

변속기는 엔진의 출력을 요구되는 속도로 변속하여 종감속기를 통해 궤도를 움직이는 차량 좌·우측의 기동륜에 동력을 전달한다.

조향장치는 변속기의 조향 작동축과 연결되어 차량을 좌·우 방향전환 및 제자리회전을 가능하게 한다.

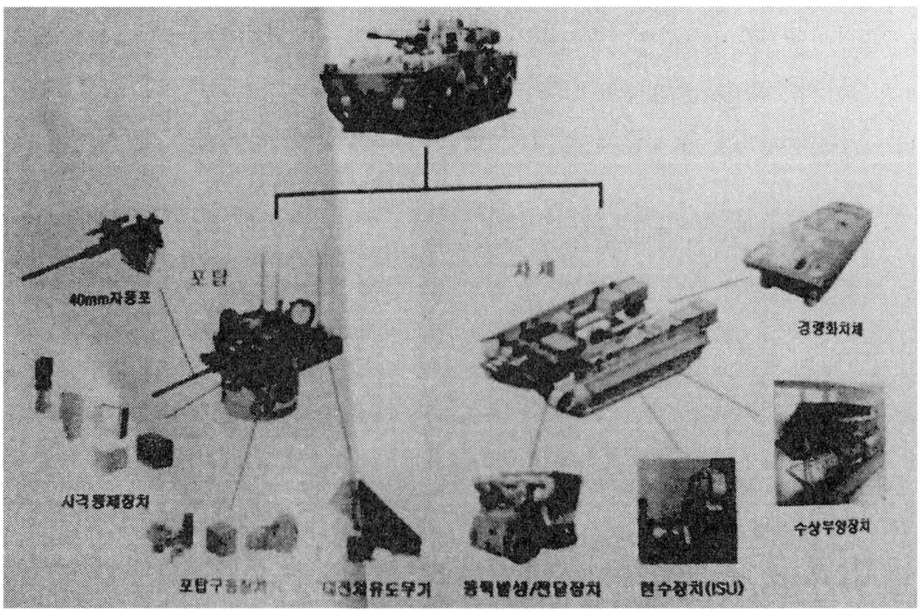

[그림 3-93] 장갑차의 하부체계 구성(예)

다. 현수장치

현수장치는 차량하중을 분산하여 지지하고, 주행시 접지력을 유지하며, 노면으로부터 전달되는 진동 및 충격과 사격시의 반동력을 흡수하는 기능을 담당한다.

여기에는 장갑차 좌·우측 하단에 지면과 접촉하는 궤도, 종감속기로부터 궤도로 동력을 전달하는 기동륜, 궤도의 작동을 뒤쪽에서 원활하게 하는 유동륜, 궤도의 안내 역할을 하는 보기륜, 스프링 및 감쇠장치 등이 있다.

스프링 및 감쇠장치 중에서 ISU(In-arm Suspension Unit)는 질소가스의 압축과 팽창에 의한 스프링 작용과 내부 오일이 오리피스를 통과할 때의 감쇠작용을 이용하는 핵심 구성품으로, 개발되는 차기 IFV에 적용된다.

라. 포 탑

포탑은 공격이나 충격으로부터 내부 승무원과 구성품을 보호하고, 탑재장치를 지지하기 위한 용접구조물로서, 여기에는 주포, 부가장갑 및 외부 구성품이 설치된다.

주포는 현재 20~40mm급 기관포를 탑재하고 있는 추세이며, 포탑 하부에 주포 탄을 저장하고 지속적으로 탄을 공급해주는 송탄 장치가 있다.

부무장은 인원 및 밀집부대 격멸이 가능한 7.62mm 내지는 12.7mm의 기관총을 탑재하고 있으며, 특히 BMP-3의 경우 인마살상과 포 발사미사일용 100mm 주포를 장착하고 있다.

마. 보조 및 특수장치

보조장치는 장갑차의 기본임무를 효율적으로 수행할 수 있도록 지원하는 기능을 담당한다.

여기에는 각종 장치 구동을 위해 유압을 형성해 주는 유압장치, 장갑차 내부에 발생한 화재를 감지·소화하는 소화장치, 수상운행이나 우천시 장갑차

내로 유입된 물을 배출시켜주는 배수장치, 전투상황시 적으로부터 장갑차를 은폐시키는 연막탄 발사장치 등으로 구성되어 있다.

특수장치에는 수상운행을 위해 장갑차 자체의 부족한 부력을 제공해주는 수상부양장치와 수상운행 중 발생하는 장갑차의 자세변화와 전방침하 현상을 극복하여 안정적인 수상운행을 가능토록 하는 파도막이가 있다.

바. 기타 장치

이밖에도 일부 장갑차에 적용되었거나 앞으로 적용하게 될 적 전차 파괴를 위한 대전차 유도무기가 있으며, 화생방 상황에서 장갑차 내부의 승무원과 탑승 보병이 방독면 착용없이 지속적인 전투임무 수행이 가능하고, 외부의 오염된 공기가 차량 내부로 유입되지 못하도록 실내 공기압을 일정하게 유지해주는 화생방 보호장치가 있다.

또한 적 전차의 조준경에서 발사되는 레이저 빔 또는 접근하는 미사일의 적외선을 자동으로 탐지하여 승무원에게 경고신호를 제공하는 적 위협 경고장치를 장착하는 추세이다.

3. 장갑차의 수상운행은 어떻게 가능한가?

장갑차의 기동성능은 지상에서의 기동력뿐만 아니라, 하천장애물을 극복하는 것도 중요하다. 신속한 도하작전을 위한 수상운행능력은 입수 후 장갑차의 무게를 극복하기 위한 부양능력과 하천의 조류와 파고를 극복하기 위한 추진능력으로 나눌 수 있다.

그러면 무거운 장갑차를 과연 어떻게 물위에 띄울 수 있을까? 이것을 가능하게 하는 이유는 [그림 3-94]과 같이 차체가 잠긴 부피만큼 밖으로 밀려나간 물의 무게와 동일한 힘으로 밑에서 떠받치는 힘인 부력(Buoyancy)이 작용하기 때문이다. 이를 부력의 원리 또는 아르키메데스의 원리라고도 하는데, 식으로 나타내면 다음과 같다.

$$F_B = \rho V \geq W$$

F_B: 자체부양력
ρ : 물의 밀도(kg/㎥)
V: 잠겨있는 차체의 부피(㎥)
W: 장갑차의 무게(kg)

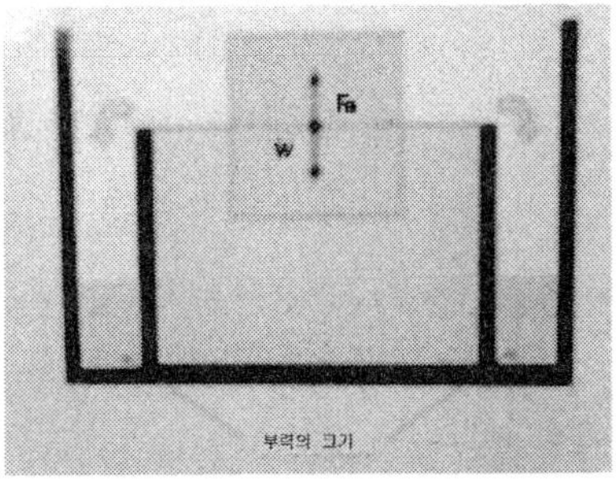

[그림 3-94] 부력의 원리

즉, 물에 잠겨있는 차체의 부피에 해당하는 물의 무게(부력)가 장갑차의 무게보다 커야 뜰 수가 있는데, 이를 위해서 차체가 물에 잠기는 부분의 부피를 크게 하거나, 재료를 강철보다 약 30~40% 가벼운 알루미늄 합금을 사용하여 장갑차의 무게를 줄이는 방법을 사용한다.

그러나 일반적으로 부양이 가능하도록 설계 시에는 수상운행시 발생할 수 있는 여러 가지 요소 즉, 유입되는 물이나 자세변화 등에 대한 안정성 확보를 위하여 식의 조건보다 여유 있도록 해야 하는데, 이를 여유부력(Reserve Buoyancy)이라고 한다. 따라서 실질적인 장갑차의 부력은 장갑차의 무게와 여유부력의 합보다 더 커야한다.

조사된 바에 의하면, 세계 각국 장갑차의 임무나 특성 등의 조건을 고려했을 때, 자체 부양이 가능한 최대 무게는 약 18~19톤 수준이다. 이러한 제한조건 때문에 장갑차의 무게를 줄이는 방법만으로도 요구되는 부력이 부족한 경우에는 [그림 3-95](원내)와 같이 에어백식 보조부양장치를 차체의 양 측면에 장착하여 수면 아래까지 잠기게 하여 체적을 더 크게 함으로써 추가 부력을 제공한다.

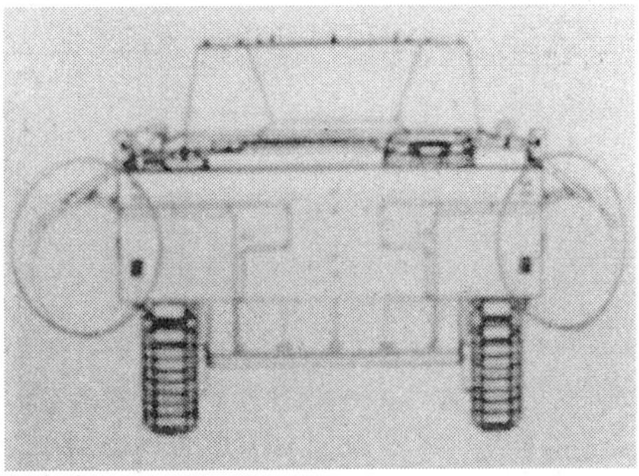
[그림 3-95] 에어백식 보조부양장치

Ⅲ. 제원 및 특성

1. 전 차

가. K1전차

제작사: 로템
단가(억원): 27('96년 기준)

중 량(톤)	51.1	항속거리(km)	500
엔진출력(hp)	1,200	최대속도(km/h)	65
무 장	K6(1),M60(1)	탑승인원(명)	4
주포구경(mm)	105	톤당마력(hp/t)	23.5

●기동간 사격가능(2축 안정화 장치), 유기압 현수장치
●포수 조준경: GPSS, GPTTS(열영상)
●전차장 조준경: CPS(주간광학)
●레이저 거리 측정기(Nd-YAG/CO_2

※ 제원 참고: 기교 전차K1

나. K1A1전차

제작사: 로템
단가(억원): 44.2('02년 기준)

중 량(톤)	53.2	항속거리(km)	500
엔진출력(hp)	1,200	최대속도(km/h)	65
무 장	K6(1),M60(1)	탑승인원(명)	4
주포구경(mm)	120	톤당마력(hp/t)	23.5

●기동간 사격가능(2축 안정화 장치), 유기압 현수장치
●포수 조준경: KGPS(열영상)
●전차장 조준경: KCPS(열영상)
●레이저 거리 측정기(Nd-YAG Raman Shifted)

※ 제원 참고: 기교 전차K1 / '98전차연감

다. M48A5전차

제작사: 미 크라이슬러
단가(억원):

중 량(톤)	48.99	항속거리(km)	499
엔진출력(hp)	850	최대속도(km/h)	48.2
무 장	M2(1),M60(1)	탑승인원(명)	4
주포구경(mm)	108	톤당마력(hp/t)	15.89
● 주조제 단일장갑, 광학식 포수조준경			

※ 제원 참고: 기교 90밀리포M48A3

2. 장갑차

가. K-200/A1

제작사: 대우종합기계
단가(억원): 5.63

중 량(톤)	12.9	항속거리(km)	480
엔진출력(hp)	280 / 350	최대속도(km/h)	74(지상) / 6(수상)
무 장	MG50×1	탑승인원(명)	12
● 기본형 ● K-200: 반자동 변속기, K-200A1: 자동 변속기 ● 수상운행을 위한 자체부양 가능 ● 탑승전투를 위한 총안구 설치			

※ 제원 참고: 기교 전투장갑차 K200A1

나. K-281/242

제작사: 대우종합기계
단가(억원): 5.9

중량(톤)	13.2	항속거리(km)	480
엔진출력(hp)	280 / 350	최대속도(km/h)	74(지상) / 6(수상)
무 장	MG50×1	탑승인원(명)	7 / 5
● 81mm / 4.2" 박격포 탑재형			

※ 제원 참고: 기교 전투장갑차 K242/K281

다. K-288

제작사: 대우종합기계
단가(억원): 7.17

중 량(톤)	14.4	항속거리(km)	480
톤당마력(hp/ton)	20	최대속도(km/h)	74
무 장	MG50×1	탑승인원(명)	4
● 장비구난 / 정비용			

※ 제원 참고: 기교 구난장갑차 K288

라. K-277

제작사: 대우종합기계
단가(억원): 6.5

중량(톤)	14	항속거리(km)	480
엔진출력(hp)	350	최대속도(km/h)	70(지상) / 6(수상)
무 장	MG50×1	탑승인원(명)	6
● 전투지휘용 ● 화생방 방호 가능: 자동경보 / 양압장치			

※ 제원 참고: 기교 전투지휘용장갑차 K-277

마. BMP-3

제작사: 러시아
단가(억원): 6.8(85만$)

중 량(톤)	14	항속거리(km)	480
엔진출력(hp)	350	최대속도(km/h)	70(지상) / 6(수상)
무 장	MG50×1	탑승인원(명)	6

● 포탑안정화 장치 장착 / 기동간 사격가능
● 주·야간 조준장치 및 레이저 거리 측정기, 탄도계산기 장착
● 엔진 후미 탑재로 승·하차 곤란

※ 제원 참고: 기교 보병전투장갑차 BMP-3

제4절 공병무기

I. 공 병

1. 공병의 역할은 무엇이며 어떤 장비들이 있는가?

전장에서 공병의역할은 효과적인 전투를 수행할 수 있도록 "도우미" 역할을 한다. 전투부대 기동에 제한을 주는 각종 장애물을 제거하여 기동로를 만들고 하천을 자유롭게 건널 수 있도록 **기동, 도하작전지원**을 한다. 또한 적의 기동을 방해하기 위해 장애물을 계획, 준비, 설치, 보강하는 **대기동지원**과 적의 공격으로부터 아군을 보호하기 위한 전지의 구축, 화생방 방호시설 구축 등의 **생존지원**을 한다. 작전지역내의 자연 및 인공 지형지물에 대한 군사적인 측면의 중요성을 평가하고 처리하는 **지형정보 분석**과 각종 피해 복구 및 보수, 급수지원 등 전투에 있어서 필요한 것을 필요한 장소에 제공해 주는 역할도 빼놓을 수 없다.

걸프전 당시 "사담 라인"이라고 하는 방어선을 돌파할 때, 매설된 지뢰를 무력화시켜 통로를 개척하고 하천에 교량을 구축하여 도하작전을 지원하는 등 지원부대로서의 전투공병의 역할이 실전에서 입증된 바 있다.

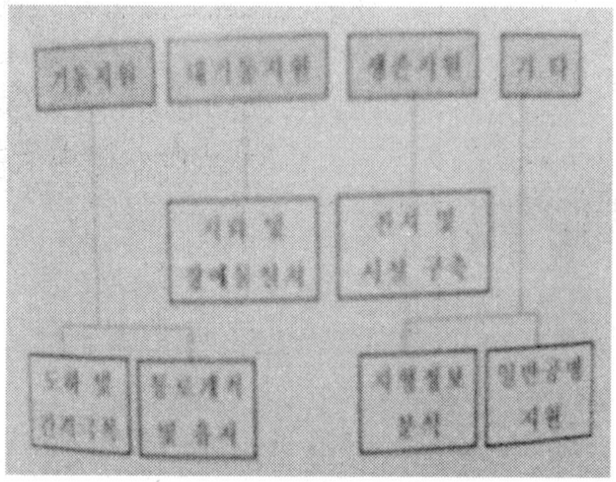

[그림 3-96] 공병의 역할

가. 기동지원 장비

공병의 기동지원장비는 전투부대의 기동을 지원하는 수단으로 하천이나 계곡, 경사지 등을 극복할 수 있는 **도하 및 간격극복** 장비와 인공 장애물이나 지뢰지대를 통과할 수 있도록 통로를 개척해주는 **통로개척** 장비로 구분된다.

도하 및 간격극복 장비로는 리본부교, 간편 조립교, 교량전차 등이 있다.

리본 부교는 사단급 부대의 도하작전을 지원하며 가설길이 213m, 폭 8.13m로 60톤의 하중을 지탱할 수 있고, 1개 중대 규모의 병력이 구축하는데 약 1시간 정도 소요된다.

[그림 3-97] 리본 부교와 간편 조립교

간편 조립교는 사단규모의 기동작전을 지원하며 파괴된 교량을 복구하는데 운용되는 트러스식 교량이다. 가설길이는 최대 49.4m, 폭 4m로 60톤의 하중을 견디며, 24명이 구축하는데 60분

정도 소요된다.

교량 전차는 K-1전차의 차체를 사용, 접철식 간격극복 장비로 기갑 및 기계화 부대의 기동속도를 보장하며, 가설 길이는 20.5m로 3명이 설치시 3분, 회수시 10분이 소요된다.

[그림 3-98] 교량 전차

통로개척장비로는 장갑전투도자, 지뢰지대 통로개척용 장비, 다목적 굴삭기 등이 있다. **장갑전투도자**는 기동로 개척, 장애물 및 진지구축 장비로 자체수상도하가 가능한 장갑화된 장비이다.

[그림 3-99] 장갑전투도자

지뢰지대 통로개척장비는 지뢰지대나 철조망 같은 장애물을 제거하기 위한 장비로 휴대용 통로개척 장비인 POMINS Ⅱ(Portable Mine Neutralization System)와 차량에 견인하여 운용하는 MICLIC(Mine Clearing Line Charge)이 있다.

[그림 3-100] POMINS-Ⅱ와 MICLIC

다목적 굴삭기는 장애물의 설치, 제거, 도로 개설 및 복구, 방호시설 구축, 중량물 적하 지원 등 다양한 능력을 발휘하는 장비이다.

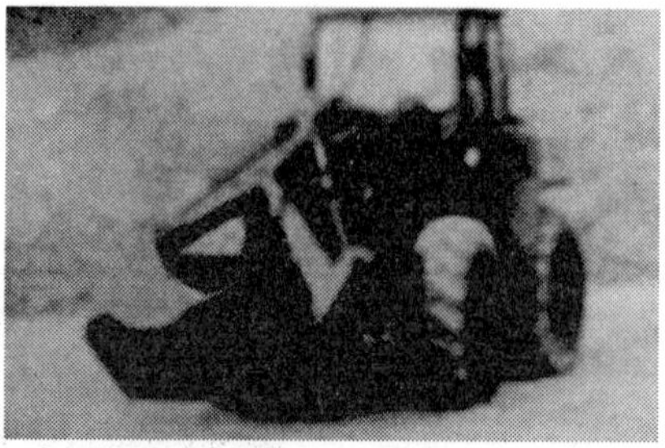

[그림 3-101] 다목적 굴삭기

나. 대기동지원 장비

대기동지원 장비는 적의 기동을 차단하거나 가동속도를 둔화시키기 위하여 지뢰지대와 같은 장애물지대 설치에 운용되는 장비이다.

지뢰지대 설치를 위한 **지뢰살포기**는 적의 기동을 제한하기 위한 대인 및 대전차 지뢰의 지상 살포수단으로 살포거리는 40m 이며, 지뢰의 자폭시간을 조정할 수 있는 장비이다.

[그림 3-102] 지뢰 살포기와 KM180

도로 대화구 폭파킷(KM180)은 도로, 비행장 등에 대화구(큰 웅덩이)를 형성하여 적의 기동을 방해하기 위한 장비로 1개 폭파킷은 폭 5m, 깊이 1.2m의 화구를 형성할 수 있으며 최대 15개까지 폭파킷을 연결하여 사용할 수 있다.

II. 제원 및 특성

1. 지뢰지대 통로 개척장비(MICLIC)

제작사: 한화(‘94)
가격: 2.2억(‘96)

통로개척	폭 6m × 길이 100m	
폭약량 / 길이	Comp C 840kg / 110m	
소요시간(재장전)	5분(30분)	
부수장비	로켓모터	직경: 12.8cm 무게: 69.5kg
	M353 트레일러	최대적재량: 2.268kg 이동속도(포장/비포장): 80km/h 40km/h

※ 제원 참고: 야교 5-1 공병운용

2. 휴대용 통로개척 장비(POMINS-Ⅱ)

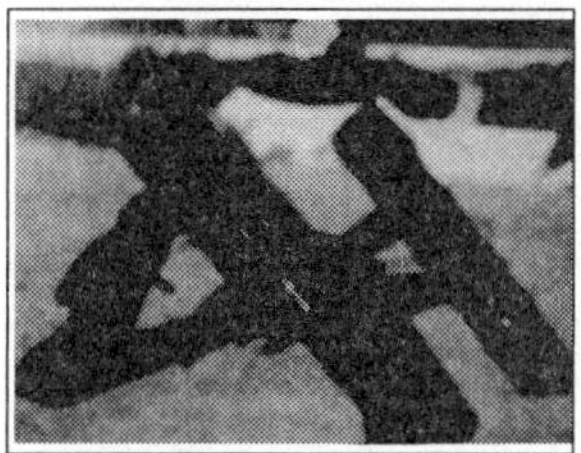

제작사: 한화(‘99)
가격: 0.15억(‘98)

통로개척	폭 6m × 길이 100m
폭약량 / 길이	Comp B 16.5kg / 50m
운용 인원	2명
소요시간(재장전)	로켓모터 / 지연 신관
운용개념	·도보부대 통로개척 ·지뢰, 철조망, 목책 등 장애물 제거

※ 제원 참고: 야교 5-1 공병운용

3. 교량 장비(AVLB)

제작사: 현대정공('95)
가격: 28.8억('96)

가설길이	20.5m	중 량	53.7톤
교량폭	4m	최대속도	65km/h
통과 하중	60톤	항속거리	440km
가설/철수인원	2~3명	등판능력	29.7°
가설/철수시간	5분/10분	도섭/수직통과	1.2m/0.8m

※ 제원 참고: 야교 **5-35** 교량장비의 운용

4. 리본 부교

제작사: 한국중공업('91)
가격: 155억('93)

<table>
<tr><td>가설 길이</td><td>213m</td><td colspan="2">가설방식</td><td>접절식</td></tr>
<tr><td>교량폭</td><td>8.13m</td><td rowspan="2">소요부주</td><td>진입</td><td>12개</td></tr>
<tr><td>통과하중</td><td>60톤</td><td>중간</td><td>30개</td></tr>
<tr><td>소요시간</td><td>60분</td><td colspan="2" rowspan="2">부수장비</td><td>차량 56대</td></tr>
<tr><td>소요병력</td><td>1개중대</td><td>가설보트14척</td></tr>
</table>

※ 제원 참고: 야교 **5-35** 교량장비의 운용

5. 간편 조립교

제작사: 영국('96)
가격: 6.2억('96)

가설 길이	31.1m
교량폭	4.01m
통과 하중	60톤
소요시간	80분
소요병력	24명

※ 제원 참고: 야교 **5-1** 공병운용

6. 도로 대화구 폭파킷

제작사: 한화('94)
가격: 275만원('91)

중 량	45kg
폭 약	H-6: 18kg
소요시간	20분(2인 5발기준)
화구크기	설치도로/화구폭: 3m/5m 화구깊이: 1.2m 경사도: 35~45°
소요병력	1개중대

※ 제원 참고: 야교 5-1, 공병운용

7. 장갑 전투 도져(KM9ACE)

제작사: 삼성항공('92)
가격: 9.7억('97)

승무원	1명
최고속도	48km/h(지상), 4.8km/h(수상)
호/수직통과	1.6m/0.5m
등판능력	60%
기 타	수륙양용 및 자체 연막발사

※ 제원 참고: 야교 5-1 공병운용

8. 다목적 굴삭기

제작사: 삼성항공('95)
가격: 1.6억('96)

승무원	1명
주행속도	45km/h
중 량	12.3톤
주요 기능	로우다, 굴착기, 지게차 포장파괴기, 체인톱

※ 제원 참고: 야교 5-1 공병운용

9. 지뢰 살포기

제작사: 통일중공업/한화('00)
가격: 0.6억('02)

살포거리	25~40m
총중량	85kg
살포능력	6초당 1발(최대), 10초당 1발(적정)
주요 기능	대인 / 대전차 지뢰 살포 자폭 / 무장시간 조정

※ 제원 참고: 기술교범 지뢰살포기

제5절 방공무기

I. 대공무기의 발전과 운용

1. 대공무기는 어떻게 발전하여 왔는가?

대공무기는 인류의 전쟁양상이 지상전 중심에서 공지 합동전으로 전환되면서 출현하여, 제공권 확보 중요성의 증대와 함께 발전을 거듭하여 왔다.

최초의 대공포는 1987년 보불전쟁 당시 기구에 대한 방어수단으로 개발된 65밀리 고사포였는데, 이는 기존의 야포를 고각사격이 가능하도록 개조한 것이었다. 이어 1897년 프랑스에서는 표적의 진행속도를 고려하여 사전에 폭파시기 장입이 가능한 75밀리 고사포를 개발하였으나, 성능은 주간에 2,000~4,000m 고도의 비행기를 공격할 때 평균 4,000발에 1발이 명중될 정도였다.

제1차 세계대전 기간 동안 비행선과 항공기에 의한 폭탄 투하가 본격화되면서 각국에서는 대공포의 필요성을 절감하여 대공포 개발에 적극 참여하게 되었는데, 그 결과 종전 이후에는 원거리 측정이 가능하고 포구속도와 발사속도가 크게 향상된 대공포가 출현하게 되었다.

[그림 3-103] 제1차 세계대전 당시 대공포

이러한 75~120밀리의 고사포계열 대구경 대공포는 2차 세계대전까지 대공무기의 주를 이루었으나, 2차 세계대전 이후 대공 미사일이 출현하면서부터 큰 변화를 가져오게 되었다. 즉, 대공 미사일이 기존의 대구경 고사포 계열이 방어하던 중·장거리를 담당하면서 고사포 계열의 대공포가 서서히 자취를 감추고 오늘날과 같은 대공무기체계의 틀이 갖추어 지게 된 것이다.

[그림 3-104] 대공포 (20밀리 자주발칸)

[그림 3-105] 유도 미사일(호크)

현재 세계적으로 운용되는 대공무기체계는 크게 대공포와 유도무기로 나뉘어지는데, 대공포는 대부분 20~40밀리의 소구경으로 저고도 근거리 방어를 담당하며, 대공포의 사거리를 벗어나는 표적에 대하여는 각종 유도무기가 운용된다.

2. 대공무기는 어떻게 운용되는가?

방공작전은 육군과 공군의 상호 협조하에 실시되는데, 중·고고도 이상에서 이루어지는 지역방공은 공군에서, 중·저고도 이하에서 이루어지는 국지방공은 육군에서 주로 실시한다, 여기에서 고도에 대한 기준은 나토(NATO)의 수직 고도분류 기준을 따른다.

초 고고도 및 고고도에서는 주로 전천후 작전능력과 전자전 대응능력이 우수한 유도무기가 사용되는데, 우리나라에서 운용하는 고고도 이상의 방공 무기로는 공군에서 운용하는 호크(Hawk)와 나이키 허큘리스(Nike Hercules) 등이 있다.

한편 중고도(7.5km) 이내는 국지방공이 이루어지는 고도로 사거리 9km 이내에서는 천마가 운용되고, 사거리 5km 이내에서는 스팅커(Stinger), 미스트랄(Mistral), 신궁 등의 휴대용 유도 미사일이, 그리고 사거리 3km 이내의 근거리에서는 발칸, 오리콘, 비호 등의 대공포가 각각 운용된다.

〈표 3-10〉 나토 수직고도 분류기준

구 분	지상고도(m)
초고고도	15,000 이상
고 고 도	7,500~15,000
중 고 도	600~7,500
저 고 도	150~600
초저고도	150 이하

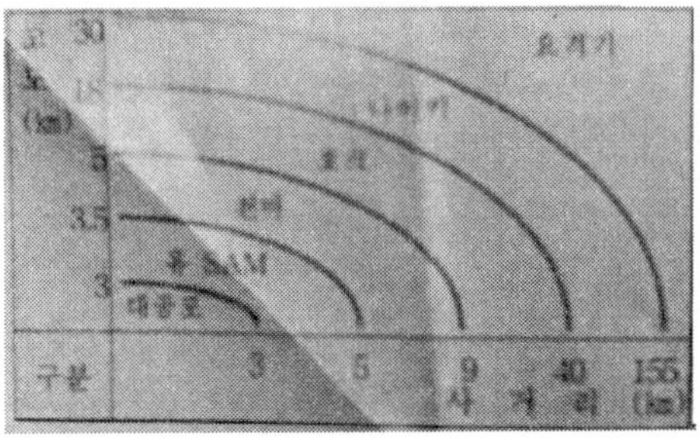

[그림 3-106] 방공무기의 운용개념

[그림 3-107] 천마

우리는 여기서 "휴대용 유도 미사일로 대공포를 대신할 수 있지 않을까?"라는 의문을 가질 수 있다. 그러나 아래 대공포와 유도 미사일의 명중률 비교 그래프는 그 해답을 명확히 제시해준다. 즉, 대공포와 유도 미사일은 상호 보완적이어서 사거리

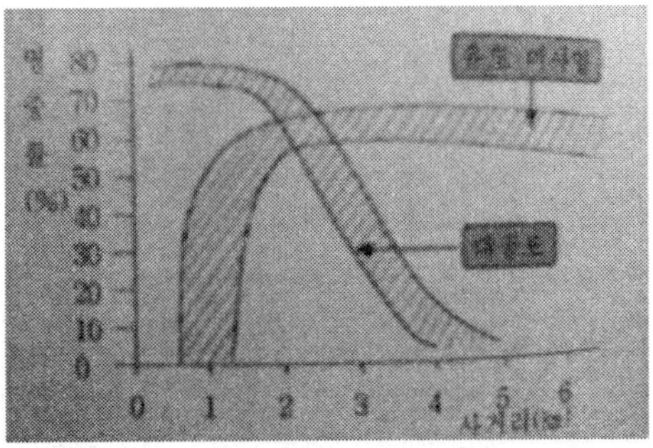

[그림 3-108] 대공포 & 유도 미사일 명중률 비교

3km 이상에서는 미사일이, 사거리 2km 이내에서는 대공포가 훨씬 더 높은 명중률을 갖게 된다. 많은 선진국들이 대공포를 포기하지 못하고 오히려 성능개량을 지속적으로 실시하고 있는 이유가 여기에 있다.

II. 제원 및 특성

1. 대 공 포

가. 20mm 발칸포

제작사: GE(미)
가격: 6.2억(K-263)

구 경	20mm	형태	견인/자주
조준배율 (주/야)	6배/5.6배	발사속도	1000~3000 (발/분)
탐지거리	250~5,200m	발사속도 제한	10, 30, 60, 100발
포열/강선	6개/9조우선	유효사거리 (대공/지상)	1.2~1.6km 2km

※ 제원 참고: 야전교범 44-3 "20밀리 대공포 운용"

나. 30mm 자주 대공포

제작사: 대우종합기계(주)
가격: 40.3억('00년)

구 경	30mm쌍열	엔진출력	520마력
유효사거리	3km	승무원	4명
발사속도	600발/분	탐지거리/고도	21/3km
추적거리	7km	최고속도	65km/h

※ 제원 참고: 야전교범 30-34 "30밀리 자주대공포"

다. 35mm 오리콘포

제작사: Oerlikon(스)
가격: 29.8억('75년)

구 경	35mm쌍열	유효사거리	4km
탐지거리	50km	발사속도	550발/분
추적거리	40km	도하수심	65cm

※ 제원 참고: 야전교범 **44-32** "**35**밀리 대공포 운용"

2. 단거리 지대공 유도무기: 천마

제작사: 대우종합기계(주)
가격: 149억('02)

최대 탐지범위	거리 20km 고도 5km	탑재 발수	8발
최대추적거리	30km	유도방식	시선지령
피아식별	모드 1, 2, 3/A, 4	유효사거리	0.6~9km
전투중량	26.5톤	승무원	3명

※ 제원 참고: 야전교범 **44-37** "단거리 지대공 무기운용"

3. 휴대용 대공 유도무기

가. 미스트랄

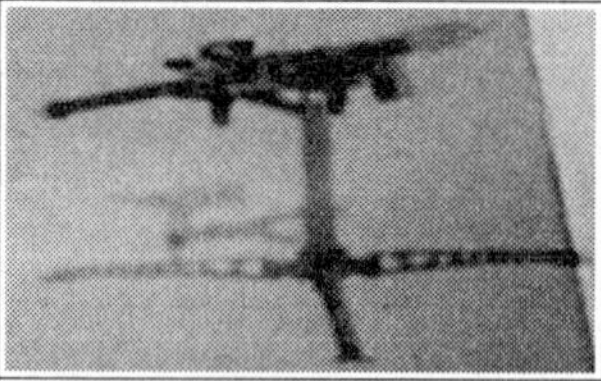

제작사: 프랑스 Matra사
가격: 1.13억('97)

유도방법	적외선 열추적 자체유도
유효사거리	0.6~5.5km
속 도	마하 0.85~2.5
유도탄무게	23.7kg
유도탄길이	199cm

※제원 참고: 야전교범 30-33 "휴대용 대공 유도무기"

나. 스 팅 거

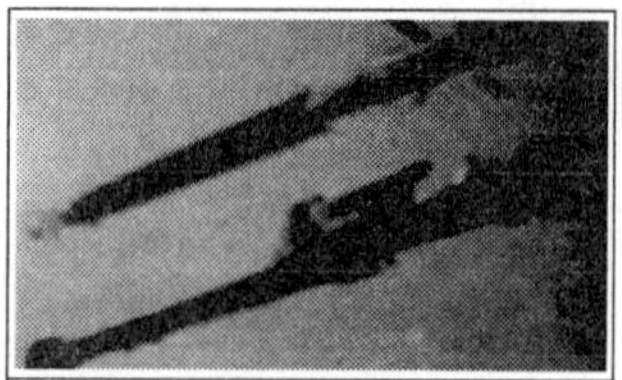

제작사: 미국 Raytheon사
가격: 0.89억('97)

유도방법	적외선 열추적 자체유도
유효사거리	5.5km
속 도	마하 2.2
유도탄무게	15.7kg
유도탄길이	152.4 cm

※ 제원 참고: 야전교범 30-33 "휴대용 대공 유도무기"

제6절 항공무기

I. 헬기의 발전과 분류

1. 헬기는 어떻게 발전하여 왔는가?

헬기의 개념을 세계 최초로 제시한 사람은 레오나르도 다빈치 이며, 그는 1493년에 아래 [그림 3-109]와 같은 나사모양의 헬기를 설계하였다. 이 개념도는 나사모양의 기계장치를 회전시킴으로서 하늘을 비행할 수 있음을 묘사하고 있다.

[그림 3-109] 다빈치의 헬기 개념설계

1907년 프랑스의 꼬르뉘는 나사모양 날개 대신 회전날개를 이용하여 고속으로 회전시키는 동력장치를 발명함으로써, 실제로 인간이 탑승한 헬기를 6피트(182cm) 정도 이륙하여 헬기의 비행 가능성을 최초로 증명하였다.

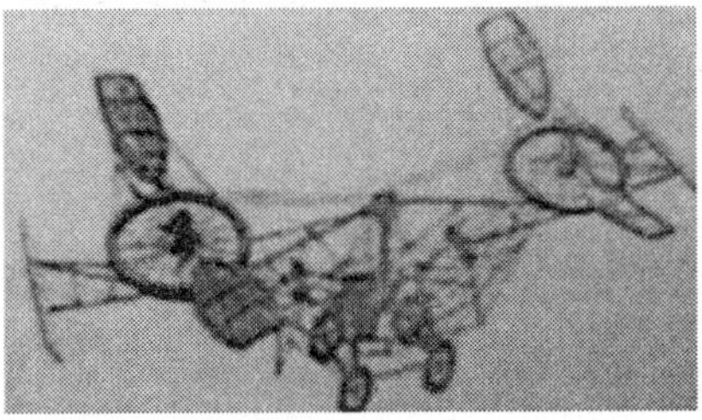

[그림 3-110] 최초로 비행한 꼬르뉘의 헬기

헬기의 아버지라고 불리는 시콜스키는 1909년 헬기 동력원으로써 엔진을 탑재하는데 성공하였으나, 출력부족 및 중량 등의 문제에 부딪히게 되었다. 그

후 1939년 단일 회전익 계통의 VS-300 헬기를 제작하여 고도 10m에서 제자리비행, 측면비행, 후진/전진 비행에 성공하였다.

[그림 3-111] 시콜스키의 VS-300 헬기

1950년대에는 기존의 왕복 피스톤 엔진에 비해 획기적으로 소형 경량화된 가스터빈 엔진과 소형 경량 고감속비의 기어박스를 조합한 헬기가 실용화되어 큰 폭의 성능향상이 실현되었으며, 현재의 헬기 형태가 확립되었다.

1960년대 이후 베트남 전쟁에서는 수송헬기가 대 활약을 함과 동시에 이들 헬기를 엄호하기 위해 헬기에 기관총을 적재하게 되었으며, 마침내 공격용 헬기가 출현했다. 헬기가 군용으로 중요성이 부각됨에 따라 방탄성, 내충격성, 전투성이 엄격히 요구되어 민간용에서 분리, 군의 특수성에 맞도록 개발되었다.

이러한 헬기의 개량은 현재에도 끊임없이 계속되고 있으며 비행성능, 안정성, 조종성 등 여러 가지 면에서 향상되고 있다.

2. 헬기는 종류에 따라 어떻게 분류하는가?

헬기는 여러 가지 종류가 있으나 크게 임무형태에 의한 분류와 로터형태(프로펠러 형태)에 의한 분류로 구분할 수 있다.

가. 임무형태에 의한 분류

헬기의 임무 혹은 용도에 의한 분류로서 기동헬기(UH-1H, UH-60P), 정찰헬기(BO-105), 공격헬기(500MD, AH-1S, AH-1Z, AH-64D, KA-52), 수송헬기(CH-47D)로 구분할 수 있다.

기동헬기는 공지작전을 위한 소규모 인원수송이나 작전지휘 등 다목적으로 운용되는 헬기이며, **정찰헬기**는 첨단 열탐지/식별할 목적으로 운용되는 헬기이고, **공격헬기**는 대전차 미사일, 로켓, 기관포 등을 탑재하여 적의 핵심표적 공격을 목적으로 운용되는 헬기로서 최근에는 공격헬기에 적을 탐지/식별하는 정찰헬기의 역할을 통합하는 추세이다. 또한 **수송헬기**는 대규모 인원이나 화물 수송을 목적으로 운용되는 헬기이다.

나. 로터형태에 의한 분류

헬기의 외부 로터형상에 의한 분류로서 단일(單一) 회전익(UH-1H, UH-60P, 500MD, AH-1S, BO-105, AH-64D), 동축(同軸) 회전익(KA-50, KA-52), 양축(兩軸) 회전익(CH-47D, V-22)으로 구분할 수 있다.

단일 회전익(MTR: Main and Tail Rotor)은 양력과 추력을 모두 하나의 로터로부터 얻는 전형적인 헬기로서 꼬리에 붙은 테일로터는 메인로터에 의해 발생한 회전력을 상쇄시키기 위한 토오크를 발생시키고 제자리 비행시 헬기의 방향을 좌우로 바꾸는데 사용한다.

동축 회전익(CXR, Co-aXial contra- rotating Rotor)은 로터의 회전반력을 상쇄시키기 위하여 하나의 축에 2개의 로터를 서로 반대방향으로 돌게 한 헬기로서, 양력 및 추력 조절은 두 로터에서 동시에 이루어지도록 되어있다.

양축 회전익은 회전축이 앞뒤로 배치된 TTR(Twin Tandem-Rotor)과 좌우로 배치된 TSR(Twin Side By side Rotor)로 구분된다. 이들은 로터의 회전력이 서로 상쇄될 수 있게 반대방향으로 도는 2개의 로터를 가지고 있으며, 서로 충돌되지 않도록 동기(同期)회전축에 의해 연결되어 있다.

〈그림 3-112〉 단일회전익 기동헬기(左), 동축회전익 공격헬기(中), 양축회전익 수송헬기(右)

3. 헬기의 명칭은 어떻게 부여하는가?

군용항공기는 각국마다 독특한 명명법을 가지고 있으나, 여기에서는 일반적으로 많이 사용되고 있는 미국식과 러시아식을 위주로 설명한다.

가. 미국식 군용항공기 명명법

미군은 1962년 군용항공기의 경우 고유명칭을 사용한 통합명명법을 만들어 오늘에 이르고 있으며, 알파벳 문자와 숫자의 조합으로 구성되어 있다.

개량임무부호	기본임무부호
A(Attack): 공격, C(Cargo): 수송 H(Search & Rescue): 탐색 및 구조 O(Observation): 관측 R(Reconnaissance): 정찰 U(Utility): 다용도	A(Attack):공격기, B(Bomber):폭격기 C(Cargo/Transport):수송기 F(Fighter):전투기, H(Helicopter):헬기 O(Observation): 관측기 U(Utility): 다용기

•알파벳-알파벳-숫자-알파벳

맨 앞의 알파벳은 개량임무부호, 두 번째 알파벳은 기본임무부호, 숫자는 헬기가 개발된 순번, 마지막 알파벳은 그 헬기가 개량된 순번을 나타낸다. 예를 들면, AH-64D는 공격용헬기로서 64번째 개발되었으며, "D"는 AH-64헬기중 4번째 개량형을 의미한다.

나. 러시아식 군용항공기 명명법

러시아의 군용항공기 명명법은 구 소련과 동일하게 사용해 오고 있으며, 항공기를 설계한 설계국의 업적을 추앙하기 위해 항공기 명칭에 설계국의 이름을 사용하고 있다.

●알파벳–숫자–알파벳

맨 앞의 알파벳은 설계국 이름의 두문자(頭文字), 숫자는 일련번호(홀수: 전투기, 짝수: 폭격기), 마지막 알파벳은 개량부호를 나타낸다. 예를 들면, KA-52는 카모프(KAmov)에서 설계한 항공기로서 52번째 개발되었으며, 최초 개발후 개량된 적이 없었음을 의미한다.

다. 기 타

500MD는 1961년 개발된 OH-6A 군용관측헬기에 대해 헬기의 소음을 감소시킬 수 있는 연구결과를 적용하여 성능개량된 상업용 헬기를 1972년 500C라고 명명하였으며, 그 후 엔진의 성능을 향상시킨 헬기를 상업용(500D)과 군사용(500MD)으로 명명하였다. 따라서 500MD는 예외적인 명명법으로서 "M"은 군사용(Military)를 의미하여, "D"는 4번째 개량형을 나타낸다.

또한 BO-105도 독일로부터 기술도입 생산한 정찰헬기로서 예외적인 명명법을 사용하고 있다. 문자 "BO"는 헬기에서 채용하고 있는 메인로터 형태로서 힌지로터를 의미하는 BOlkow를 나타내고, “105”는 제작사의 개발 일련번호를 표시한다.

II. 제원 및 특성

1. UH-60

제작사: 시콜스키(미)
가격: 113억원('96)

임무형태	기동헬기	승무원/탑승인원	3/11명
최소중량	11,284LB	운항중량	16,994LB
최대속도	184MPH	항속거리	864마일
엔 진	2×GET700-GE701C		
무 장	7.62mm 기관총 2정		

※ 제원 참고: Aircraft Jane's 연감('01-'02)

2. BO-105

제작사: 유로콥터(독)
가격: 103억('01)

임무형태	정찰헬기	승무원/탑승인원	1/4명
최소중량	3,152LB	운항중량	5,732LB
최대속도	180MPH	항속거리	526마일
엔 진	2×AⅡ250-C28L		
무 장	12.7mm 기관총, 2.75" 로켓		

※ 제원 참고: Aircraft Jane's 연감 ('01-'02)

3. AH-1S

제작사: 벨(미)
가격: 65억('88)

임무형태	공격헬기	승무원/ 탑승인원	2/0명
최소중량	6,598LB	운항중량	10,000LB
최대속도	195MPH	항속거리	380마일
엔 진	1×ASET53-L-703		
무 장	2.75" 로켓, 20mm포, 토우 미사일		

※ 제원 참고: Aircraft Jane's 연감('01-'02)

4. AH-64D

제작사: 보잉(미)
가격: 340억('01)

임무형태	공격헬기	승무원/ 탑승인원	2/0명
최소중량	11,800LB	운항중량	22,283LB
최대속도	226MPH	항속거리	290마일
엔 진	2×GET700-GE701		
무 장	2.75" 로켓, 30mm포, 헬파이어 미사일		

※ 제원 참고: Aircraft Jane's 연감('01-'02)

5. RAH-66

제작사: 보잉/시콜스키(미)
가격: – (개발중)

임무형태	공격헬기	승무원/ 탑승인원	2/0명
최소중량	8,690LB	운항중량	10,597LB
최대속도	175MPH	항속거리	1,260마일
엔 진	2×LHTEC–T800–801		
무 장	2.75" 로켓, 20mm포, 헬파이어 미사일		

※ 제원 참고: Aircraft Jane's 연감('01–'02)

6. CH-47D

제작사: 보잉(미)
가격: 283억('96)

임무형태	수송헬기	승무원/ 탑승인원	3/33명
최소중량	23,455LB	운항중량	50,000LB
최대속도	187MPH	항속거리	1,455마일
엔 진	2×LHTEC–T800–801		
무 장	7.62mm 기관총 3정		

※ 제원 참고: Aircraft Jane's 연감('01–'02)

제7절 정보무기

I. 전자전

1. 현대전에서 중요성이 부각되고 있는 전자전이란?

걸프전(1991년), 아프카니스탄전(2001년)에서 보듯이 현대전의 전투양상은 실시간 정보처리가 중요한 요소로 부각되면서 정보 및 전자전은 전쟁의 승·패를 좌우하는 필수적인 요소로 등장하게 되었다.

현대전에서 말하는 전자전(EW: Electronic Warfare)은 전자파 사용과 관련된 군사활동을 망라하는 것으로써, [그림 3-114]의 분류와 같이 전자전 지원(ES: Electronic Warfare Support), 전자 공격(EA: Electronic Attack), 그리고 전자보호(EP: Electronic Protect)를 포함하는 전반적인 활동을 의미한다.

[그림 3-113] 전자전 지원(ES) 장비

전자전 지원(ES)은 전장에서 즉각적인 적 위협요소 탐지를 목적으로 적에 의해 방사되는 전자파 에너지를 탐색→ 감청→ 방향탐지→ 식별하여 필요한 정보를 생산하거나, 적 표적에 대한 첩보를 전자공격(EA)에 제공하는 제반활동을 말한다. 여기서 탐색은 감청 및 방향탐지하고자 하는 적 전파의 주파수를 찾는 행위이며, 감청은 통신내용, 전파제원 등을 청취, 녹음 기록하는 행위를 말하고, 방향탐지는 적이 사용하는 전파가 도래하는 방향을 탐지하는 행위를 말한다. 이러한 감청과 방향탐지를 통하여 적의 정확한 정체 및 위치를 식별한다.

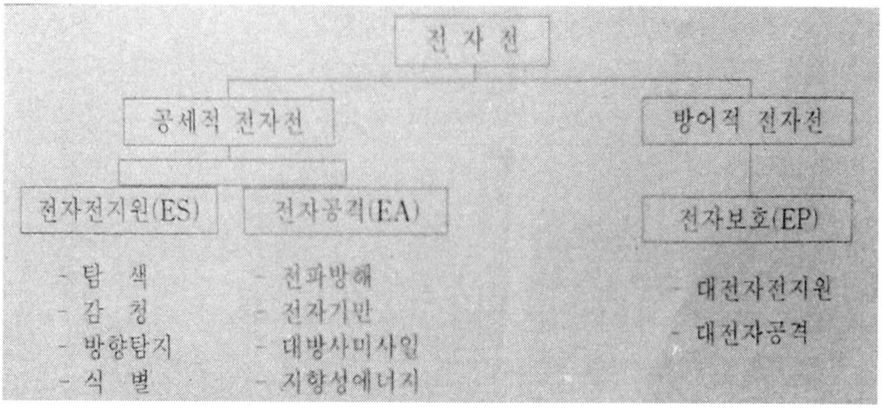

[그림 3-114] 전자전의 분류

전자공격(EA)은 적의 전투능력을 저하 또는 무력화, 파괴시키기 위하여 적의 인원, 장비, 시설에 대하여 전자기 에너지와 지향성 에너지(Directed Energy)를 사용하는 활동으로 전파방해, 전자기만, 대방사미사일, 지향성에너지로 분류된다.

전파방해는 적 통신을 방해하기 위하여 고의적으로 방해 전자파를 직접 또는 변형하여 방사하는 활동을 말하며, **전자기만**은 적이 획득한 첩보가 실재와 상이함에도 그 첩보를 진실인 것으로 믿고 행동하도록 하여 전술적인 과오를 범하게 하거나, 그들의 전자장비를 헛되게 사용하도록 유도하는 활동을 말한다. 그리고 **대방사미사일**은 적의 레이더에서 방사되는 신호를 추적하여 신호원인 레이다를 파괴하는 미사일을 의미하며, **지향성에너지**는 레이저, 입자 빔 등 전자파를 집속하여 표적을 파괴, 무력화, 저하시키는 무기체계를 의미한다. 여기에서 대방사미사일, 직접에너지 등이 EA에 포함되어 전자전은 물리적 파괴 개념을 포함하게 되었다.

전자공격 중 전파방해를 수행할 때에는 아군의 C^4I 체계에 영향을 주지 않도록 협조체제가 구축되어야 한다.

전자보호(EP)는 적의 전자전 위협으로부터 아군의 효과적인 전자파의 사용을 보장하는 활동을 말하며 적의 전자전 지원활동에 대처하는 **대전자전 지원**

과 적의 전자공격 활동으로부터 보호하는 대전자 공격으로 구분한다.

대전자전 지원은 적의 ES활동으로부터 아군의 첩보노출을 방지하기 위한 활동으로, 무선침묵 등을 통해 불필요한 전파의 방사를 통제하는 전자방사 통제와 통신규정 준수, 송신시간단축, 지향성 및 모의 안테나 사용, 최소출력사용 등을 실시하여 적의 도청 가능성을 최소화하기 위한 회피 등이 있다.

[그림 3-116] 주파수도약 무전기

대전자 공격은 적의 EA활동으로부터 아군의 통신전자장비의 사용을 보장하기 위한 활동으로서, 주파수 도약 무전기와 같이 적의 전파방해에 대한 취약성을 제거할 수 있도록 무기체계의 운용방법을 개발하고 장비를 배치하는 기술개발 및 배치 활동과 적의 전파방해시 피해를 받지 않도록 주파수를 변경 사용하는 주파수 통제 방법 등이 있다.

2. 전자전은 어떠한 방법으로 수행되고 있는가?

전자전은 적 전파를 수신하여 적 전파의 제원을 탐지하고 도래 방향을 측정하는 전자전 지원(ES)과 적 통신망을 방해하기 위하여 고의로 전파를 방사하는 전자공격(EA)을 망라하는 제반활동을 말한다. 이러한 전자전을 수행하기 위해서 ES 및 EA 장비와 이 장비들을 조종 통제하는 기술통제분석반(TCAE: Technical Control & Analysis Element)을 운용하고 있다.

전자전 수행과정은 먼저 적 통신소에 대해, ES 기지에서 적의 통신활동을 탐색 및 감청하고 적 통신 활동장소에 대해 방향 탐지를 실시한 후, 감청 및 방향 탐지 결과를 유 · 무선 전송망을 통해 TCAE로 전송한다. TCAE는 ES기지로부터 보고된 방향탐지 결과를 활용하여 적 통신활동 위치를 탐지하고, 감청자료들을 분석 및 평가하여 적의 정체를 식별한다. 위치 탐지 경우 중앙의 ES 장비에서 타 ES 장비의 방향탐지 결과를 종합하여 위치를 탐지한 후 TCAE로 전송하는 경우도 있다. 감청자료 중 중요 첩보에 대해서는 정보종합실에 보고하여, 타 수집수단에서 수집된 첩보와 비교 평가하는 정보융합 과정을 통해 정보가 생산된다.

또한 TCAE는 전자전반에서 작전수행을 위해 지시한 전파방해 항목과 ES 기지에서 수집한 감청자료를 평가하여 전파방해 대상을 결정한 후, EA기지로 적 통신에 대한 전파방해를 지시한다. 자동 전송망이 설치되어 있을 경우,TCAE에서 EA장비를 원거리에서 직접 통제하여 전파방해를 할 수도 있다.

EA기지에서는 TCAE의 지시에 의거적 통신의 활동여부를 확인한 후, 적 통신소를 향하여 전파방해를 실시하고, 이후 전자공격 수행결과를 TCAE를 통해 정보상황실 및 전자전반에 보고한다.

전파방해시 아군에 대한 피해를 방지하기 위하여 전자전반-TCAE-EA기지간에 전파방해 중지를 요청할 수 있는 통신망이 구성되어 있어야 한다.

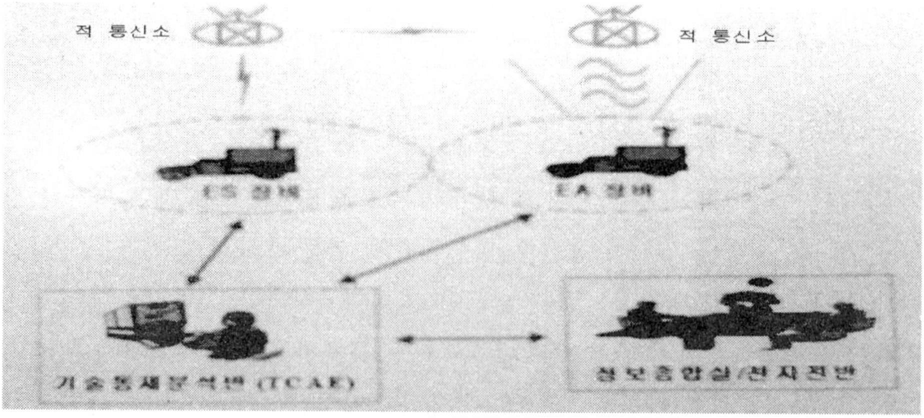

[그림 3-117] 전자전 수행과정 (사단급)

3. 감청/방향 탐지를 실시하기 위해서 ES 장비는 어떻게 구성되는가?

전자전 지원(ES)활동은 적이 방사한 전자파를 탐색하여 감청하고 이 전자파를 통해 적의 위치를 탐지하는 제반활동을 말한다.

위와 같은 기능을 수행하기 위해서는 우선 적의 전파를 수신할 수 있는 안테나와 수신기 그리고 방사된 전파의 방향을 탐지하기 위한 방향탐지기가 필요하며, 감청 및 방향 탐지 결과를 TCAE 및 타 ES 기지로 전송할 수 있는 전송체계가 있어야한다.

안테나는 각 주파수 대역별로 대역에 맞는 안테나를 설치 운용한다. [그림 3-118]에서 원형의 안테나의 HF 대역의 주파수를 수신하기 위한 안테나이며, 수직으로 된 안테나는 V/UHF 대역을 수신하기 위한 안테나이다. [그림 3-118]의 경우는 각 안테나를 통해 신호의 수신과 방향탐지를 동시에 수행하지만, 수신용 안테나와 방향탐지용 안테나를 별도로 운용하는 경우도 있다.

수신기는 감청용과 탐색용으로 분리되며, 감청용 수신기는 안테나에서 수집된 전파를 사용자가 직접 들을 수 있도록 음성으로 변환시켜 적의 통화내용을 감청하는 기능을 수행하며, 탐색용 수신기는 감청과 동시에 다른 주파수 대역에서 활동하는 적을 탐색하는 기능을 수행한다. 탐색용 수신기는 '얼마나 넓은 대역을 얼마나 빠른 시간에 탐색할 수 있는가'에 따라 장비의 성능이 결정되므로 이를 좌우할 수 있는 수신모듈의 고속 처리능력이 매우 중요하다. 또한 탐색시 주파수를 일정 대역별로 나누어서 탐색할 수 있는 기능, 기존에 적이 활동하였던 주파수를 기억하는 기능 등도 적 통신에 대한 감청율을 향상시키기 위하여 필요하다.

방향탐지처리기는 방향탐지 원리를 구현한 장치로서 방향탐지 안테나와 연계하여, 적 신호원의 방향을 탐지하는 기능을 수행한다.

전송체계는 ES 기지에서 수집된 감청자료나 방향탐지 결과를 유·무선을 통해 TCAE나 인접 ES기지로 전송하는 체계이다. 무선전송시는 데이터 보안을 위한 보안장비와 연동하여 운용이 가능하다. 전송체계로는 전화나 무전기를 통해서도 가능하지만 자동전송체계를 구축함으로써 적의 통신활동을 신속히 인접부대에 통보할 수 있어 비록 적의 통신시간이 짧을지라도 인접기지에서도 방향탐지가 가능하다.

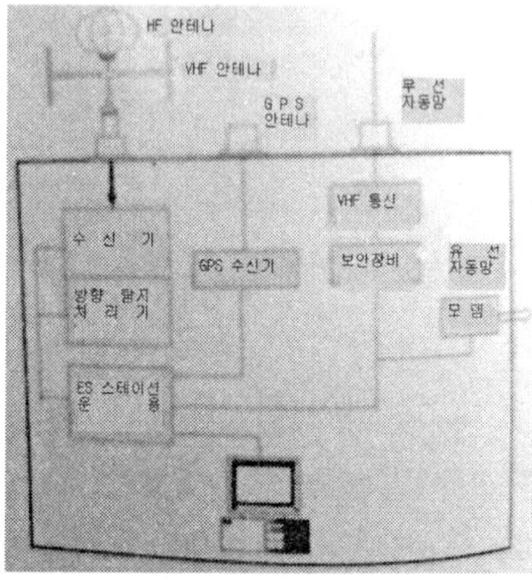

[그림 3-118] 전자원 지원 장비 구성도

II. 레이더

1. 레이더란 무엇이며 어떻게 분류되는가?

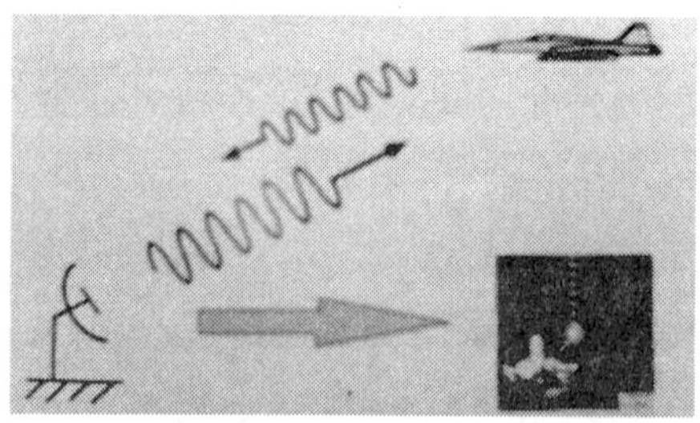

[그림 3-119] 레이더 작동원리

레이더(RADAR: RAdio Detection And Ranging)란 [그림 3-119]와 같이 전자기파를 방사후 표적으로부터 반사된 신호를 수신하여 표적의 존재유무를 탐지하고 표적위치와 이동속도 등의 정보를 추출하는 장비로서, 적의 대공 침투를 경고하고 아군의 대공무기를 통제하기 위해 개발되었다.

초기에는 적 항공기 탐지 등의 군사적 용도로만 사용되었으나, 현재는 비행기의 항법, 해상에서의 탐색 및 구조, 조기경보, 사격거리 내에 들어올 표적에 대한 화력제어, 미사일 유도, 피아식별, 지형영상 획득 등 다양한 분야에 이용되고 있다.

레이더는 용도에 따라 탐지, 추적, 다기능, 영상, 피아식별 레이더 등으로 분류되며, 특성에 따라 지속파(CW: Continuous Wave)레이더, 펄스레이더, 펄스도플러 레이더로 분류된다.

탐지레이더는 표적을 탐지하고 표적에 대한 거리, 방위각, 속도를 측정하는 레이더로서 천마 탐지레이더, 해안감시레이더(GPS-98K), 지상감시레이더(RASIT) 등이 있다.

GTS-98K RASIT

[그림 3-120] 탐지레이더

추적레이더는 탐지된 표적 중에서 하나 이상의 표적을 지속적으로 추적하는 레이더로서 천마 추적레이더 등이 있다.

[그림 3-121] 천마 탐지 및 추적레이더

다기능레이더는 1대의 레이더가 탐지, 확인, 추적 등의 기능을 동시에 수행하는 레이더로서 대포병 탐지레이더(AN/TPQ-36/37) 등이 있다.

[그림 3-122] AN/TPQ-36

영상레이더(Imaging Radar)는 항공기, 인공위성 등에 탑재되어 표적(또는 고정설치시 이동표적)의 수신신호를 합성하여 영상으로 제작하고 관심 있는 표적(영상 속의 건물 등)을 식별하는 레이더로서 합성개구면레이더(SAR: Synthetic Aperture Radar)라 부르기도 한다. 대표적인 영상레이더로는 위성탑재용 SEASAT[1]이 있다.

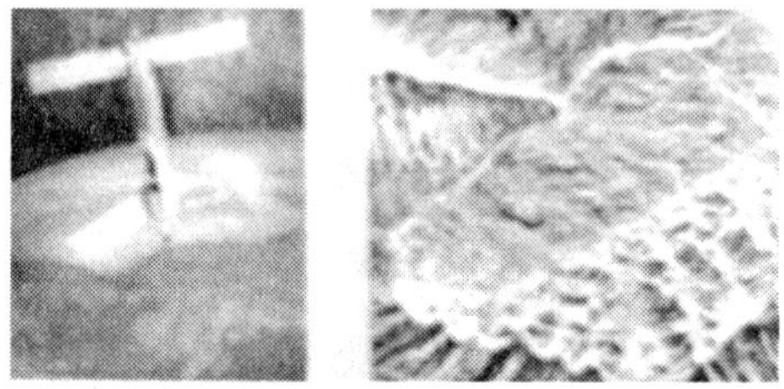

[그림 3-123] 영상레이더 SEASAT 및 영상

피아식별레이더(IFF: Identification of Friend or Foe)는 탐지된 표적이 적인지 아군인지 식별하기 위한 레이더로서 사전에 약속한 암호화된 질문과 응답으로 식별하며 보통 피아식별장비라 부르고 MODE-4 등이 있다.

특성에 따른 분류로써, 지속파레이더는 전자기파를 송신안테나에서 지속적으로 방사하고 표적의 반사파를 수신안테나에서 수신하여 이동표적에서 발생한 주파수 변화(도플러 주파수)를 탐지함으로써 표적의 이동속도를 측정하는 레이더로서 대공유도탄인 Hawk의 tracker-illuminator 레이더가 있다.

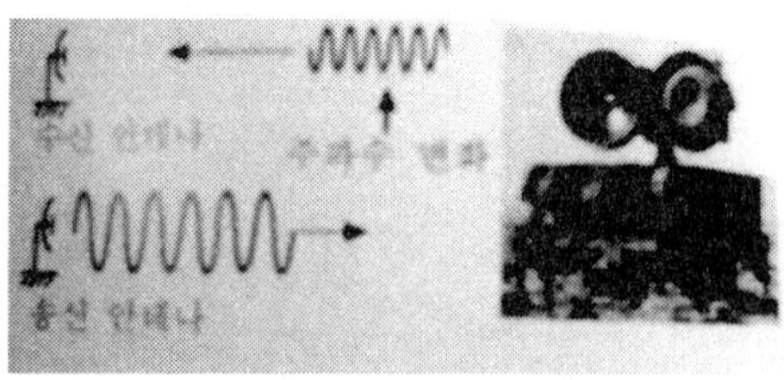

[그림 3-124] 지속파레이더

이 레이더는 저출력 송신기를 사용하여 상대적으로 움직이는 표적을 구분하는데 유리하나 송수신 안테나를 2개 사용해야 되는 단점이 있다.

1) SEASAT: SEA(바다)와 SATellite(위성)의 복합어로 해양의 자료를 수집하는 자원 탐사 인공위성

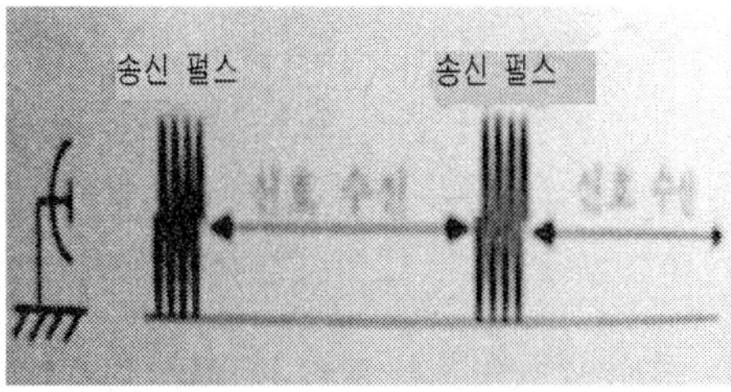

[그림 3-125] 펄스레이더

펄스레이더는 송신시에 펄스형태의 전자기파를 사용하며 표적으로부터의 반사신호를 수신하여 표적의 거리 및 방위각 정보를 추출하는 레이더로서 일반적인 레이더에 널리 이용되고 있다. 이 레이더는 신호를 간헐적으로 보내므로 송신기 출력을 증가시켜야 하지만 1개의 안테나로 운용이 가능하다는 장점이 있다.

펄스 도플러 레이더는 펄스레이더와 지속파레이더의 도플러효과를 합한 레이더로서 표적의 거리/방위각 및 이동속도를 측정하는 레이더이며 지상감시 레이더 등이 있다. 이 레이더는 펄스레이더의 장점 외에 도플러효과를 이용하여 이동속도를 측정함으로써 정밀도를 향상시킬 수 있다는 장점이 있다.

2. 레이더는 어떻게 작동하는가?

레이더는 전자기파를 송수신하여 표적을 탐지하는 장비로서, [그림 3-126]과 같이 송신기, 안테나, 수신기, 신호처리기, 운용자 콘솔(전시기) 등의 구성품이 있으며 각 구성품간의 신호흐름은 [그림 3-127]과 같다.

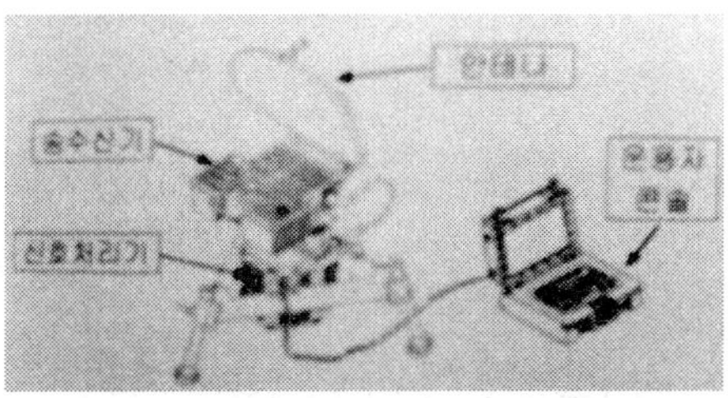

[그림 3-126] 레이더의 주요 구성품

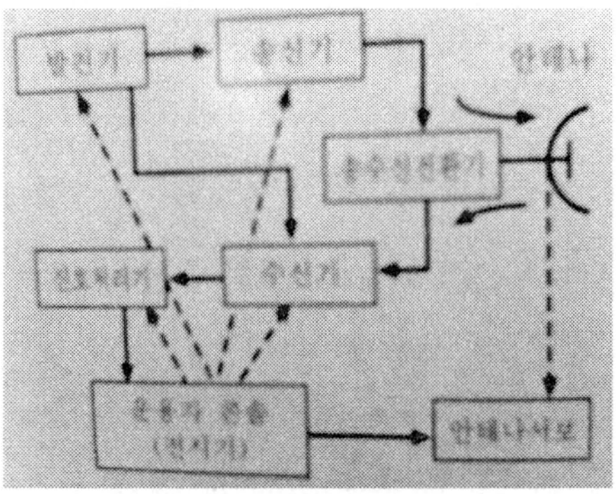

[그림 3-127] 레이더 구성품간 신호흐름

여기에서 발진기, 송신기, 안테나를 통해 방사된 전자기파는 표적에 반사되어 안테나로 수신된다. 이 반사신호는 표적의 크기와 관련된 신호강도, 표적의 거리와 관련된 도착시간, 표적의 이동속도와 관련된 도플러 주파수 변화를 포함하고 있고, 신호처리기에서는 이를 처리하여 표적의 위치와 이동속도를 측정한다.

운용자 콘솔은 표적신호를 전시기에 표시하며, 각 구성품을 제어한다.

여기서는 펄스레이더를 예로 들어 각 구성품별 기능을 설명한다.

가. 발진기(Exciter) 및 송신기(Transmitter)

발진기는 안정적인 저출력 주파수 신호를 [그림 3-128] 좌측과 같이 지속적으로 발생시킨다. 그리고, 송신기는 발진기에서 전달되어온 입력신호를 펄스형태로 만들면서 레이더가 요구하는 높은 출력으로 증폭시킨다.

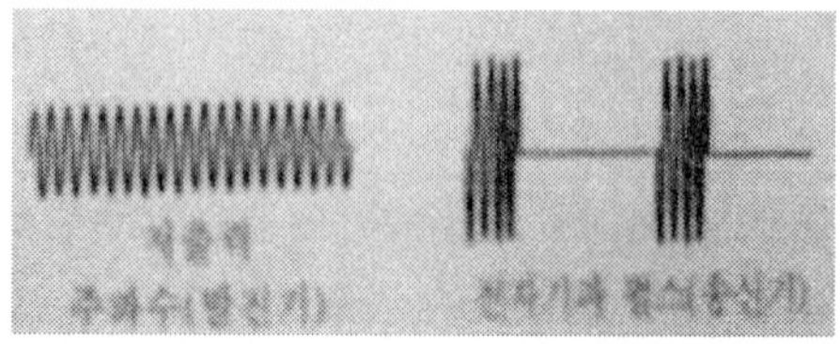

[그림 3-128] 발진기 및 송신기 파형

송신기에서 증폭된 전자기파는 수~수십GHz의 마이크로파 대역의 주파수를 사용하므로 파이프 모양의 도파관(Waveguide)을 통하여 안테나로 전달된다.

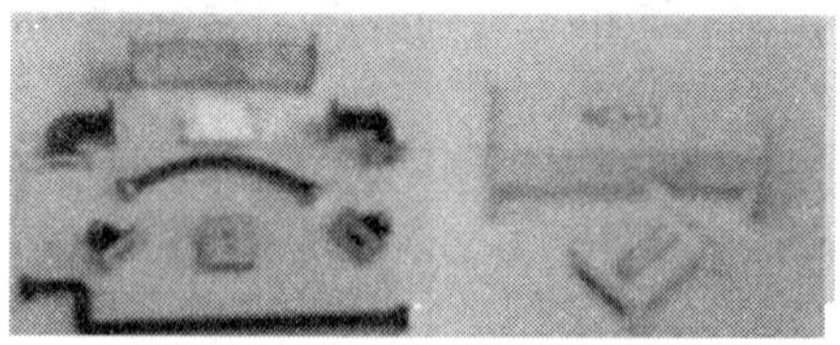

[그림 3-129] 도파관

나. 송수신전환기(Duplexer)

송수신전환기는 안테나를 송수신 겸용으로 사용할 수 있게 하는 장치로서, [그림 3-130]과 같이 전자기파를 송수신시 한 방향으로만 진행시키고 반대방향으로는 진행하지 못하도록

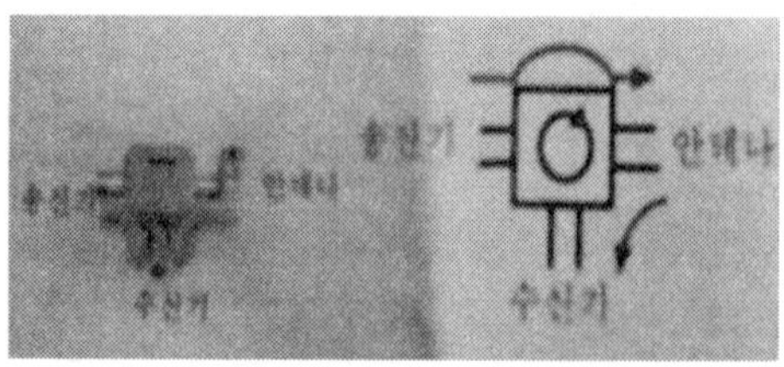

[그림 3-130] 송수신전환기

한다. 즉, 송신간에는 전자기파를 안테나 방향으로만 나가도록 하고, 수신간에는 수신기 방향으로만 들어가도록 한다.

다. 안테나(Antenna)

안테나는 송수신전환기를 거쳐온 전자기파를 원하는 방향의 공중으로 방사하고 표적에서 반사된 신호를 수신하는 장치로, 일반적으로 급전혼(feed horn)과 반사판으로 구성된다.

표적으로 방사된 전자기파는 표적에서 반사되어 다시 안테나 반사판을 거쳐 급전혼으로 수신되며, 송수신전환기를 통해 수신기로 전달된다.

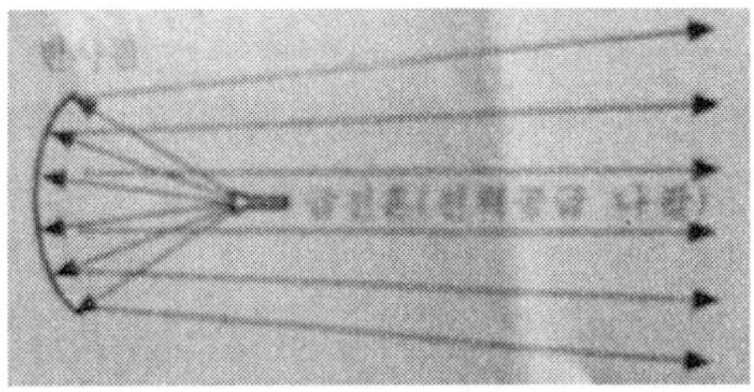

[그림 3-131] 안테나

라. 수신기

수신기는 안테나로부터 받은 미약한 수신신호를 증폭하고 신호처리가 용이하도록 고주파를 저주파로 변환시킨 후 신호처리기로 보내주는 부분으로서, 일정세기 이상의 강한 신호가 들어올시 손상될 수 있으므로 이를 방지하기 위해 수신기 보호장치가 설치된다.

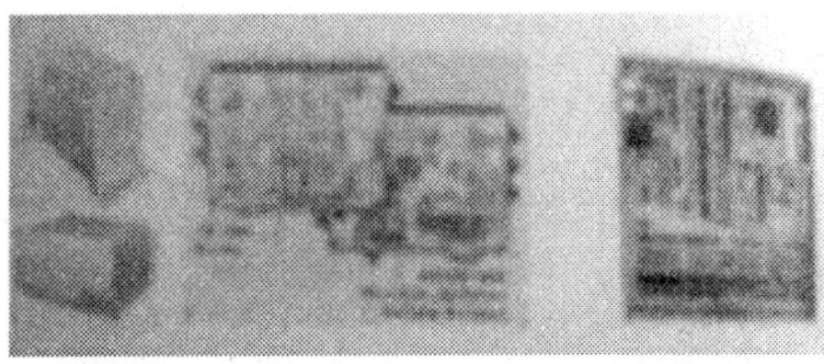

[그림 3-132] 수신기 및 신호처리기

마. 신호처리기

신호처리기는 수신기로부터 전달된 수신신호를 분석하여 표적신호로 전환하도록 처리하는 장치로서, 표적신호를 탐지하게 되면 표적까지의 거리와 이동속도 등을 계산한다.

바. 운용자 콘솔(전시기)

운용자 콘솔은 운용자가 요구한 제어상태를 감시하고 시스템의 모든 구성요소를 제어하며 탐지한 표적에 대한 정보를 운용자에게 보여주는 장치이다. 필요시 바탕화면에 디지털 지도를 전시할 수도 있다.

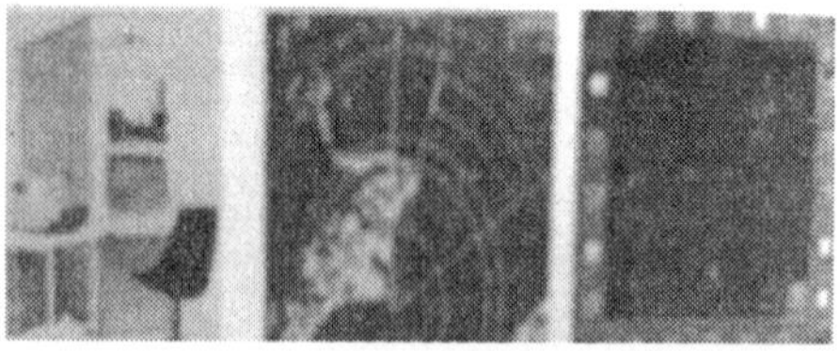

[그림 3-133] 운용자 콘솔 및 전시기

사. 안테나 서보장치(antenna servo)

안테나 서보장치는 안테나의 방향을 운용자가 요구하는 방향 즉, 표적방향으로 회전시키는 장치이다. 안테나 방향은 운용자 콘솔에서 운용자에 의해 제어되는데, 안테나 방향과 송신기, 수신기, 전시기간의 제어신호 동기를 맞춤으로써 이루어진다.

3. 레이더 안테나에는 어떤 종류가 있는가?

레이더는 안테나를 통해서 전자기파를 방사하고 표적으로부터 반사된 신호를 수신함으로써 표적을 탐지하므로 송수신 역할을 하는 안테나는 레이더에서 매우 중요하다.

안테나는 여러 종류가 있지만, 레이더에서 주로 사용되는 안테나에는 파라볼릭 반사판 안테나(parabolic reflector antenna)와 배열 안테나(array antenna) 등이 있다.

파라볼릭 반사판 안테나는 반사판 곡면 형태가 포물선 모양을 하고 있는 것으로 보통 파라볼릭 안테나라 한다.

전자기파는 [그림 3-135]와 같이 급전혼으로부터 나와 반사판을 경유하여 방사되며 전자기파를 쉽게 지향(한 곳에 집속시킴) 시킬 수 있어 레이더와 같은 장비에 많이 사용된다(지향된 전자기파를 '빔'이라 부름).

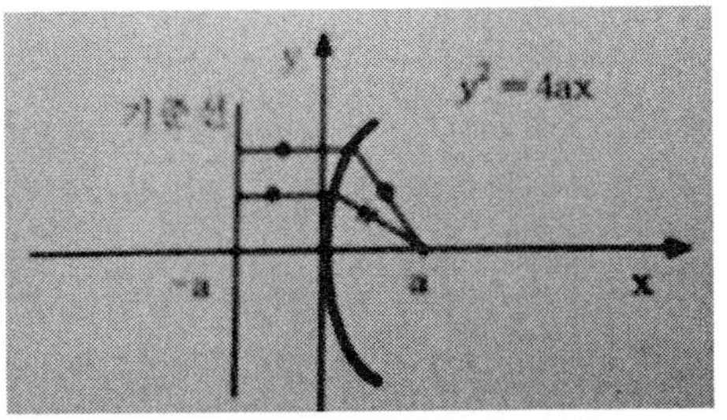

[그림 3-134] 포물선 방정식

파라볼릭 안테나는 급전혼 및 반사판 위치에 따라 여러 가지로 구분될 수 있으나 보통 [그림 3-135]와 같이 급전혼이 중앙에 위치한 일반적인 파라볼릭 안테나와 [그림 3-136]과 같이 급전혼이 반사판 아래에 위치토록 응용한 오프셋(offset) 안테나 등이 사용되고 있다.

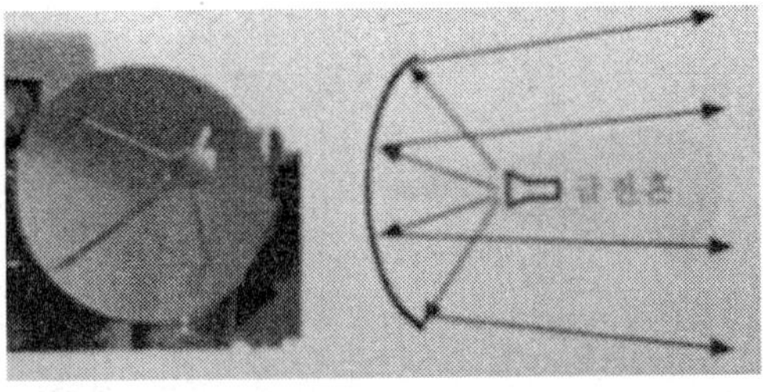

[그림 3-135] 파라볼릭 안테나(중앙급전)

파라볼릭 안테나(중앙급전)는 빔 지향이 용이하고 방향제어가 쉬워 고속표적 추적에 주로 적용되며 천마 추적레이더 등에 사용되고 있다.

오프셋 파라볼릭 안테나는 파라볼릭 안테나(중앙급전)의 경우 전자파가 반사판 중앙에서는 방사가 되지 않는다는 단점을 보완한 것으로, 지상감시레이더에 사용되고 있다.

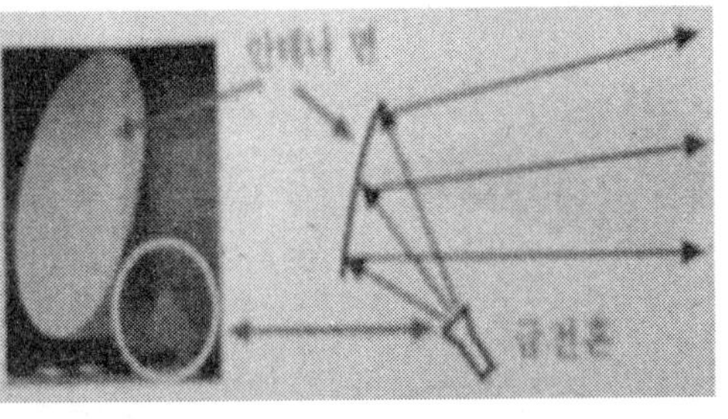

[그림 3-136] 오프셋 파라볼릭 안테나

파라볼릭 안테나로 표적을 지속적으로 탐지하려면 표적을 파라볼릭 안테나 빔 내에 있게 하여야 하는데, 항공기처럼 높은 고도에서 빠르게 이동하는 경우는 안테나 빔폭을 쉽게 벗어날 수 있다. 이런 문제점을 해결하기 위한 방법중의 하나로 [그림 3-137]과 같이 파라볼릭 안테나 아래부분을 안쪽으로 휘게 하여 빔을 넓히는 방법이 있다.

이렇게 하여 얻어진 빔은 코세컨트($1/\sin^2\Theta$) 함수 곡선형태를 가지므로 코세컨트 자승(cosecant square) 안테나라 하며 저고도 탐지레이더(TPS-830K)에 사용되고 있다.

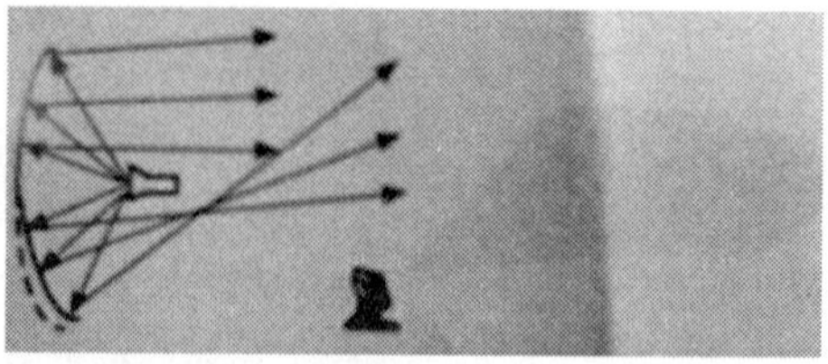

[그림 3-137] 코센컨트 자승 안테나 및 빔 형태

배열 안테나는 여러 개의 안테나를 선형(linear) 또는 평면(plane) 상에 배열한 것이다.

[그림 3-138] 선형 및 평면배열 안테나

선형배열 안테나는 긴 도파관에 직사각형 홈(solt)을 파낸 것으로, 각 홈이 안테나가 되며 슬롯 배열 안테나라 한다.

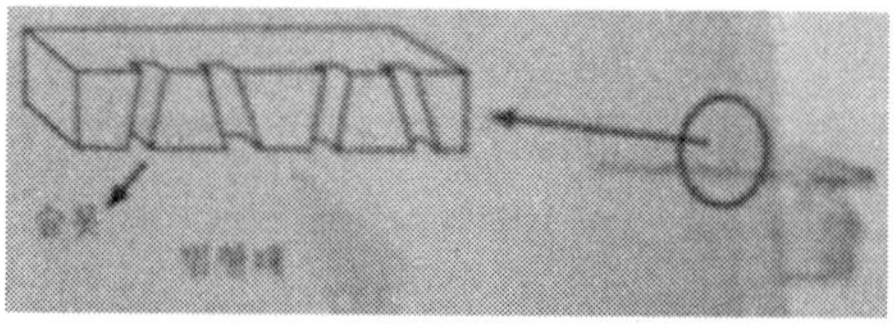

[그림 3-139] 선형 배열 안테나

안테나 빔형태는 각 슬롯에서 방사되는 전자기파가 동일 위상일 경우 [그림 3-139]와 같이 고정되며 빔방향은 안테나를 회전시켜 변화를 주어야하며 해안감시레이더(GPS-98K) 및 선박용 레이더 등에 사용되고 있다.

또한, 전자기파는 각 슬롯에 임의의위상(동위상 또는 가변위상)이 주어지면 호이겐스의 원리에 의해 새로운 파면을 형성하므로, 각 슬롯의 위상차이 변화로써 회전시키지 않고도 빔방향을 변화시킬 수도 있다.

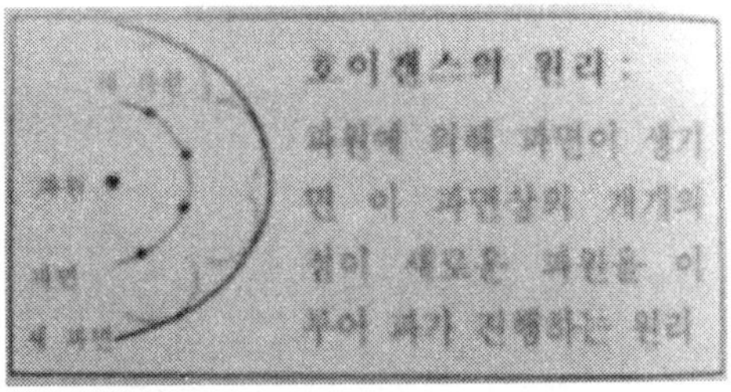

[그림 3-140] 호이겐스의 원리

예로, [그림 3-141]과 같이 슬롯의 각 홈에 위상차이를 주어 전자기파를 방사할 경우 선형배열 슬롯의 길이(d)와 위상차이로 발생한 거리차이(⊿d = d×sin Θ)는 새로운 파면을 형성시켜 빔의 방향을 변화시키며, 빔의 세기는 개개의 안테나(슬롯)에서 방사된 빔의 벡터합인 합성빔의 길이가 되고 지향방향은 합성빔의 위상(φ)이 된다.

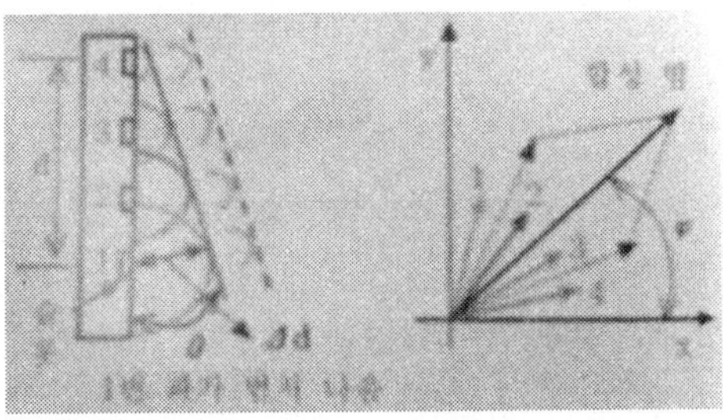

[그림 3-141] 배열 안테나 빔 방향 전환 및 세기

평면배열 안테나는 개개의 안테나에 위상차이를 주는 선형배열 안테나를 평면상에 배열한 것으로 위상배열 안테나라 한다. 이 레이더는 평면상의 배열을 구분하므로써 빔을 나누어 방사할 수도 있어 탐지, 확인, 추적 등의 기능을 동시에 수행할 수도 있는데, 대포병 탐지레이더(AN/TPQ-36/37) 등에 사용되고 있다.

III. 무인항공기(UAV)

1. UAV란 무엇이며 어떤 용도로 활용되는가?

무인항공기(UAV: Unmaned Aerial Vehicle)란 조종사의 탑승없이 비행작전 수행 능력을 보유한 비행기로서, 정찰 및 특수목적성 무기의 탑재가 가능한 무인 비행체를 말한다. 무인항공기(UAV)는 원거리에서 무선으로 원격 조종되거나, 원거리에서 무선으로 원격 조종되거나, 입력된 프로그램에 따라 조종되는 모든 비행체를 의미하는 반면, 원격조종 무인정찰기(RPV: Remotely Piloted Vehicle)는 통신링크를 통해 원격조종되고 회수가능하나 자율비행을 할 수 없는 UAV로 한정된다. 극히 초보적인 체계를 제외한 대부분의 정찰용 무인항공기 체계는 자율비행이 가능하므로 RPV가 아닌 UAV로 정의할 수 있다.

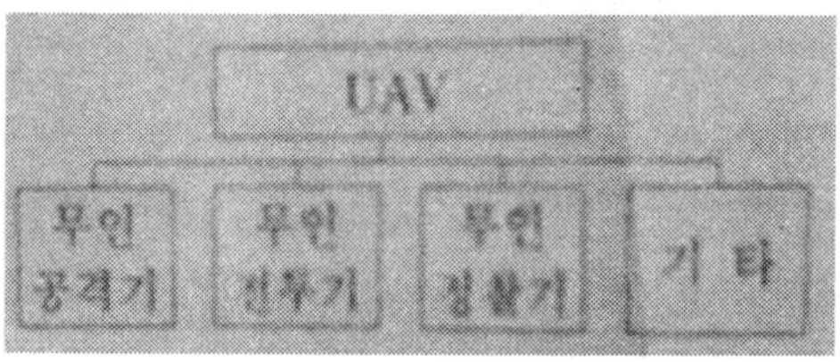

[그림 3-142] UAV 운용목적별 분류

UAV를 운용목적별로 분류하면 [그림 3-142]아 같으며, **무인공격기**는 적 레이더나 전차, 화포 등을 탐지하여 자폭형의 공격 임무를 수행하는 비행체를 의미하며, **무인전투기**는 미사일 등을 무장하여 공대지 또는 공대공 전투 임무를 수행하는 비행체이다. 또한 **무인정찰기**는 적진 깊숙이 침투하여 다양한 정보를 실시간에 수집, 전파하고 필요시 정밀 공격을 유도하는 기능을 수행한다. 기타 통신중계, 기상관측, 화생방 탐지 등에도 활용 가능하다.

무인항공기를 성능에 따라 분류하면 근거리(CR: Close Range), 단거리(SR: Short Range), 중거리(Medium Range) 및 체공형(Endurance)으로 구분할 수 있다.

근거리 무인항공기는 작전반경이 약 50km 이내인 사단 및 군단 전술제대의 작전 및 관심지역에서 활동할 수 있는 무인항공기로서 발사 및 회수가 용이하고, 소수의 운용요원으로 운용이 가능하며, 비교적 운용 유지비가 저렴하다.

단거리 무인항공기는 군단급 제대에서 작전반경 약 150km 범위내에서 운용하며, 합동 및 연합작전 지원이 가능토록 확대된 개념의 무인항공기이다.

중거리 무인항공기는 작전반경 약 650km 범위내에서 운용되며, 근실시간에 고화질의 영상정보를 제공할 수 있으며, 표적지역에 신속히 접근하여 종심지역에서 활동이 가능한 무인항공기이다.

체공형 무인항공기는 전략제대에서 운용하며 작전반경이 약 5,500km까지 운용되며 인공위성을 대신해서 임무수행이 가능하도록 개발되고 있다.

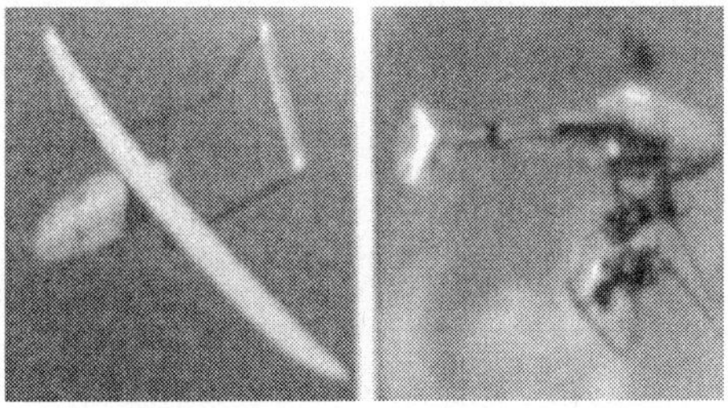

[그림 3-143] 고정익과 회전익

2. 무인항공기는 어떻게 구성되어 있는가?

무인항공기는 [그림 3-144]와 같이 크게 비행체와 임무장비 그리고 통제장비로 구성된다.

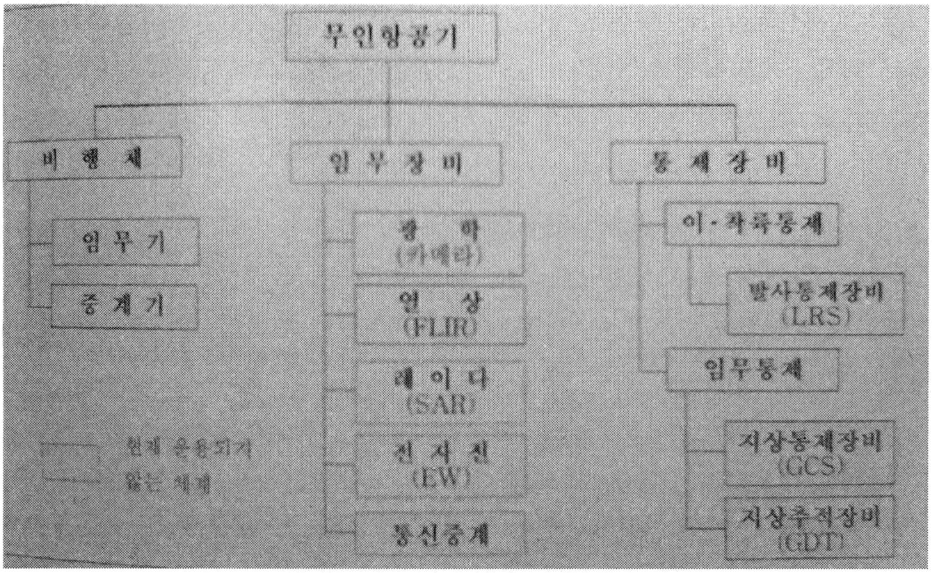

[표 3-144] 무인정찰기의 구성

가. 비행체 체계

비행체는 임무 및 성격에 따라 임무기와 중계기로 구분된다. 임무기는 다양한 임무장비를 장착하여 임무지역 상공에서 영상 및 통신첩보를 수집하는 비행체이며, 크게 비행체의 각 부분에 구동명령을 하달하는 비행조종컴퓨터와 임무장비, 비행에 필요한 통합항법장치, 지상과 통신시 필요한 탑재통신장치 등을 탑재하고 있다. 중계기는 임무장비 대신에 중계장치를 장착하여 지상기지와 임무지역 사이 적절한 상공에서 작전거리 연장(약 100km 이상) 또는 가시선(LOS, Line of Sight)을 확보하기 위하여 운용하는 비행체이다.

나. 임무장비(Payload)

임무장비는 성격에 따라 다양하게 탑재 운용될 수 있다. 현재 운용되는 무인정찰기에는 광학장치와 열상 장치만 사용된다. 광학 장치는 카메라를 이용하여 주간에 운용하고, 열상 장치로는 주·야 동시 운용이 가능한 전방 관측

적외선 장치(FLIR: Forward Looking Infra-Red)가 이용된다. [그림 3-145]는 광학 장치와 열상 장치가 동시 내장된 영상감지장치가 무인정찰기에 장착되어 있는 사진이다.

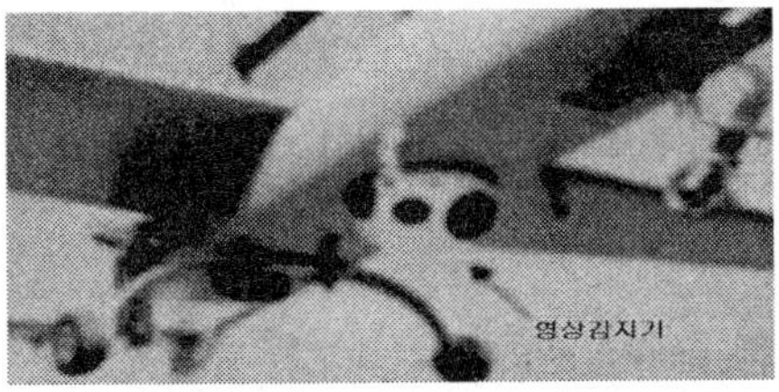

[그림 3-145] 영상감지장치

향후에는 합성개구면 레이더(SAR)로 구름 등의 기상상태에 영향을 받지 않고도 영상을 획득할 수 있을 것이다. 또한 전자전 장치로 적의 통신을 감청, 방향탐지하고 적 통신을 방해하는 전자 공격을 실시 할 수 있을 것이다.

다. 통제장비

통제장비는 무인항공기를 조종 통제하는 체계로서 이·착륙통제와 임무통제로 나뉜다.

이·착륙 통제중 이륙통제는 먼저, **발사통제장비**(LCS: Launch Control Station)의 외부조종사는 비행체를 이륙시키고 지정된 고도로 비행체를 유도한 후 비행체의 통제권을 발사통제장비(LCS) 내부 조종사에게 이양한다. 발사통제장비(LCS) 내부조종사는 비행체를 보다 더 높은 고도로 상승시키고 비행체와 30km이내인 거리에서 지상통제장비 운용자에게 비행체의 통제권을 이양함으로서 완료된다. **착륙통제**는 임무완료 후 착륙지점까지 유도된 비행체를 지상통제장비(GCS)로부터 이양받아 발사통제장비 외부조종사에 의해 비행체를 원하는 착륙지점에 착륙시키므로서 완료된다. 활주로가 준비되지 않는 지역에서는 발사대 및 파라포일(낙하산)을 사용하여 이·착륙을 실시한다.

임무통제는 지상통제장비(GCS: Ground Control Station)와 지상추적장비(GDT: Ground Data Terminal)를 통해 수행한다. **지상통제장비**는 비행체 및 임무장비를 통제 및 조종하며, **지상추적장비**는 지상통제장비와 비행체 또는 지상중계장비까지 통신을 연결한다.

지상중계장비(GRS: Ground Relay Station)는 비행체와 지상추적장비(GDT)간에 가시선이 확보되지 않거나 작전거리 연장이 필요할 때 지상추적장비로부터 최대 30km거리 이내에 설치되어 비행체와 지상추적장비간의 통신을 연결하는 기능을 수행한다. 지상중계장비는 최대 80km 거리까지 이격된 비행체와 통신할 수 있다.

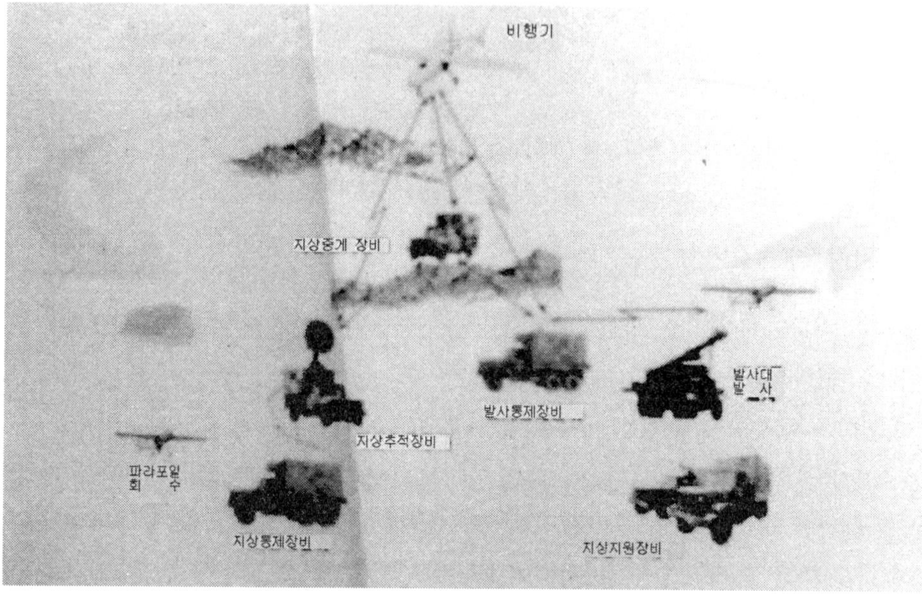

[그림 3-146] 통제체계 임무수행

3. 무인항공기의 비행은 어떻게 조종통제되는가?

무인항공기 비행 방법에는 지상통제장비(GCS)에서 비행체를 지상에서 원격으로 조종하는 **유도비행** 모드와 비행하고자 하는 위치를 사전에 입력하여 비행을 실시하는 **자동비행** 모드가 있다.

이러한 유도/자동비행을 하기 위해서는 [그림 3-147]과 같이 비행체의 자세, 고도, 위치 등의 항법자료를 생산하는 **통합항법장치**(INS: Integrated Navigation System), 이 항법자료들을 기초로 유도/자동조종에 필요한 명령들을 발생하는 **비행조종컴퓨터**(FCC: Flight Control Computer), 비행조종컴퓨터로부터 구동명령을 받아 비행체를 제어하는 방향타, 승강타, 보조날개, 추력조절기 서보모터가 필요하다.

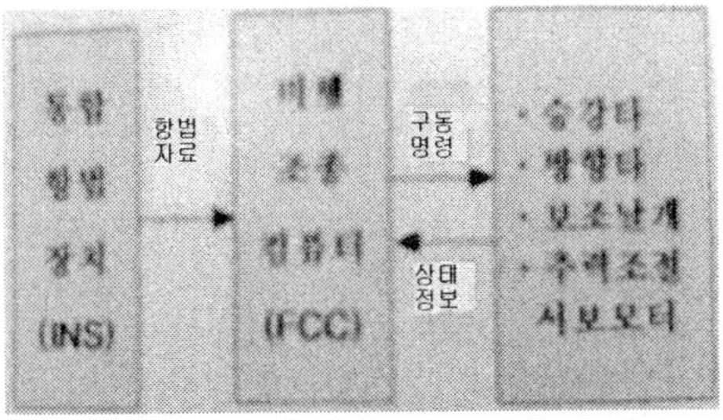

[그림 3-147] 비행체 조종 계통

통합항법장치의 결과물인 항법자료중 위치는 GPS시스템을 이용하며, 비행체자세는 자이로와 가속도계를 이용하여 비행체의 자세 Pitch(상하각), Roll(회전각)을 측정한다. 현재 무인항공기에 운용되고 있는 자이로와 가속도계는 대형항공기에 쓰이는 관성항법장치보다는 낮은 정밀도의 장비가 장착되므로, 자세 측정외 단거리 이동간 위치 계산 등 제한된 용도로 사용된다. 방위각은 동체축에 위치한 자력계에서 측정된 자기력의 변화를 이용하여 측정하며, 피토관에서 측정된 대기자료(Air Data)의 정압 및 동압으로 대기속도(Air Speed) 및 고도(Altitude)를 계산한다.

비행조종컴퓨터는 통합항법장치로부터 받은 항법자료를 이용하여 비행체의 각조종면(방향타, 승강타, 보조날개) 및 추력조절기(throttle)의 서보모터에 구동명령을 하달함으로써 비행체를 제어한다.

[그림 3-148]에 있는 방향타, 승강타, 보조날개는 자동차와 비교하면 조향장치와 유사한 용도이고, 추력조절기는 자동차의 액셀레이터에 해당한다고 할 수 있다. 수직꼬리부분에 있는 방향타는 비행체를 좌우방향으로 전환하게 하고 (Tawing), 수평꼬리부분에 있는 승강타는 비행체를 상하로 움직이게 한다(Pitching). 그리고 보조날개를 이용하여 비행체를 좌우로 기울어지게 한다(Rolling). 추력조절기는 연료량과 공기의 혼합 비율을 조절함으로써 엔진의 추력을 조절한다.

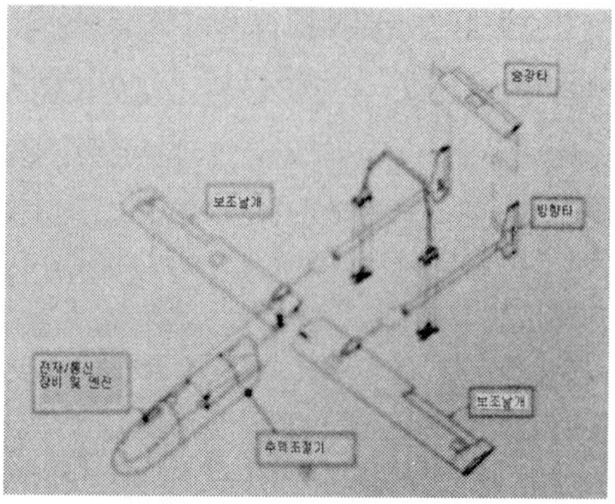

[그림 3-148] 비행체 기체 구조

Ⅳ. 야간감시장비

1. 야간에 물체를 탐지하는 장비에는 어떤 것들이 있는가?

육안으로 물체를 관측하기 곤란한 야간의 어두운 상황에서 쉽게 목표물을 탐지, 식별하귀 위한 목적으로 제작된 장비를 통칭하여 야시장비(Night Vision Device)라 하며 능동형 장비와 수동형 장비로 분류된다.

능동형 야시장비는 감시하고자 하는 표적에 적외선이나 가시광선을 방사하여 그 반사파를 이용하여 사물을 식별하는 장비로 제논탐조등이나 소화기용 야간표적 지시기(PAQ-91K) 등이 있다.

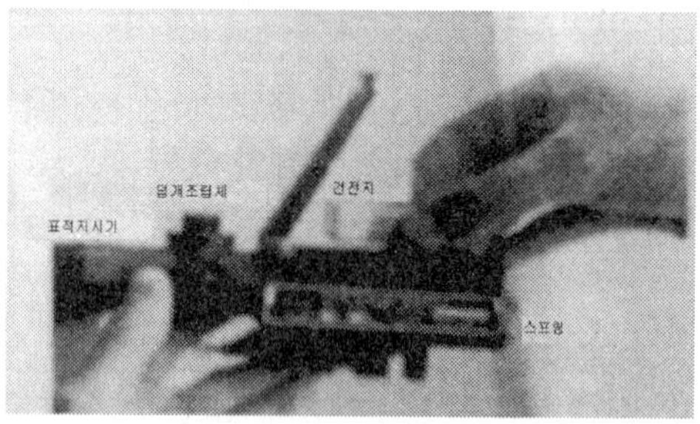

[그림 3-149] PAQ-91K

그러나 능동형 야시장비는 가시광선이나 적외선을 직접 표적에 방사해야 하므로 육안이나 적외선 감지장비에 직접적으로 노출되어 최근에는 점차 사용이 감소하는 추세이다.

수동형 야시장비로는 표적과 배경간의 온도차이를 감지하는 "열 영상형"과 미세한 빛(가시광선)을 증폭하는 "미광증폭형"으로 구분되며 적에게 직접 노출되지 않는 장점이 있다.

열 영상형은 물체에서 방출되는 적외선에너지(열에너지)의 차이를 이용하여 영상화면을 관측하는 것으로 TOD, 전차장/포수용 열상조준경(KCPS, Korea Commanders Panoramic Sight/KGPS, Korea Gunners Primary Sight), 무인항공기의 열상감지장치용 열상모듈, 헬기의 전방관측 적외선장비(FLIR, Forward Looking Infrared) 등이 있다.

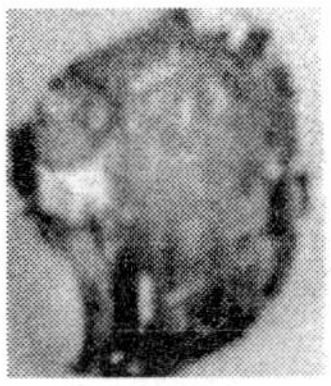

[그림 3-150] 수동형(열 영상형) 야시장비(TOD와 FLIR)

미광증폭형은 달빛이나 별빛과 같은 미세한 반사광선을 감지하여 수 천, 수만 배로 증폭시켜 사물을 관측하는 방법인데, 무월광 등 광량이 아주 미약한 경우에는 탐지거리가 제한된다. 또한 섬광, 조명 등 광량이 매우 많은 전장환경에서는 사용에 자한을 받지만 열상장비에 비해 상대적으로 저전력, 소형화, 경량화 할 수 있다는 장점이 있다.

이러한 미광증폭형 야시장비에는 휴대용 주야간 관측장비(PVS-98K), 야간 투시경(KAN/PVS-7) 등이 있다.

[그림 3-151] 수동형(미광증폭형) 야시장비(PVS-98K와 KAN/PVS-7)

2. 열 영상형 야시장비에서 감지하는 적외선이란 무엇이고 대기투과특성은 어떠한가?

적외선(赤外線, Infrared)이란 우리 눈에는 보이지 않으면서 가시광선의 빨간색보다 파장이 긴 전자기파의 일종으로 약 0.8~1,000㎛의 파장범위를 갖는다.

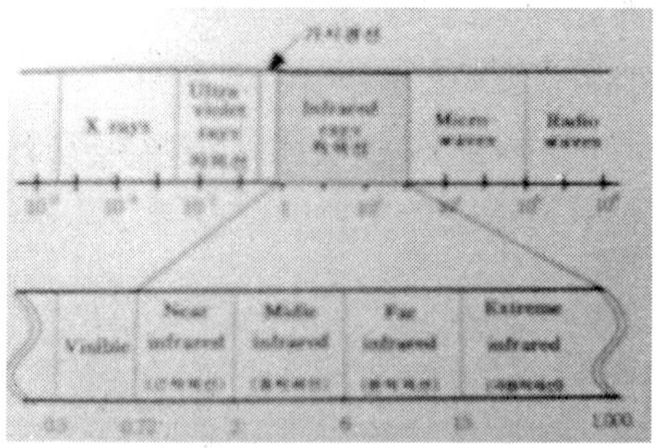

[그림 3-152] 파장에 따른 적외선 영역의 분류

적외선은 일반적으로 [그림 3-152]와 같이 파장에 따라 근, 중, 원, 극원적외선으로 분류되며 이중 일부 대역이나 극원적외선 대역은 사용되지 않는다.

[그림 3-153]은 적외선이 파장대역별로 대기를 투과하는 성질을 나타내는 것으로 일부 특정 파장영역에서 적외선이 전혀 투과되지 못하는 대역이 있다.

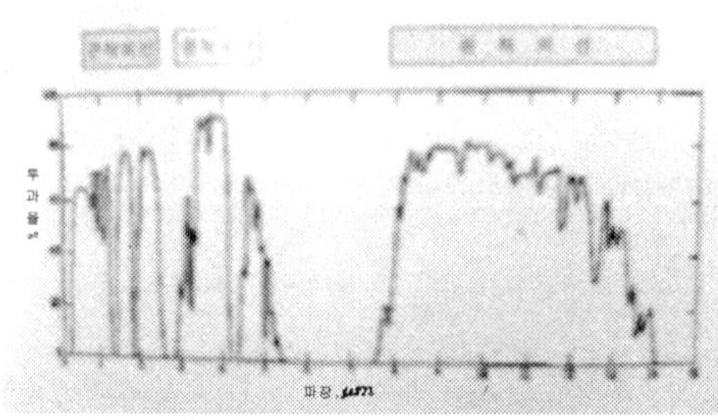

[그림 3-153] 적외선의 대기투과특성(1.8km)

이것은 적외선 일부 파장대역에서 대기 중의 흡수분자(absorbing molecule)에 적외선이 흡수되어 대기를 투과하지 못하기 때문이다.

특히 2.7~2.9㎛대역과 5.5~7.5㎛대역의 적외선은 공기중 다량 함유되어 있는 이산화탄소(CO_2)와 수증기(H_2O)에 대부분 흡수되기 때문에 적외선을 이용한 관측이 상당히 제한되어, 이러한 대역은 군사적으로도 사용이 제한되고 있다.

한편, 고유의 특정온도를 갖는 모든 물체는 [그림 3-154]와 같이 파장대별로 상이한 복사에너지를 방출한다.

일반적으로 상온 300K(27℃) 표적은 대략 10㎛ 파장에서 최대 복사에너지를 방출하며, 물체의 온도가 대략 1,000K(727℃) 되는 항공기 엔진이나 유도탄 등은 3㎛ 파장대에서 최대 복사에너지를 방출한다.

따라서 적 인원 탐지용 또는 항공기 및 유도탄 탐지용으로 개발된 열상장비는 3~5㎛와 8~12㎛ 파장대의 중적외선과 원적외선 영역이 관심 대역이 된다.

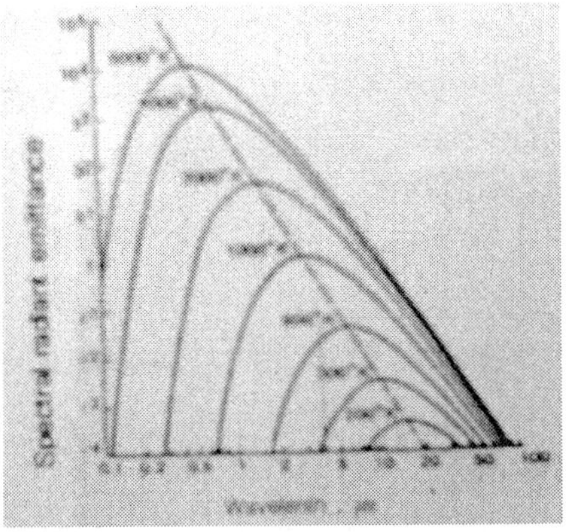

[그림 3-154] 물체의 적외선 복사량(변위량: 온도)

3. 열상장비란 무엇이고 어떻게 구성되는가?

절대영도(0°K = -273.16℃) 이상의 모든 물체에서는 **복사에너지**가 방출된다. 이 에너지는 0°K 이상의 온도를 가진 물체 내부의 원자 및 분자의 진동과 회전에 의해 생성되며 진공, 기체, 액체 및 고체 등의 물리적 전달체를 통해 전파된다. 따라서 이러한 복사에너지를 감지할 수 있는 **열상장비**는 외부로부터 빛의 공급 없이도 가시광선으로 변환시켜 관측이 가능하다.

물체에서 방출되는 복사에너지는 사람의 눈으로는 보이질 않는다. 하지만 열상장비는 물체에서 방출되는 복사에너지(적외선)를 탐지할 수 있으며 그 자료를 2차원 영상이나 흑백사진으로 전환시킬 수 있다. 물체에서 방출되는 적외선의 양에 따라서 사진의 명암도가 뚜렷해지게 되는데, 열이 많이 방출되는 물체는 더 많은 양의 적외선이 감지되어 밝은 색을 띠고 차가운 부분은 어두운 색을 띤다.

열상장비는 표적의 실제 온도를 파악하는 것이 아니라 물체의 다른 부위와 비교되는 온도차이를 감지하는 것이다. 즉, 열상장비의 표적식별은 물체와 배경간 온도차이에 따른 복사에너지 차이를 이용한다. 열상장비의 물체식별 능력은 감지기가 식별할 수 있는 온도차이가 미세할수록 성능(**온도분해능**)이 좋다.

열상장비의 구성은 기본적으로 [그림 3-155]와 같이 시야(FOV: Field of View)내의 표적과 배경이 발산하는 적외선 영역의 에너지를 검출기 표면상에 모아 주는 **적외선 광학계**(infrared optics), 일정 시야 내의 열 에너지를 순차적으로 적외선 검출기 면에 조사시키는 **수평 및 수직주사장치**(scanner), 입사된 적외선 에너지를 감지하여 전기적 신호로 변환시켜주는 **검출기**(detector), 검출기로부터 얻은 전기적 신호를 최적조건으로 증폭, 조정하여 이를 다시 순차적으로 모니터 등의 재현장치에 공급하는 **신호처리기**(electronic processor), 전기신호를 가시광선으로 바꾸어 관측 가능하게 하는 **영상재현장치**(display) 등으로 구성된다.

즉, 열상장비는 적외선을 광학적으로 집속하고 기계적으로 검출기면 상에 주사하며, 전기적으로 변환된 검출기 출력을 심호처리 과정을 통해 다시 가시광선 영상으로 나타나게 하는 장치이다.

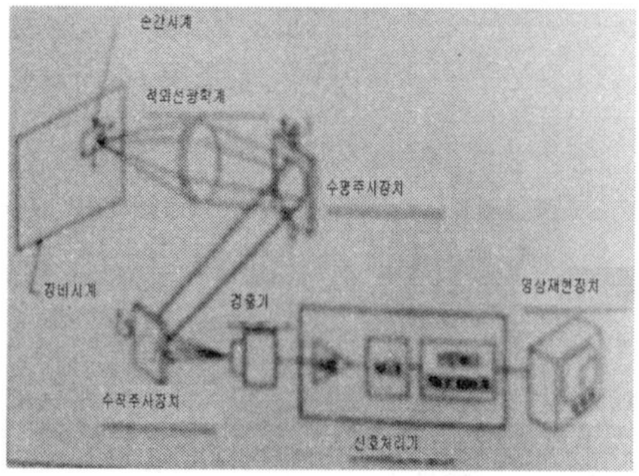

[그림 3-155] 열상관측장비의 기본구성

V. GPS 체계

1. 위치측정시스템에는 어떤 것들이 있는가?

위치측정을 위해 주로 쓰이는 체계로는 인공위성을 이용하는 GPS, GLONASS 체계와 지상의 관제소를 이용한 미국의 Omega, Loran 등의 지상 시스템, 가속도계와 자이로를 조합하여 위치를 결정하는 관성항법시스템(INS: Inertial

Navigation System) 등이 있다.

인공위성을 이용하는 시스템은 지구궤도 상에 떠있는 인공위성을 이용하여 언제 어디서나 위치와 시간을 알려주는 시스템으로 미국의 GPS, 러시아의 GLONASS가 운용 중이며, 유럽의 Galileo가 개발 중에 있다.

GPS(Global Positioning System)는 미 국방성의 주도로 1973년에 개발을 시작하여 1993년에 초기 가동되었으며, 1995년부터 정상적으로 운용되고 있다. 초기계획으로는 총 24개의 위성(21개 운용, 3개 예비)을 배치할 계획이었으나, 2002년 현재, 29개의 위성이 배치되어 어느 지역에서든 항상 4개 이상의 위성으로부터 전파를 수신함으로써 3차원 위치측정이 가능하다.

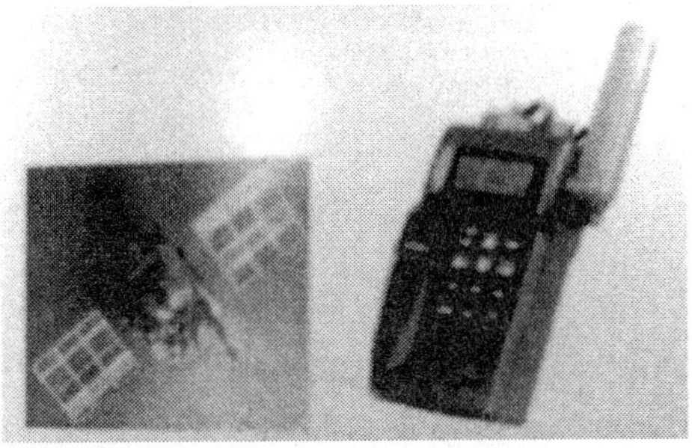

[그림 3-156] GPS위성과 GPS 수신기

러시아에서 운용되는 GLONASS는 GPS와 유사한 위치측정 시스템이며, GPS와 마찬가지로 최초계획으로 24개의 위성(21개 운영, 3개 예비)으로 구성할 계획이었으나, 자국의 경제 불안정 이유로 현재 14개의 위성만 가동 중에 있다.

Galileo는 유럽 ESA(European Space Agency)에서 주도적으로 추진하고 있는 개발 프로젝트로, 2001년에 위성 프로그램개발이 결정되었으며, 2006년까지 시험평가를 마치고 2008년부터 실제 운용될 예정이다. 이 프로젝트는 안정적인 위성신호를 공급받으려는 측면과 국방과 관련된 사항을 미국의 의존으로부터 벗어나 독자적인 체계를 구축하기 위하여 개발되고 있다.

위치측정시스템 중 가장 많이 상용화되어 있는 것은 GPS이며, GPS는 많은 장점을 가지고 있는 반면에 다음과 같은 한계를 가지고 있다. 첫째는 위성 신호를 수신 받기 위해서는 위성과 수신기관에 가시선이 확보되어야만 하는 지형적 제한을 받는다는 점이고, 둘째는 미 국방성이 의도적으로 정밀도를 저하시키는 등의 정책을 실시할 수 있으므로 GPS 사용을 미국에 전적으로 의존할 수밖에 없다는 점이다.

2. GPS체계는 어떻게 구성되는가?

GPS체계는 크게 우주부분(위성군), 제어부분(지상제어국), 사용자부분(수신기) 등의 3부분으로 되어 있다.

우주부분은 위성으로 배치되어 있으며, 현재에는 29개의 위성이 작동하고 있다. 각 위성은 고도 약 20,200km 상공에서 6개의 궤도면을 따라 운행하고 있다. 위성들은 지구상 어느 곳에서나 항상 5개에서 8개의 위성에서 보내는 신호를 받을 수 있도록 배치되어 있다.

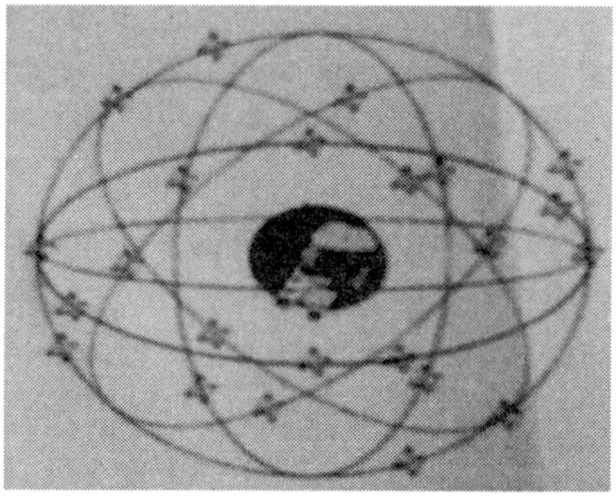

[그림 3-157] GPS 우주부분

위성 내부에는 오차가 10^{-13}~10^{-14}초인 원자시계가 탑재되어 정확한 시간을 유지한다. 또한 지상 사용자에게 전파를 보내는 송신부와 지상제어센타로부터 신호를 수신하는 수신부로 구성된 통신장치가 있다.

제어부분은 주통제소와 감시소 데이터통신소로 구성된다. **감시소**는 모든 GPS 위성으로부터 데이터를 수집하여 각 위성의 위치를 나타내는 궤도정보와 위성에 탑재된 시간 데이터를 평가하고 위성의 항로를 예측하며 이 정보를 주통제소로 보내며, **주통제소**에서는 보정된 위치와 시간데이타를 주기적으로 **데이터송신소**를 통하여 각 위성으로 전송한다. 주통제소는 미국 Colorado Springs의 공군기지에 있으며, 감시소는 전세계 5곳에, 데이터 송신소는 감시소와 함께 전세계에 걸쳐 4곳에 설치되어 있다([그림 3-158]).

사용자 부분은 수신 단말기로서 위성신호를 수신하여 수신기의 위치 및 시간정보를 제공해 준다.

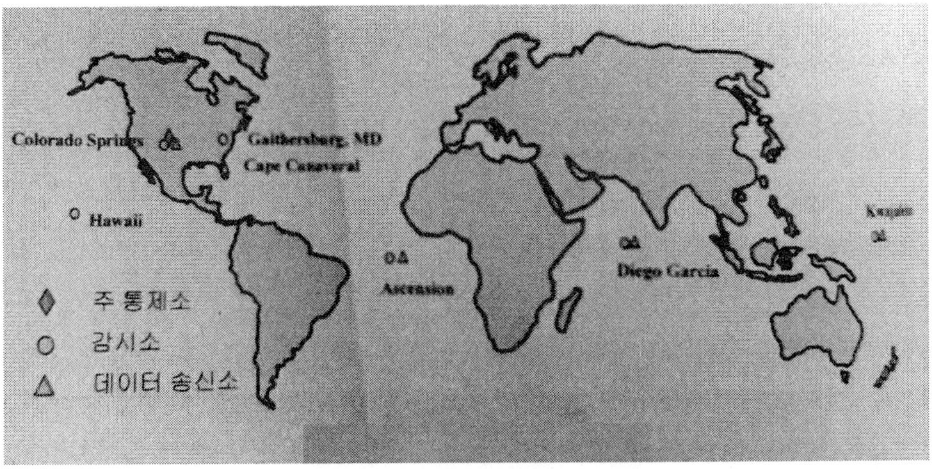

[그림 3-158] 관제(제어) 부분

VI. 제원 및 특성

1. ES / EA

가. ES장비(KA / TSS-2)

제작사: 미 센더슨사('92)
가격: 6.6억

주파수 범위	0.5~500MHz
탐지거리	30~40km
탐지신호형태	AM, FM, CW
□ 4개 주파수 동시감청 가능, VHF: 2개, HF: 2개	

※ 제원 참고: 기술교범 "전파탐지장비KA TSS-2"

나. ES장비(TRC-613L)

제작사: 프랑스 탈레스('00)
가격: 8억

주파수 범위	0.3~500MHz
탐지거리	30~40km
탐지신호형태	AM, FM, CW
ㅁ 위치 식별시 무선 자동망 운용 ㅁ 도약신호 방탐 가능	

※ 제원 참고: 기술교범 "전파탐지장비(TRC-613L)"

다. EA장비(KA / TJS-2)

제작사: 미 센더슨('92)
가격: 7.4억

주파수 범위	2 ~ 150 MHz
방해능력	20 ~ 25km
탐지신호형태	AM, FM, CW
출 력	HF 1Kw, VHF 4Kw
ㅁ 8개 주파수 동시 방해 가능, HF/VHF: 각 4개씩	

※ 제원 참고: 기술교범 "전파방해장비KA TJS-2"

라. EA장비(TRC-274C)

제작사: 프랑스 탈레스('00)
가격: 10억

주파수 범위	20 ~ 500 MHz
탐지신호형태	AM, FM, CW
신호저장	540개
출 력	VHF 1 Kw, UHF 500 W
▫ 6개 주파수 동시 방해 가능 ▫ 도약신호 방해 가능	

※ 제원 참고: 기술교범 "전파방해장비(TRC-274C)"

2. 레 이 더

가. 해안감시레이더(GPS-98K)

제작사: 대우통신(주)('98)
가격: 1.5억('01)

주파수 대역	X-band
최대전시거리	72NM(135km)
안 테 나	형태: 슬롯 배열 안테나 방위각: 1.8° 회전속도: 17±1 rpm
특 성	해면 및 우설 반사파 제거 99개 표적 탐색중 추적

※ 제원 차고: 기술교범 "레이더 세트 GPS-98K"

나. 지상감시레이더(RASIT)

제작사: 탈레스(프)('70)
가격: 3.1억('01)

주파수 대역	X-band
송신출력	2.2 kW
안 테 나	형태: 파라볼릭 안테나 방위각: 2.7° 회전속도: 수동 360°
특 성	장비설치소요시간: 7~10분

※ 제원 참고: 합동참모본부 "통신전자장비제원"

다. 저고도 탐지레이더(TPS-830K)

제작사: LG 이노텍(주)('96)
가격: 18.2억('01)

주파수 대역	X-band
안 테 나	형태: 파라볼릭 안테나 방위각: 1.5° 고각: 40° (코세컨트 자승 빔) 회전속도: 30±2 rpm
특 성	저고도(3km)로 비행물체 탐지 16개 표적 동시추적(탐색중 추적)

※ 제원 참고: 야전교범 **44-38** "저고도탐지레이더"

라. 탐지레이더 및 추적레이더

(1) 탐지레이더

제작사: 삼성탈레스(주)('99)
가격: 18억('01)

주파수 대역	S-band
안테나	형태: 위상배열 안테나(high 빔, low 빔) 방위각 주사범위: 5.2° 고각 주사범위: 12° 회전속도: 40 rpm
특 성	저고도(3km)로 비행물체 탐지 9개 표적 탐색중 추적

※ 제원 참고: 기술교범(사용자) "단거리 지대공 유도무기K-SAM1"

(2) 추적레이더

제작사: 삼성탈레스(기술도입)('99)
가격: 탐지레이더 포함 87억('01)

주파수 대역	Ku-band
안 테 나	형태: 파라볼릭 안테나 방위각 빔폭: 1.15° 고각 빔폭: 1.2°
특 성	모노펄스 방법

※ 제원 참고: 기술교범(사용자) "단거리 지대공 유도무기 K-SAM1"

(3) 대포병 탐지레이더(AN / TPQ-37)

제작사: Hughes사(미)('82)
가격: 18.8억('01)

주파수 대역	S-band
화포위치 정확성	범위의 0.9% 또는 90m중 더 큰 값
안 테 나	형태: 위상배열 안테나 방위각 주사범위: 90° 고각 주사범위: 1.65~7.65°
특 성	10개 표적 동시 탐지 99개 표적저장

※ 제원 참고: 기술교범(사용자) "레이더세트 AN/TPQ-37(V)4"

3. U A V

가. 국외 UAV(이스라엘)

제작사: 이스라일 IAI사('99)
가격: 225억(1식)

운용속도	96km/h	전 장	5.1m
최대속도	165~171km/h	전 폭	7.65m
최고고도	4,000m	전 고	1.3m
운항시간	10시간	최대중량	372kg
야간센서	120×1(1세대형), 17만화소		

※ 제원 참고: 정보학교 보충교재 "UAV", 이스라엘 IAI사 홈페이지

나. 국내 UAV(국과연)

제작사: 한국항공(주)('01)
가격: 200억(1식)

운용속도	97km/h	전 장	4.8m
최대속도	176.3km/h	전 폭	6.4m
최고고도	3,536m	전 고	1.4m
운항시간	5시간 34분	최대중량	290kg
야간센서	320×240(2세대형), 30만화소		

※ 제원 참고: 기술교범(운용) "무인항공기체계, 정찰용 **RQ-01**"

4. 야시장비

가. 열영상형 야시장비

(1) 전방관측 열상장비(TOD, TAS-970K)

제작사: 한국항공(주)('01)
가격: 200억(1식)

탐지거리	인원: 3km, 차량: 8km
중 량	124kg
배율(저/고)	3배 / 10배
화 질	25만 화소
특 성	열 영상형, 야간 사탄관측 목표물의 방위각/고각 자동 표기

※ 제원 참고: 기술교범 "열 영상 장비 **TAS-970K**"

(2) 항공기용 열영상장비

제작사: 삼성탈레스(주)('97)
가격: 4.5억('01)

사용파장	3 ~ 5㎛
검출기	320×240MCT
냉각시간	5분이내
배 율	1배 ~ 20배(다중배율 26단계)
분해능	0.03℃
특 성	3세대 열 영상형, 다단계 줌. 유 / 무인 항공기 탑재 장비용

※ 제원 참고: 삼성탈레스 홍보자료

나. 미광증폭형 야시장비

(1) 휴대용 주야간 관측장비(PVS-98K)

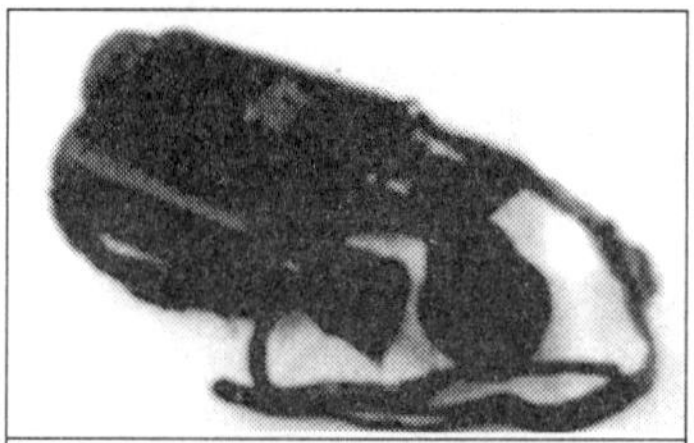

제작사: 이오시스템(주)('98)
가격: 1,100만('01)

탐지거리	주간: 6km 야간: 1km(1/2월광)
사용파장	0.4 ~ 0.9㎛
시 계	주간: 5.3°, 야간: 4.5°
특 성	미광증폭형, 안정화 기능 3세대 18mm 영상관

※ 제원 참고: EO시스템 홍보자료

(2) 휴대용 야간투시경(KAN/PVS-7)

제작사: 삼성탈레스(주)('96)
가격: 450만('01)

탐지거리	300 ~ 1,000m(배율고려)
배 율	1배, 3배
해 상 도	30lp/mm
특 성	미광증폭형 영상관수명 10,000시간 이상

※ 제원 참고: 삼성탈레스 홍보자료

5. GPS

가. GPS 수신기PLGR-Ⅱ

제작사: 미Rockwell('01)
가격: 350만

무 게	680g	베터리(리튬)	18 ~ 24시간
세로×가로	20.5×9.2cm	넓 이	4.67cm
위성획득 시 간	1차 고정	2분 이하	
	후속 고정	1분 이하	
위치정확도	P코드 사용	16m 이하	
	C/A코드 사용	100m 이하(SA 포함시)	

※ 제원 참고: 기술교범(사용자) "휴대용 위치식별기"

제8절 통신무기

I. 정보통신

1. 통신이란 무엇이며 군에서의 역할은 무엇인가?

통신(communication)이란 서로 떨어져 있는 사람과 사람사이에 음성 또는 필요한 정보를 주고받는 행위를 말하며, 인류의 역사가 시작된 이래 역사의 흐름과 같이 하였다.

이러한 통신은 고대사회의 봉화, 북, 인간에 의한 문서의 운반, 수기신호 등의 통신체계에서 전기와 전자파의 발견으로 전신, 전화 등으로 발전했고 현대사회의 위성통신, 멀티미디어 통신, 인터넷 등 정보사회의 핵심수단으로 발전해 왔다.

우리의 신체에 신경조직이 머리끝에서부터 발가락 끝까지 조직적으로 발달되어 있듯이, 군 통신도 적군과 대치하고 있는 최전방 하급부대 또는 해안선의 초소로부터 주요 전략 및 정책을 결정하는 최상급 사령부까지 지휘계통에 있어서 신뢰성, 신속성, 보안성이 있는 정보를 전달할 수 있도록 통신체제를 발전시키고 있다.

현대전은 군의 기동성 및 전략전술 무기의 파괴력과 정확성이 급격하게 증대되어, 적의 동태를 신속히 탐지하고 지휘통제에 필요한 방대한 정보량을 보다 신속 정확히 전달, 처리함으로써 군 지휘체계의 속도와 능률을 증대시키는 것이 승리의 필수요소가 되었다.

현대전에 있어서 통신의 역할은 미래전의 중추로 여겨지고 있는 실시간 정보 공유와 신속한 의사결정을 가능하게 하는 통합전장관리체계(C4I체계)의 전송매체로서, 종래의 음성이나 간단한 전문송수신뿐이었던 통신에서 지휘 및 통제에 필요한 종합된 대량 정보의 교환, 실시간의 지휘, 명령 전달 등을 가능케 하기 위한 통신으로 그 요구조건이 증가되고 있다. 따라서 음성, 데이터, 영상서비스 등의 고속처리가 가능하고, 극한 상황에서도 통신이 가능한 자동화된 망 형태의 전술통신체계가 필수적이다.

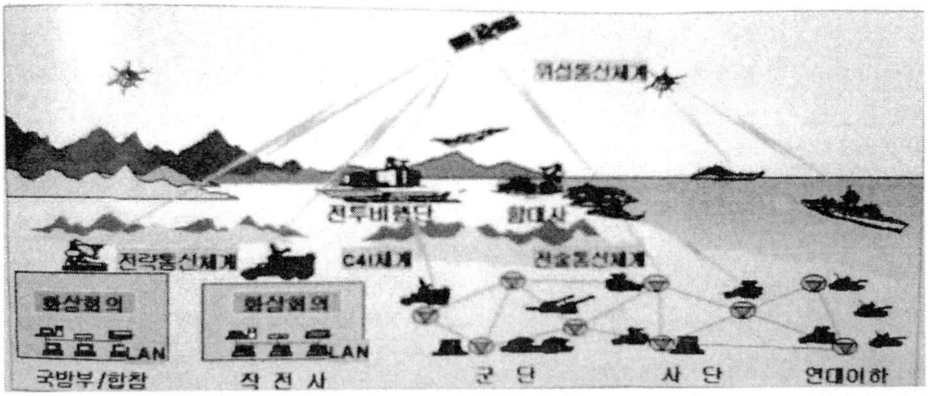

[그림 3-159] 현대전의 전장환경

2. 전화기는 어떤 원리로 소리를 전달하는가?

전화기는 음성을 전기적 신호로 변환하여 선로라는 매체를 통해서 멀리 떨어져 있는 상대에게 의사를 전달할 수 있는 것이다.

군에서도 유선통신수단의 주축으로 상용전화와 함께 전자식 전술용 전화기(TA-513K)를 주로 사용하고 있다.

[그림 3-160] TA-512K 전화기

가. 송수화기의 원리

송화기는 음성을 전기적인 진동으로 변환하는 장치로써, [그림 3-161]과 같이 송화기에다 말을 하면 얇은 금속 진동판이 진동을 하고, 그 진동의 강약에 따

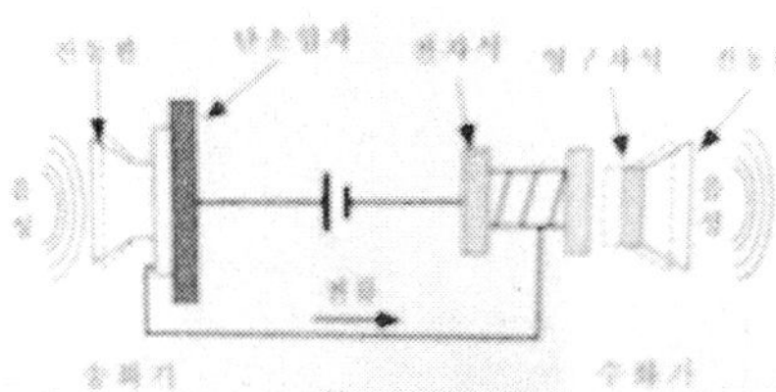

[그림 3-161] 송수화기 원리

라 탄소입자의 저항이 크거나 작게 되어 전류가 변화하게 되는데, 음성의 크기와 높낮이에 따른 진동 폭과 진동 회수가 전기에너지로 변해 통신로를 통하여 상대방에 도달하는 것이다.

수화기는 송화기와 반대로 스피커와 같이 전기 신호를 음성으로 바꿔준다. 수화기 속에는 영구자석과 코일을 감은 전자석이 있는데, 코일에 흐르는 전류의 세기에 따라 전자석에 의해 자기력이 발생하고 전자석과 영구자석의 극성 차이에 따라 밀고 당기는 힘이 발생된다. 이 때 영구자석에 붙은 진동판이 진동하면서 음성을 재생하게 된다.

나. 버튼식 다이얼의 원리

우리가 전화를 걸 때 상대방의 전화번호를 눌러서 신호를 보내게 된다. [그림 3-162]와 같이 숫자가 적혀 있는 버튼을 누르면, 그 번호에 해당하는 음성대역내의 두개 주파수가 발생되어 신호를 보내게 되는데, 교환기는 그 주파수로 번호를 판별하게 된다.

[그림 3-162] 다이얼의 원리

예를 들어, 숫자 "0"을 누르면 941Hz와 1,336Hz의 합성파를 보내는 것이다. 전화기는 이런 식으로 7개의 주파수를 합성해서 12개의 버튼을 운용하는 것이고 전화번호를 누를 때마다 "삐", "뽀", "뿌" 소리가 들리는 것도 이 때문이다.

3. 데이터 통신이란 무엇인가?

좁은 의미의 데이터라 함은 글자(text)나 숫자를 나열하고 있는 서류 등을 디지털 신호로서 나타낸 정보라 할 수 있으나, 정보통신시대의 넓은 의미로 데이터 통신은 "컴퓨터와 그에 부수되는 입출력장치를 연결하고, 이에 의하여 디지털 정보를 송수신하고 처리(process)하는 통신"이라고 말할 수 있다.

데이터통신 시스템이란 데이터의 전송과 처리를 어떤 목적을 위해서 유기적으로 결합하여 새로운 시스템을 구성한 것이다.

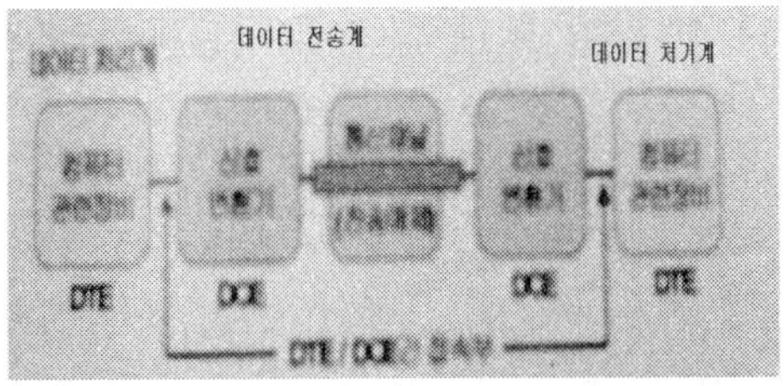

[그림 3-163] 데이터통신 시스템 구성

[그림 3-163]에서 데이터 처리계는 컴퓨터와 주변장치로서 정보의 가공, 처리, 보관 등의 기능을 수행하며, 데이터 전송계는 신호변환장치와 통신회선으로서 정보의 이동을 담당한다.

DTE는 데이터처리에 관련되는 장비로 송수신 양측에서 데이터를 최종적으로 처리하는 장비이고, DCE는 유·무선의 전송매체(통신채널)를 통한 데이터 전송에 관련되는 장비를 의미한다.

우리가 일반적으로 생각하는 컴퓨터가 DTE가 되며 LAN카드나 모뎀이 DCE가 되는 것이다.

군에서는 지상전술 C4I체계의 탐지체계(지상감시레이더, 저탐레이더, 무인항공기 등)와 타격체계(대대 전술사격지휘체계: BTCS)의 연동을 위해서 또는, 상·하급 제대간 컴퓨터를 이용한 실시간 상황전파 등을 위해 차기FM 무전기나 SPIDER체계의 DMT와 MST, 또는 유선을 전송매체로 하는 데이터 통신이 필요하다.

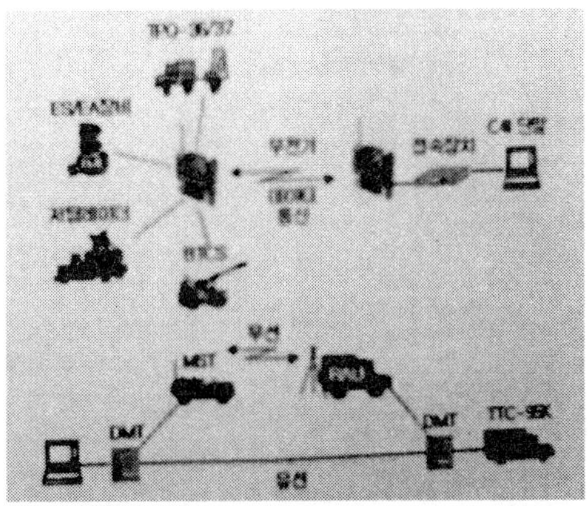

[그림 3-164] 군에서의 데이터 통신

[그림 3-164]에서 각 탐지 및 타격체계의 통제기와 C4I단말이 컴퓨터 관련장비인 DTE에 해당하며, 차기 FM무전기와 DMT, MST가 전송장비인 DCE, 다기능 접속장치는 DTE/DCE간 접속부, 전송매체는 유선이나 자유공간이 되는 것이다.

4. 아날로그통신과 디지털통신의 차이는 무엇인가?

아날로그 신호는 전기의 강약에 따라 연속적(continuous)으로 변화하는 전압 및 전류와 같은 것이고, 디지털 신호는 일정 주기동안 서로 다른 레벨의 이산적(discrete) 강도를 취하는 신호라고 정의 할 수 있다([그림 3-165] 참조).

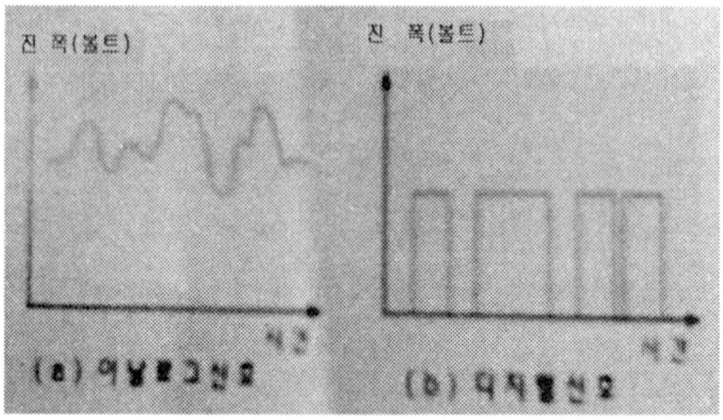

[그림 3-165] 아날로그와 디지털신호

최근에 거의 모든 군용 또는 상용 통신 시스템이 디지털화되어 가고 있는 이유는 기본적으로 디지털신호는 원래신호로 복구가 쉽다는 것이다.

신호를 전송매체를 통해 멀리 전달할 때 감쇠와 잡음에 의해 신호가 왜곡되는데, 전송매체의 중간에 일정한 간격을 두고 중계기를 설치하여 증폭 또는 재생하여 재 전송하게 된다.

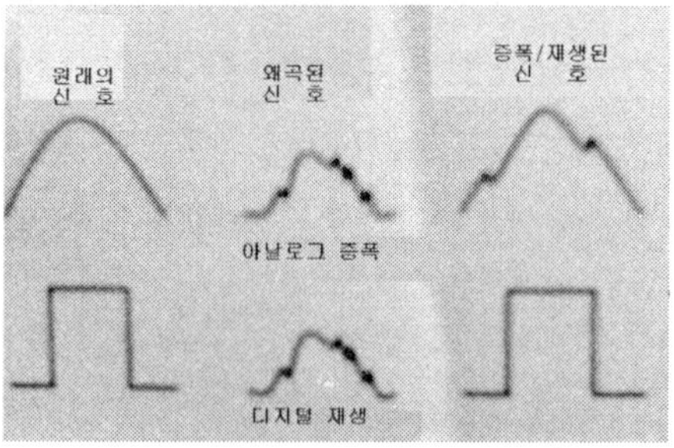

[그림 3-166] 신호의 증폭/재생

이 때, 아날로그 신호는 필터(filter)를 통해 잡음을 제거하지만, [그림 3-166]과 같이 원래 신호뿐만 아니라 잡음까지도 같이 증폭되므로 신호의 완벽한 재생은 불가능하다.

그러나 디지털 신호는 펄스 유무(Yes, No)의 판단만 가능하면 원래의 정보를 완벽하게 복원할 수 있어서 아날로그 신호보다 잡음에 강하고 고품질화가 용이한 것이다.

그 외에도 디지털 회로는 아날로그 회로보다 신뢰성이 높으며 낮은 비용으로 생산할 수 있고, 마이크로프로세서나 IC 등으로 쉽게 구현할 수 있다. 또한, 디지털 통신에서는 데이터의 암호화가 가능하기 때문에 통신의 비밀성이 보장된다. 그러나 디지털 통신은 비트의 동기가 필요하다는 단점도 있다.

통신의 입장에서뿐만 아니라 "디지털 혁명"이라는 말이 있듯이, 디지털기술은 여러 가지 장점을 갖는다.

디지털기술은 컴퓨터나 통신망 등에는 일찍부터 응용되어 왔고, 작은 대역폭 또는 부피에 많은 정보를 저장하고 압축, 재생, 전송 등의 처리를 할 수 있어, 고품질의 멀티미디어(영상, 음성, 문자)를 언제, 어디서나 접할 수 있게 된 것이다.

예를 들어, 우리가 현재 사용하고 있는 CDMA휴대폰, CD플레이어, DVD, 디지털 TV, ADSL 등 모든 것이 디지털 기술이 적용되었기 때문에 가능한 것이며, 이러한 기술 이전에 우리가 어떤 아날로그 제품들을 사용했는지 생각해 보면 디지털 기술의 장점을 알 수 있다.

5. C4I체계란 무엇인가?

C4I체계(Command, Control, Communication, Computer and Intelligence System)는 직역하면, 지휘·통제·통신·컴퓨터 및 정보체계가 되는데, 이는 지휘관이 부여된 임무달성을 위해, 위의 5가지 각 요소를 유기적으로 통합, 연결하여 실시간에 「정보수집 및 분석」, 「지휘결심」, 「계획·지시」, 「작전수행」이 가능하게 하는 모든 시설·장비·인원 및 절차로 구성되는 통합된 지휘통제체계이다.

즉, C4I체계는 지휘관에게 먼저 보고(先見), 먼저 결심(先決)하여, 먼저 타격(先打)할 수 있도록 군사력을 운영하는 총체적인 수단과 절차를 제공하는 것을 목표로 한다.

가. C4I체계의 구성

C4I체계의 물리적 구성 요소는 정보를 생산, 처리, 전파하는 컴퓨터와 디스플레이 모니터, 통신 회선과 그 관련 장비들이다. 전체적인 시스템으로서의 구성 요소들은 하드웨어(H/W)와 소프트웨어(S/W)의 복합적인 기능뿐만 아니라, 시스템 운용을 위한 절차와 인원까지도 포함되어야 한다.

전장관리수단으로서의 C4I체계는 [그림 3-167]과 같이 감시체계(sensors)와 타격체계(shooters)를 연결시켜주는 토신체계, 수집된 첩보 및 가공된 정보를 저장하는 데이터베이스(DB), 이 데이터베이스를 이용하여 의사결정에 필요한 각종 자료를 가공 및 제공하는 응용 소프트웨어, 구성요소간의 상호운용 및 인터페이스(interface)를 보장하는 공통 소프트웨어, 하드웨어(컴퓨터 등)와 이 체계를 운용하는 부대편성 및 조직으로 구성된다.

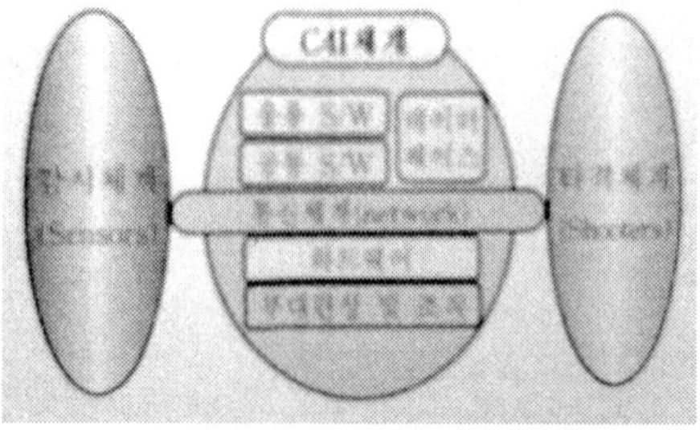

[그림 3-167] C4I체계의 구성

나. C4I체계의 역할

C4I체계는 전쟁수행을 위한 의사결정지원체계로서 부대 지휘통제를 위한 정보종합과 지휘결심수립을 지원하며, 상하 및 인접부대에 상황정보를 전파하는 체계이다. 따라서 그 역할은 다음과 같다.

- C4I체계는 전장의 지휘관 및 전투요원들에게 다중매체(영상 · 음성 · 사진 · 화상 등)를 통하여 입체적이고 정확한 전투현장 상황(피 · 아)을 제공한다.
- 전장의 지휘관 및 전투요원들에게 구체적이고 명확한 목표를 제시함으로써 목표를 보면서 작전을 수행할 수 있도록 한다.
- C4I체계는 전장 기능요소간의 노력의 통합 및 분권화된 시행을 지원함으로써 통합전투력 발휘를 보장한다.

6. 지상전술C4I체계는 어떻게 구성되는가?

국방C4I체계의 목표는 최고 지휘관에서 발단 전투원에 이르기까지 필요한 전장 상황과 정볼르 보면서 지휘결심 및 전파, 행동할 수 있는 체계구축, 즉 먼저 보고(sensor), 먼저 결심(C4I)하여, 먼저 타격(shooter)을 보장하는 체계를 구축하는 것이다.

이러한 국방C4I체계는 [그림 3-168]과 같이 합동C4I체계를 중심으로 각 군 및 전술제대C4I체계가 연결되어 상호 운용이 가능하도록 하는 것이다.

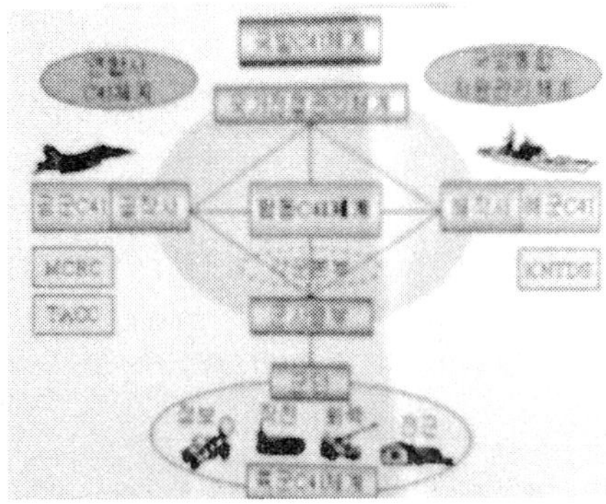

[그림 3-168] 국방C4I체계

지상전술C4I체계는 전략제대C4I체계인 합동C4I체계에 통합되는 각군 전술제대 C4I(해군전술자료체계: KNTDS, 공군중앙방공통제소: MCRC)중 육군의 전술제대 C4I체계로서, 군단급 이하 연대까지 연결되며, 군단의 지휘통제본부를 기본모델로 하고, 사단 및 연대는 전투/전투지원부대가 감소하지만 동일 구조로 설계된다.

[그림 3-168]과 같이 군단-연대 지휘통제본부의 내부 구성을 고려하여 4대 응용 S/W(정보, 작전, 인사, 군수)와 5대 공통 S/W(시스템관리, 전문처리, 상황도관리, 영상처리, 사무지원)로 체계를 구성하고, 대대이하 제대는 단순 상황파악, 상황보고 및 지시위주의 기능을 구현한다.

대대는 단말기, 중(소)대는 위치보고접속장치를 보유하게 된다.

[그림 3-169] 육군C4I(지상전술C4I) 구성

II. SPIDER 체계

1. 기존의 통신체계와 차이는 무엇이며 특성은 어떠한가?

SPIDER라 함은 거미를 의미하는데, 이것은 거미가 복잡한 형태의 줄을 쳐서 집을 짓듯이 복잡한 듯 하면서도 체계적이고 현실적이며 생존성과 신뢰성을 향상시킨 차기 전술통신체계(MSC-500K)를 의미한다.

SPIDER 체계는 현재 통신망의 제한점을 해소하고 장차전의 전술C4I를 효율적으로 지원하며 디지털방식의 자동화된 통신체계로서 현용 점대점 통신방식을 생존성, 신뢰성, 융통성이 향상된 격자형 지역지원 통신체계로 개선한 신형 전술통신체계이다.

기존 전술통신체계는 작전을 지휘하는 시설과 통신시설이 1개 지역에 집중되어 적 특수부대의 침투나 포병/항공공격시 동시 피해가 예상되었고 차후 작전을 위하여 지휘소를 이동하거나 부대를 전개하고 배치할 때 통신망을 설치하고 철수하는 시간이 과다하게 소요되었다. 또한 예비 통신망을 구성하는 능력이 제한되어 주통신망을 구성하는 능력이 제한되어 주통신망이 두절되면 다른 통신망을 이용한 통화가 제한되었다.

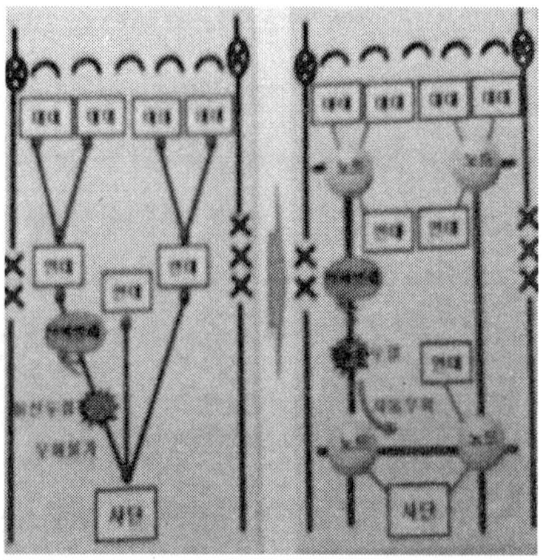

[그림 3-170] 기존/SPIDER체계 비교

그러나 SPIDER체계는 지역지원통신소(이하 노드)간 격자형으로 통신망을 구성하는 한편 통신망을 사용하게 되는 각 부대는 어느 지역에서도 가장 가까운 지역통신소에 가입할 수 있어 신속한 통신망 구성과 운용이 가능하다.

[그림 3-170]에서 보는 바와 같이 기존 전술통신체계에서의 제대별 나뭇가지 형태(tree type)로 구성된 망구조는 통신

두절시 우회가 제한되었지만 SPIDER통신체계에서는 통신망구조가 격자형으로 되어 있어 통신두절이나 적 전파방해시 자동우회를 통해 통신이 가능하다.

또한 기존의 통신체계는 교환망과 전송체계가 분리되어 유선과 무선통신이 분리된 통신이 이루어 졌고 교환장비는 단순한 전화교환 수준이었다.

SPIDER체계에서는 [그림 3-171]에서 보는 바와 같이 교환과 전송체계를 통합하여 유선과 무선통신이 교환기를 거쳐 상호 통화가 가능하며 교환장비도 단순히 전화 교환수준이 아니고 데이터 통신까지 지원이 가능하다.

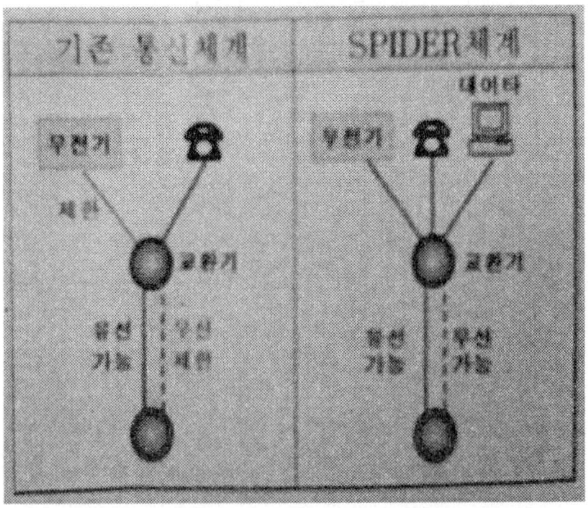

[그림 3-171] 기존/SPIDER 교환능력 비교

또한 기본적으로 기존의 교환장비는 고정된 위치에서의 통신서비스를 제공하는데 국한되었지만 SPIDER체계에서는 기동화된 차량에 탑재되어 운용되므로 신속한 통신지원 및 서비스가 가능하다.

〈표 3-11〉은 기존의 전술통신체계와 SPIDER체계를 상호 비교한 것이다.

SPIDER체계는 이동통신서비스의 제공과 장비의 소형 경량화, 차량화로 기동성을 보장하며, 적의 통신방해와 자연적인 전자잡음 환경하에서 운용이 가능하고, 적의 감청 및 도청을 회피할 수 있는 대전자전(EP) 기능을 보유함으로써 보안성이 우수하다. SPIDER체계의 주요 특성은 다음의 몇 가지로 요약 할 수 있다.

첫째, SPIDER체계는 기본적으로 고속 및 대용량의 정보전송이 가능한 16/32kbps **디지털 자동화 통신망**을 구성하고 64kbps 통신망과의 연동을 제공함으로써 전술 C4I체계 운용시 요구되는 음성, 전화, 전신타자, 데이터 및 모사전송 등의 통신을 제공할 수 있다.

둘째, 피호출자가 가입된 통신소 위치를 자동으로 탐지(확산탐색 신호방식)

하고 호출을 위한 회로연결을 제공해준다. 일부 노드간선의 고장이나 가입자의 위치 이동간에도 즉각적인 가입자의 통신소 위치를 자동 탐지되어 지속적이고 적시적인 통신지원이 가능하다.

셋째, 공용망 운용개념(Common User Concept)을 적용하는 것이다. 기존의 통신체계는 제대별, 기능별로 독립된 통신망을 운용하여 정보유통이 제한되고 융통성이 없으며 회선구성이 복잡하였다. 그러나 공용망 운용개념은 하나의 공용통신망에 각 제대와 전장기능별 부대들이 함께 가입하여 실시간으로 자유로운 정보유통을 제공하고 교환대간의 격자망이 우회 및 예비경로를 제공하여 통신의 생존성와 융통성을 보장해준다.

넷째, 컴퓨터에 의한 통신망 자동화관리 및 통제로 전술통신운용의 효율성과 체계간의 상호지원 및 신속성을 보장한다. 여기에서 제시한 성능은 한 예이며 지속적인 성능개량으로 계속 성능이 향상되고 있다.

〈표 3-11〉 기존 및 SPIDER 체계 상호비교

기존 전술통신체계	구 분	SPIDER 체계
·전용 통신망 - 나뭇가지(TREE)형 구조형태 ·기능별, 독립 통신망 - 교환망, 전송체계 분리형 ※유·무선통신 분리형 - 교환 장비: 단순 전화교환	통신망 구조	·공용 통신망 - 격자형, 별형, 나뭇가지(TREE)형 등 복합구성 형태 ·기능통합 통신망 -교환+전송체계 통합형 ※유·무선통신 통합형 - 교환 장비: 종류다양, 역할 상이
·음성전화 및 전신타자(T.T) 위주의 통신 제공 ·수동, 아날로그 방식 ·대전자전(EP)기능 미보유	특성 및 기능	·음성전화+데이터통신+이동간 통신(음성, 데이터) ·자동화, 디지털 방식 ·대전자전(EP)기능 보유
·별도의 통신회선 필요 ·전투부대 통신소요 가중	전투지원/근무지원 부대통신	·별도의 통신회선 불필요 ·최기 지역통신소에서 가입운용

2. SPIDER 체계는 어떻게 구성되는가?

SPIDER 체계는 전술부대의 기동성을 증대시키며, 전술통신망의 생존성과 신뢰성을 향상시키기 위하여 각 지역을 지원하는 통신소를 지역별로 공유하기 위해 격자형의 망으로 구성된다.

이는 노드를 중심으로 전술적 상황이나 통신지원소요 등을 고려하여 융통성 있는 운용이 가능한 구조로 되어 있다. 노드는 군단에서 통합 운용하며 사단을 직접지원하고, 사단이 단독작전을 수행할 때는 배속 운용도 가능하다.

[그림 3-172]와 같이 사단 책임지역 내 노드는 통상 4개가 있어 각 연대책임지역에 1개씩 배치하여 통신을 지원한다. 또한 인접한 사단 및 연대간 통신망은 각각의 노드를 통해 이루어진다.

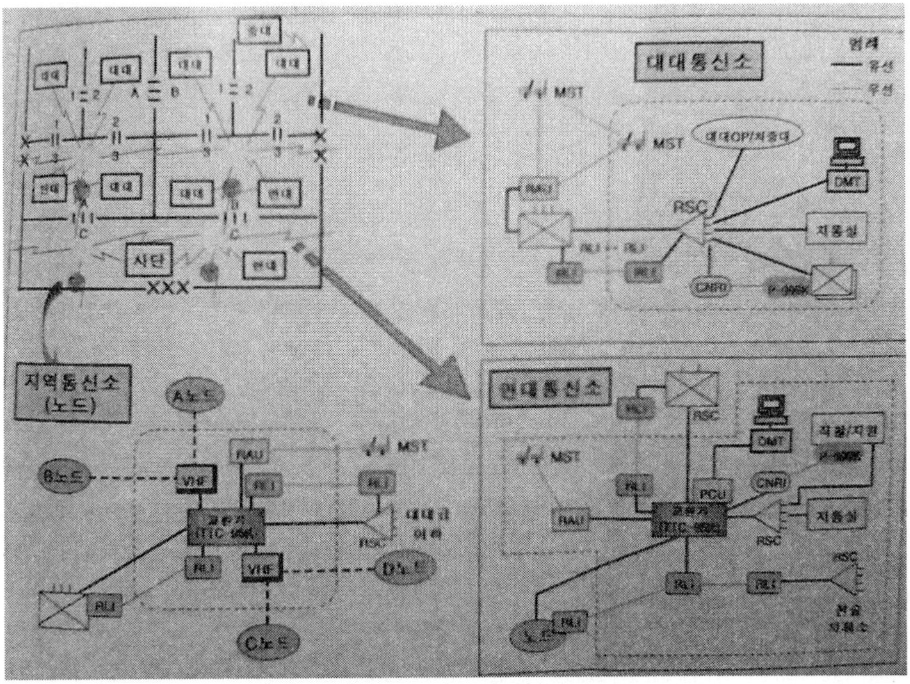

[그림 3-172] SPIDER체계 구성도

[그림 3-172]에서 보면 기존의 통신체계에서는 A연대 1대대는 사단 책임지역 내 반대편에 위치한 B연대의 2대대와는 유 · 무선을 이용한 직접통화가 극히 제한되었다. 그러나 SPIDER체계에서 A연대 및 B연대는 각각 노드와 통신망이 연결되어 있어 A연대의 1대대와 B연대의 2대대는 상호 유 · 무선으로 쉽게 송수신을 할 수 있다. 이는 기본적으로 연대 책임지역 내 1개씩 위치하는 노드가 상, 하, 좌, 우 인접한 노드끼리 다중채널 무선통신으로 상호 연결되어 있고, 또한 이러한 노드 제대별로 운용되는 부대통신소가 망에 가입되어 운용되기 때문에 가능하다.

노드에서는 노드와 노드, 노드와 부대통신소 등과 유무선망을 구성하기 위해 교환장비나 전송장비, 연동장비 등을 보유하고 있어 지역내 통신 중계국 역할을 수행한다. 또한, 형성된 망을 관리할 수 있는 통제용 컴퓨터가 있어 효율적인 통신망 관리도 할 수 있으며, 이동통신을 지원할 수 있는 이동무선결합기도 보유하고 있어 유무선 통신 및 이동통신을 모두 지원할 수 있는 기능을 고루 갖추고 있어 체계내 핵심이 된다.

한편, 노드는 책임지역내 배치된 부대와 내부 통신망을 구성하게 되는데 이것이 부대통신소이다.

부대통신소는 제대별 수행능력에 따라 보유한 통신장비가 조금씩 상이하며 기본적으로 교환장비, 전송장비, 이동무선장비, 연동장비 등을 보유하여 상 · 하, 인접부대와 유무선 통신 및 이동통신이 가능하도록 되어 있고, 연대급 이상 부대통신소에서는 망관리를 위한 통제용 컴퓨터를 보유하고 있다.

이처럼 노드를 중심으로 형성된 지역내 통신망은 부대통신소가 있어 노드가 지원할 수 없는 통신소요를 보충할 수가 있으며 노드를 통해 각 부대는 책임지역 밖의 부대와 통신망을 구성할 수가 있는 것이다. 이러한 부대통신소는 대대통신소, 연대통신소, 사단 및 군단 사령부 통신소 등이 있다.

대대통신소는 제한된 기능만 수행하는 최소단위의 부대통신소로서 대대급 교환기인 **다중집선기**(RSC)를 중심으로 상급 및 인접, 예하 부대와 유 · 무선 통신망을 구성한다. 또한 근거리용 전송장비인 **무선접속부**(RLI)로 연대통신소와 무선으로 접속하며 상황 및 여건을 고려 필요시 노드에 직접 가입하여 통신망을 구성할 수도 있다. 대대의 예하 중대오는 기존의 FM무전망과 연동을 위해 **무전기접속부**(CNRI)를 이용한다.

한편, 상용이동통신의 개념과 유사한 이동 전술카폰(MST)을 활용하여 기동성 있는 이동통신이 가능한데 대대급부터 운용된다. 이는 상용이동통신의 이동통신 기지국과 같은 역할을 하는 **이동 무선결합기**(RAU)를 통해 8~20km까지 이동통신이 가능하며 MST간 직접 통화도 가능하다.

대대통신소가 제한된 통신망을 구성하는 반면 **연대통신소**는 좀더 확장된 기능을 수행할 수 있도록 장비를 보유하고 있다. 먼저 **전술용 교환기**(TTC-95K)가 있어 상대적으로 많은 수의 유·무선망을 구성할 수 있다. 연대와 노드, 연대와 대대간 전송수단은 유선과 **무선접속부**(RLI)로 이루어진다.

한편, **사단통신소**는 SPIDER 체계내 운용되는 모든 통신장비를 다 보유하면서 거의 완전한 형태의 통신지원을 할 수 있다. 사탄통신소는 예비연대 책임지역에 의치한 두 개의 노드와 VHF장비로 주 전송로를 형성하고 직접 연대통신소와 기존의 유선 및 광케이블 등을 이용하여 유선통신망을 구성하거나 무선접속부(RLI), 필요시 VHF장비 등으로 무선망을 구성할 수 있다. 또한 효율적인 정비지원을 위한 쉘터도 보유하고 있다.

III. 위성통신

1. 위성통신이란 무엇인가?

인공위성 하면 통신을 생각할 만큼 통신위성이 무선통신 분야에 미친 영향은 지대하다. 정보화 시대로 향하면서 국내는 물론 국가간의 정보교환이 증가하고 특히, 군에서는 광역군사작전을 위한 통신수단으로서 위성통신이 미칠 영향은 더욱 증가할 것으로 예상된다.

가. 위성통신의 원리

위성통신은 하늘에 떠 있는 마이크로웨이브 중계기라고 할 수 있다. 마이크로웨이브의 주파수 대역은 파장이 10cm에서 1m정도로 짧아서 직진성이 강하고 전리층에서 거의 반사가 이루어지지 않기 때문에 가시거리(Line Of Sight) 통신만 가능하다.

따라서, 중간에 산이나 높은 건물과 같은 장애물이 있어 직접 전파가 이루어질 수 없는 두 지점 사이의 통신(중계)은 불가능하고, 지구는 둥글기 때문에 두 지점이 멀어서 직접 보이지 않는 경우에도 역시 통신이 불가능하다.

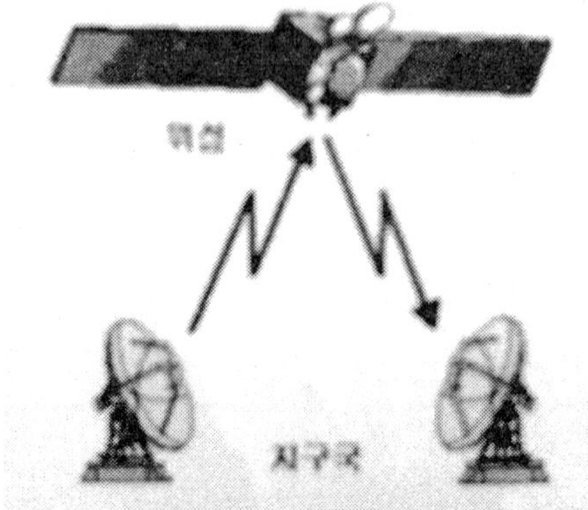

[그림 3-173] 위성통신의 원리

그러나 지상으로부터 오는 전파를 받아서 그것을 지상으로 다시 쏘아주는 장치를 하늘에 띄울 수 있다면 통하는 상대방끼리는 가시거리가 아니라도 통신이 가능해 질 것이다.

통신위성이 바로 그 장치에 해당된다. 따라서, 통신위성은 우주에서의 중계기 역할을 수행한다고 할 수 있다.

[그림 3-173]과 같이 지상에서 전파를 발사 할 때 통신하는 상대방을 향해서가 아니라, 직접 통신위성을 향해 전파를 발사하고, 통신위성은 전파를 받아 주파수를 변환, 증폭하여 지상을 향해 다시 발사하게 되는 것이다.

나. 통신위성

인공위성은 임무에 따라 통신, 항법, 과학탐사, 기상, 지구관측, 군사위성으로 나눌 수 있으며, 운행하는 궤도에 따라 [그림 3-174]와 같이 저궤도, 중궤도, 정지궤도, 고궤도(장타원궤도) 위성으로 나눌 수 있다.

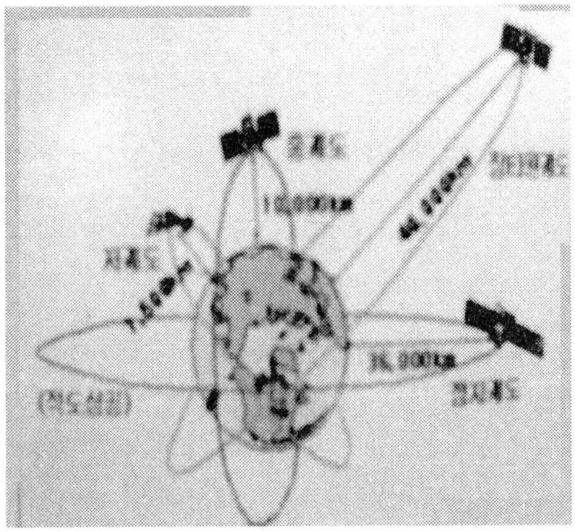

[그림 3-174] 위성의 궤도

통신위성은 보통 지구국위 적도 상공 36,000km의 정지궤도에 떠 있으며, 지구의 자전주기와 같은 주기로 돌기 때문에 지구에서는 한 지점에 정지해 있는 것처럼 보인다.

통신위성을 우주공간으로 발사할 때 위성자체로는 지구의 중력을 벗어날 수 있는 큰 추진력이 없기 때문에 우주공간까지 귀성을 태우고 안정된 궤도에 올려주는 발사체(로켓)를 이용한다.

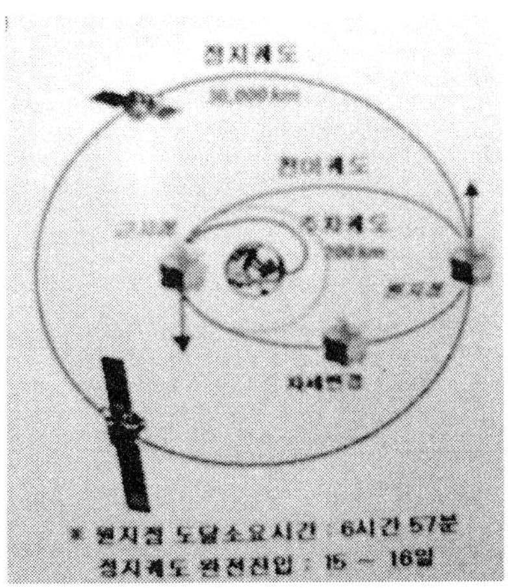

[그림 3-175] 통신위성의 정지궤도 진입과정

통신위성의 발사과정은 [그림 3-175]와 같이 우선 로켓을 수직으로 쏘아 올리고 점점 자세제어를 해서 200~300km상공의 주차궤도를 지구 자전과 같은 방향으로 돌게 하고, 이 때 위성의 속도는 떨어지지 않고 지구둘레를 돌 수 있는 7.73km/s(고도 300km기준)로 한다.

주차궤도상에서 위성이 로켓과 완전히 분리된 후, 궤도상을 돌다가 적도 상공에 왔을 때 근지점 진입모터를 점화시켜

36,000km 상공을 목표로 커다란 타원궤도인 천이궤도(200~36,000km)를 돌도록 한다. 천이궤도상 36,000km지점에서 원지점 진입모터를 점화하여 적도 상공 원형궤도인 정지궤도에 진입하게 되고, 이때부터 태양전지판을 전개하고 위치 및 자세를 획득하고 임무를 수행할 수 있게 된다.

이렇게 정지궤도에 오른 통신위성이 떨어지지 않고 계속 지구 주위를 도는 원리는 관성의 법칙과 함께 위성에 작용하는 원심력과 중력의 크기가 같을 수 있도록 일정한 속도로 날기 때문이다.

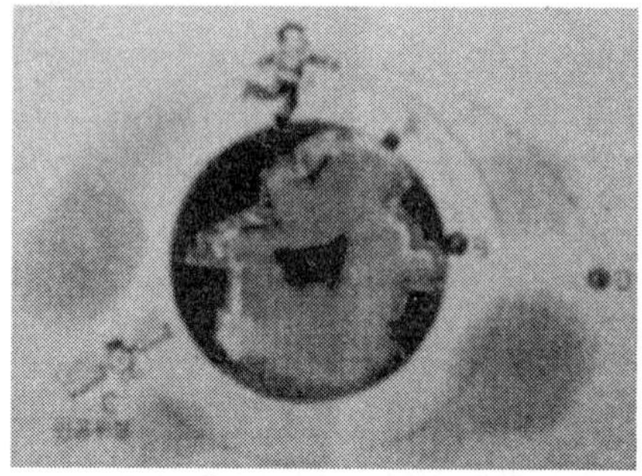

[그림 3-176] 위성의 운동원리

[그림 3-176]에서 A와 B처럼 던지는 힘(속력)이 작으면 결국은 떨어지지만 C와 같이 일정 속도 이상의 속도를 갖는 상태에서는 땅으로 떨어지지 않는데, 이것이 바로 인공위성인 것이다.

물체가 원운동을 하려면 원심력과 구심력이 평형을 이루어야 하는데, 인공위성에서 구심력은 지구의 인력인 중력이 되므로, 중력과 원심력이 같다면 인공위성은 원운동을 하게 되고, 그때의 속도는 다음과 같이 계산할 수 있다.

위성의 속도$(v)=\sqrt{(GM/r)}$

r: 지구중심과 위성체간 거리
※ 6.37×10^{6}m(지구의 반지름)
M: 지구의 질량 $=5.98\times10^{24}$kg
G: 만유인력 상수 $= 6.67\times10^{-11}m^3/s^2 \cdot kg$

2. 위성통신은 어떤 대역이 주파수를 사용하는가?

위성통신에 사용되는 전파는 지구의 대기권과 전리층을 통과해야 하기 때문에 전리층과 대기권에서 흡수나 반사가 적은 마이크로파(microwave)를 사용해야 한다.

마이크로파는 전파의 분류에서 주로 SHF대역으로 '마이크로(micro)'가 '미세한'의 뜻을 가지고 있듯이 파장이 매우 짧은 전파를 뜻한다. 주파수는 1GHz에서 30GHz까지이고, 파장은 1~30cm까지의 전파를 총칭한다.

위성통신에서 링크(link)라는 용어를 많이 쓰고 주파수 대역을 나타낼 때 6/4GHz와 같이 표현을 한다. 여기서 링크는 송신국과 수신국 사이를 위성을 통해 연결한 송수신 주파수를 의미하고, 이는 [그림 3-177]과 같이 상향링크와 하향링크로 나눠어져서, 앞에 표시한 숫자는 상향링크(6GHz) 주파수이고, 뒤의 숫자는 하향링크(4GHz) 주파수를 나타낸다.

[그림 3-177] 위성 링크

여기서, 상향링크에 높은 주파수가 할당되는 이유는 전력과 크기가 제한되어 있는 위성체보다는 지상국에서 높은 주파수에서 큰 전력을 생성하는 것이 더 효율적이기 때문이다.

또한, 일반적인 Ku대역은 12~180GHz를 나타내는데 위성통신에서는 14/12GHz와 같이 상·하향 링크의 주파수로 나타낸다.

우주는 전세계가 공유하는 공동자산이므로, 국제기구인 ITU에서 위성주파수 대역과 궤도를 관리 및 조정통제하고 있는데, 현재 대부분의 상용 통신위성은 〈표 3-12〉에서 6/4GHz(C밴드)와 14/12GHz(Ku밴드)를 사용하고, 군용 통신위성은 8/7GHz(X밴드)와 30/20GHz(Ka밴드)를 많이 사용한다.

〈표 3-12〉 위성 주파수 대역

대역		대역폭	용도
UHF	240-400MHz	500KHz	군용
L	1.5-1.6GHz	47MHz	상용
C	6/4GHz	500MHz	상용
X	8/7GHz	500MHz	군용
Ku	14/12GHz	500MHz	상용
Ka	30/20GHz	2.5GHz	상용, 군용
Q	43.5-47GHz	2.0GHz	군용
V	59-64GHz	5.0GHz	군용

위성 통신에 할당되는 대역폭은 C밴드의 경우 상향 5.925GHz~6.425GHz, 하향 3.7GHz~4.2GHz이고, Ku밴드의 경우에는 상향 14.0GHz~14.5GHz, 하향 11.7GHz~12.2GHz로 각각 중심 주파수를 기준으로 500MHz의 대역폭을 가지며, 고주파로 갈수록 대역폭은 넓게 사용할 수 있으므로 대용량의 통신이 가능하다는 장점이 있다.

Ⅳ. 제원 및 특성

1. TA-512K 전화기

제작사: LG이노텍(주)('93)
가격: 69만

전 원	4.5V(BA-30 3개)
통달거리	● DC 48V 공급: 8~12km ● DC 24V 공급: 6.4~8km ● 자석식: 약 30km

※ 제원 참고: 기교 K11(5)-5805-777-34 "전술용전자식교환기 TA-512K"

2. SB-30K 교환기

제작사: LG이노텍(주)('92)
가격: 2천만

회선용량	30회선 (2대 복합운용시: 60회선)
제어방식	축적프로그램 제어방식
교환방식	공간분할
종 명	90-100V, 20Hz
전 원	전원공급기: 110/220VAC 축전지/건전지: 24VDC

※ 제원 참고: 통신전자장비제원(합참)

3. TTC-95K 교환기

제작사: 삼성탈레스(주)('95)
가격: 1.6억

회선용량	30, 60, 120, 240회선 가변운용가능
제어방식	축적프로그램 제어방식
교환방식	디지털 시분할 교환방식
아날로그 가입자 정합부	A/D 변조방식:CVSD방식 표본화주파수:32kHz
회선종류	국부선, 간선, E&M간선, 다중화 간선

※ 제원 참고: 기교 K11(5)-5805-778-12 "TTC-95K"

4. PRC-999K 무전기

제작사: LG이노텍(주)('92)
가격: 820만

주파수범위	30~87.975MHz	변조방식	FM
채 널 수	2,320개	채널간격	25kHz
예치 채널수	고정 및 도약방식: 각각 7개 호출방식: 1개		
출력	0.3W, 5W, 50W		
통달거리	8km~30km	전송속도	16kbps
입력전원	DC 12V, DC 20-30V(차량 축전지)		

※ 제원 참고: 통신전차장비제원(합참)

5. PRC-96K 무전기

제작사: LG이노텍(주)('99)
가격: 150만

주파수범위	155~161.9875MHz	변조방식	FM
채 널 수	560개	채널간격	12.5kHz
출 력	0.5W(저)/2W(고)	통달거리	1.6km(저)/ 3km(고)
탐색기능	우선: 1개, 일반: 10개		
전원	비충전용 리튬 전지: 1.8V 충전용 니켈수소 전지: 8.4V		
전지사용 시간	니켈수소/리튬: 6/12시간		

※ 제원 참고: 기교 K11(5)-5820-1510-12 "P-96K"

6. KAN/GRC-512 다중채널 무선장비

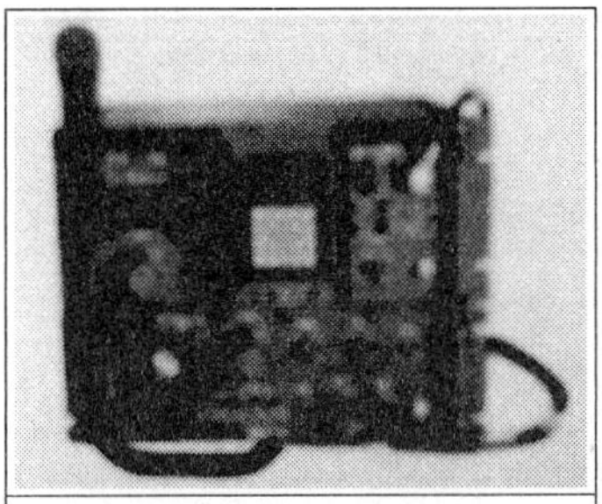

제작사:휴니드 테크놀로지(2000)
가격:

주파수 범 위	밴드1:225~400MHz 밴드2:610~960MHz 밴드3:1,350~1,850MHz	채널 간격	500kHz
		통달 거리	48km
		도약 속도	1000도약/초
송수 신력	밴드1/2: 평균 20W 밴드3: 평균 12W	변조 방식	CPFSK
		다중화	시분할
전송 속도	256~2,048kbps		
전원	110-220VAC/20-30VDC		

※ 제원참고: 차기VHF무전기운용(교육사)

7. SPIDER 체계 장비

가. 패킷교환기(PCU: Packet communication Unit)

제작사: 삼성탈레스(주)
가격: 3,640만

수용능력	다중국부선(256Kbps) 4회선
	패킷국부선(19.3Kbps) 4회선
	그룹간선(1,024Kbps) 1회선
크기/중량	430×390×160mm/19kg
●컴퓨터 통신용 교환기 ●패킷통신, 회선교환, 망관리체계 연동	

※ 제원 참고: 차기전술통신체계(육군본부, '97)

나. 다중집선기(RSC: Remote Subscriber Concentrator)

제작사: 삼성탈레스(주)
가격: 2,220만

수용능력	아날로그 국부선 8회선
	디지털 국부선 2회선
크기/중량	345×318×125mm/20kg이하

- 대대급 부대의 소형교환기
- RSC 3대 1개 Set 복합/분산설치(10~30회선)
- 아날로그/디지털 가입자 접속

※ 제원 참고: 차기전술통신체계(육군본부, '97)

다. 무선접속부(RLI: Radio Link Interface)

제작사: 삼성탈레스(주)
가격: 3,960만

전송능력	6채널 (256Kbps)
통달거리	6km(가시거리)
주파수범위	1.71~1.84 GHz
출 력	0.03, 0.1, 0.3, 1W

- 소부대 다중무선 전송장비
- 전자보호기능(EP)
- 안테나 높이: 5m

※ 제원 참고: 차기전술통신체계(육군본부. '97)

라. 이동무선결합기(RAU: Radio Access Unit)

제작사: 삼성탈레스(주)
가격: 23,400만

통화능력	MST 6가입자 동시통화
통달반경	8~20km
주파수범위	230~290MHz
통화방식	주파수도약/CDMA

- 차량탑재용으로 고지에서 운용
- 전술카폰의 이동무선기지국

※ 제원 참고: 차기전술통신체계(육군본부, '97)

마. 이동무선단말기(MST: Mobile Subscriber Terminal)

제작사: 삼성탈레스(주)
가격: 1,900만

통화거리	8~20km
주파수범위	230~290MHz
통화방식	주파수도약/CDMA

- 주요 직위자용 전술카폰
- 이동간 무선 data 통신제공
- 상용카폰처럼 무선전화(쌍방상신)로 운용

※ 제원 참고: 차기전술통신체계(육군본부, '97)

바. 무전기접속부(CNRI: Combat Net Radio Interface)

제작사: 삼성탈레스(주)
가격: 2,850만

데이터 전송속도	16/32Kbps
이격거리	3.2km
사용전원	12VDC

- P-999K계열 무전기와 SPIDER체계 가입자 연결 접속장치
- 유무선 통합통신/반자동식 운용

※ 제원 참고: 차기전술통신체계(육군본부.'97)

사. 디지털 단말기(DMT: Digital Multi-role Terminal)

제작사: 삼성탈레스(주)
가격: 440만

데이터 전송속도	회선교환(32Kbps) 패킷교환(19.2Kbps)
전송거리	1.6km(국부전원 사용시 4km)
전송선로	야전선급
● 비화전화/data통신을 위한 모뎀겸용 전화기 ● 보안모듈내장, 자체고장 진단기능	

※ 제원 참고: 차기전술통신체계(육군본부, '97)

제9절 화생방무기

I. 화학작용제

1. 화학작용제의 명칭은 어떻게 부여하는가?

화학작용제란 생리학적 효과를 통하여 사람을 살상시키거나, 무력화시키기 위한 목적으로 전쟁에서 사용하는 화합물로서 주로 독성 화학제(Chemical Agent)를 말한다.

1969년에 발간되 UN보고서에서는 화학작용제를 「사람, 동물 및 식물에게 직접적인 독성 효과를 주기 위해 사용되는 기체, 액체 또는 고체 상태의 화학물질」이라고 정의하고 있으며, 화학무기 금지협약(CWC: Chemical Weapons Convention)에서는 「독성화학물질과 그 원료물질」로 정의하고 있다.

일반적으로 화학물질의 명칭을 부여하는데 있어 가장 광범위하게 사용되는 방법은 Chemical Abstracts Service (CAS) Registry Number이다. 이는 수많은 화학물질들을 카탈로그 번호로 분류하는 방법이다. 새로운 화합물이 발견되면, 하나의 등록번호를 부여받게 되고, 약 2억 종의 화합물을 보유하고 있는 카탈로그에 추가된다.

화학작용제의 경우는 다음과 같은 다양한 방법으로 명칭을 부여하며, 표1에서 보는바와 같이 대부분이 하나 이상의 명칭을 보유하고 있다.

첫째, 일부 명칭들은 최초 개발자의 이름을 사용한다. 이 명칭들은 비공식적이며, 사린, 아담사이트 및 루이사이트 등이 여기에 속한다.

사린(SARIN)의 경우 작용제를 최초로 발견한 화학자들의 Schrader, Ambros, Rudriger, van der Linde의 이름으로부터 유래되었다.

둘째, 일부 작용제들은 그들이 보고된 명칭(Reporting Name)들을 사용하기도 한다. NATO 국가들에서 사용되는 명칭들은 Standard NATO Agreement (STANAG) codes로 불린다. NATO 국가에서 STANAG 코드를 사용하는 반면 미국은 일반적으로 NAERG number(North American Emergency Response Guide number)를 사용한다. 국가마다 사용하는 이름이 다를 수 있고, 때때로 시간에 따라 한 작용제의 이름이 변화되어 사용될 수 있다.

신경작용제의 경우 명칭은 일반적으로 G나 V로 시작되는 두 글자 부호로 나타낼 수 있다. G는 독일인(German)에 의해 개발된 작용제라는 의미로, V는 이 화합물에 대한 인식 및 연구를 통해 제2차 세계대전에서의 승리를 이끌었다는 이유로 "Victory" 작용제라는 의미로 사용되었다.

겨자 가스(수포작용제)의 명칭은 마늘 또는 겨자 냄새를 강하게 내는 것에서 유래했다.

셋째, 또한 화학무기들은 분자의 구조에 따른 정식적인 화합물 이름으로 불리기도 한다. 그러나 일반적으로 정식적인 화합물 이름보다 비공식 명칭 또는 STANAG이 더 자주 사용된다.

〈표 3-13〉 화학작용제의 명칭

구분	작용제 명칭					
	STANAG	통상명칭	분 자 식	CAS#	NAERG#	화 학 명
신경	GA	Tabun	C_5H11N2O2P	77-81-6	153	Ethy1 N, N-dimethylphosphoroamidocyanidate
	GB	Sarin	C4H10FO2	107-44-8	153	Isopropyl methylphosphonofluoridate
	GD	Soman	C7H16FO2P	96-64-0	153	Pinacolyl methyl phosphonofluoridate
	VX		C11H26NO2PS	50782-69-9	153	O-ethyl-S-(2-Diisopropylaminoethyl) methylphosphonothiolate
수포	H, HD	Distilled Mustard	C4H8C12S	505-60-2	153	Bis-(2-chloroethylsulfide
	HN-1	Nitrogen Mustard	C6H13C12N	538-07-8	153	Bis(2-chloroethyl)ethylamine
	HN-2	Mustine	C5H11C12N	51-75-2	153	Bis(2-chloroethyl)methylamine
	L	Lewisite	C2H2AsC13	541-25-3	153	Dichloro-(2-chlorovinyl) arsine
혈액	AC	Hydrogen cyanide	HCN	74-90-8	117	Hydrogen cyanjde
	CK	Cyanogen chloride	CNC1	506-77-4	125	Cyanogen chloride
	SA	Arsine	AsH3	7784-42-1	119	
질식	CG	Phosgene	COC12	75-44-5	125	Carbonyl chloride
	DP	Diphosgene	CC14O2	503-38-8	125	
	PS	Chloropicrin	CC13NO2	76-06-2	154	Trichloronitromethane

2. 화학작용제 독성의 정도 및 한방울의 치사량은 얼마나 되나?

화학작용제의 인간에 대한 치사량이 어느 정도인가를 정확하게 나타낼 수는 없다. 왜냐하면 작용제의 유효농도, 작용제의 살포방법, 오염경로에 따라 치사율이 다르고 또한 인간에 대한 치사량에 대한 정보가 대부분 동물실험으로부터 얻은 것이기 때문이다.

화학작용제의 독성에 대한 비교의 목적으로 사용되는 가장 편리한 방법은

LD50과 LFt50이다. 이 값들이 작을수록 작용제의 독성은 더 증가한다.

LD50(Lethal Dose for 50%)은 오염된 유기체의 50%를 사망시킬 수 있는 고체 또는 액체작용제의 양으로 중간 치사량(median lethal dose)이라고 한다. 단위는 mg/kg로 표적이 되는 유기체의 무게(kg)당 작용제의 질량(mg)을 의미한다.

가끔, LD50은 LD50 5mg처럼 유기체 무게의 단위를 생략하고 나타내도 하는데 이때에는 유기체의 종을 반드시 명시해야 한다. 왜냐하면 5mg의 작용제를 20g의 생쥐에게 투여하는 것과 70kg의 인간에게 투여하는 것은 다르기 때문이다.

20g인 생쥐의 5mg $= \frac{5 \times 1,000}{20} = 250$mg/kg

70g인 인간의 5mg $= \frac{5}{70} = 0.071$mg/kg

LCt50(Lethal Concentration for 50%)은 오염된 유기체의 50%를 사망시킬 수 있는 공기중의 증기 또는 에어로졸의 농도로 중간 치사 노출량(median lethal exposure)이라고 한다. L은 Lethal, C는 Concentration, t는 time의 약어이다.

노출량(Ct)은 작용제의 농도(mg/㎥)와 노출시간(min)의 곱인 mg-min/㎥으로 나타낸다. 또한 백만분률을 뜻하는 ppm(parts per million)으로도 표기하는데 다음과 같이 구할 수 있다.

$$ppm = \frac{(mg/m^3)}{gw}$$

mg/m^3 : 농도
gw: 작용제의분자량
RT: 기체상수 및 절대온도

LCt50으로 독성을 표현할 경우 반드시 노출기준시간을 명시해야 한다. 왜나하면 인체는 많은 유해물질을 분해하고 제거하는 능력을 보유하고 있고 또한 장기간 적은 양의 노출로 위험한 수준에 도달할 때까지 일부 물질들이 체내에 축적될 수도 있기 때문에 노출시간에 따라 LCt50이 달라지기 때문이다.

보기를 들면, 어떤 작용제에 30초간 노출될 경우의 LCt50은 4,000mg/㎥이고,

30분간 노출될 경우는 약 690mg/㎥이라고 할 때, 이를 다시 1분 기준으로 나타내면 2,000mg-min/㎥과 20,700mg-min/㎥으로 상이하게 나타난다.

*30초 4,000,mg/m^3 노출시의 LCt50 = 4,000÷2 = 2,000mg-min/m^3

*30분간의 690mg/m^3 노출시의 LCt50 = 690×30 = 20,700mg-min/m^3

〈표 3-14〉는 몸무게 70kg의 성인이 분당 15리터의 호흡(행정업무와 같은 가벼운 활동시의 호흡량에 해당)으로 10분동안 노출된 경우의 자료이다.

이 표를 통해 신경작용제의 독성이 다른 작용제보다 강하고 그 중에서도 VX의 독성이 가장 강한 것을 알 수 있다.

〈표 3-14〉 화학작용제의 독성

작용제	코드	LCt50(흡입) ppm	LD50(피부접촉) g/person
신경	GA	2	1
	GB	1.2	1.7
	GD	0.9	0.35
	VX	0.3	0.01
수포	HD	없음	7
	HN-1	00	미상
	HN-3	18	0.7
	L	없음	2.1
	CX	69	미상
혈액	AC	180	7
	CK	430	없음
질식	CG	79	없음
최루및 구토	CS	6,100mg/㎥	없음
	DM	1,100mg/㎥	없음
무능화	BX	20,000mg/㎥	없음

화학작용제의 독성효과는 오염경로별로 약간의 차이가 있으며, 신경작용제

의 경우 독성의 차이는 〈표 3-15〉와 같다.

이들 추정 수치는 LCt50를 LD50 값으로 여러 가지 가정(정상적 성인에 의한 공기흡입량, 실제 작용제 피부오염량 등) 하에서 전환하여 만든 것으로서, 숫자들은 절대적인 독성의 비교수치는 아니고 오직 비교만을 의미한다.

즉, 이 표를 통해 VX에 노출된 피부는 GD를 마셨을 때만큼 위험하다는 것을 알 수 있다.

〈표 3-15〉신경작용제의 상대적인 독성비교

코드	LD50(피부접촉) mg/kg	LD50(경구) mg/kg	LD50(흡입) mg/kg
GA	2.9~15	0.36~0.71	0.019~0.039
GB	1.4~7.1	0.07~0.29	0.01~0.019
GD	0.71~4.3	0.07~0.29	0.005~0.01
VX	0.07~0.21	0.04~0.14	0.001~0.003

피부접촉에 대한 치사량을 방울수로도 나타낼 수 있다. LD50을 기초로 하여 액체 한방울을 평균 0.05㎖로 간주하고 몸무게 70kg의 성인을 기준하였을 경우 GA는 18~20방울, GB는 31방울, GD는 7방울, VX의 경우 0.2방울, HD는 110방울만으로 오염된 인원의 50%를 사망시킬 수 있다.

그러나 실생활에 내포되어 있는 모든 변수를 고려한다면 이 수치는 달라질 수 있다.

3. 화학작용제가 인체에 접촉되었을 경우 인체반응 메카니즘은?

가. 신경작용제(Nerve Agents)

신경작용제 흡입→ AChE와 반응→ AChE 억제/ACh 과잉축적→ 정상적인 신경전달 방해→ 사망

신경작용제는 신경계통의 신경자극 전달에 영향을 주는 작용제로서 다른 종류의 화학작용제보다 더 치명적이고 더 빠르게 작용한다. 기체, 에어라졸 또는 액체상태로 호흡기, 눈 및 피부를 통하거나 음료수 및 음식물의 섭취를 통하여 체내에 흡수되어 동공축소, 호흡곤란, 무의식적인 배변 및 배뇨, 근육 경련 등의 증상을 유발시킨다.

정상적인 신경 전달계가 유지되려면 아세틸콜린에스테라아제(AChE: acetyl-cholinesterase)가 아세틸콜린(ACh)을 분해하여야 한다. ACh은 신경의 말단에서 분비되는 화학물질로 신경의 자극을 근육에 전달하며, ACh이 분비되면 혈압강하·심장박동 억제·장관(腸管) 수축·골격근 수축 등의 생리작용을 나타낸다. AChE는 ACh을 가수분해하는 효소이다.

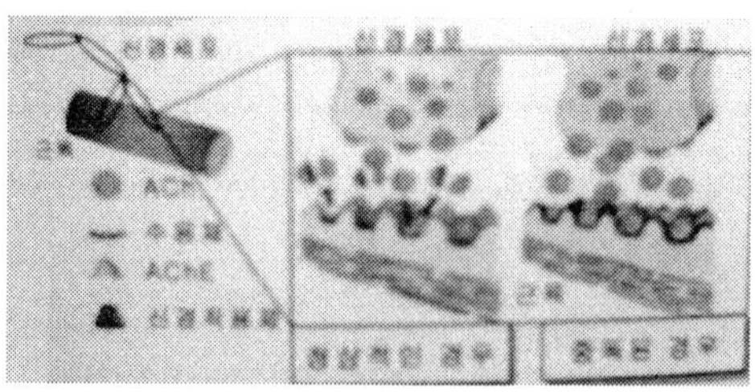

[그림 3-178] 신경작용제의 반응 메니커즘

신경작용제가 체내에 흡입되면, AChE와 반응하게 되고 AChE가 저해되어 ACh이 과잉 축적되는 결과를 야기한다. 체내에서 ACh이 분해되지 않고 쌓이게 되면, 신경 및 근육을 자극, 심장 박동수 감소와 혈압감소, 과다한 타액 분비 등의 현상을 초래한다. 또한 활성억제 등에 의한 골격근육, 부교감 말단신경, 중추신경계통 등에 영향을 준다.

나. 수포작용제(Blister Agents)

> 수포작용제 흡입→ 설포늄이온형성→ DNA/RNA, 글루타민산, 단백질과 반응→ 세포분열방해, 신진대사억제, 세포사망

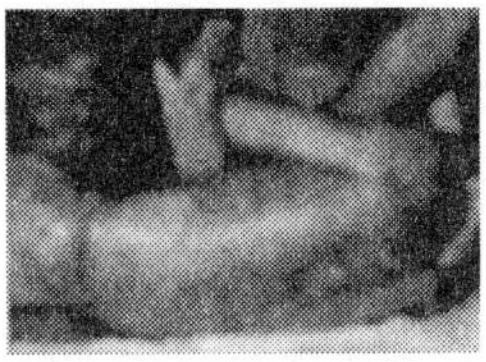

수포작용제는 호흡기, 소화기 혹은 피부를 통하여 흡수되어 염증과 수포를 유발시켜 신체조직을 파괴한다. 작용제의 증기는 축축한 조직에 민감하게 반응하며, 점막, 호흡기관에 반응하고 특히 눈에 민감하다. 고무로 된 보호의와 같은 중합체에 빠르게 침투하여 그 보호 효과를 무능화시킨다.

수포작용제의 반응은 2단계로 진행된다.

1단계에서는, 수포작용제 분자 내에 전차친화력을 지닌 S(또는 N, As)와 전기음성도가 큰 Cl이 분자내 반응을 일으켜 반응성이 큰 설포늄(Sulf-onium)이온을 자체적으로 형성한다.

2단계에서는 선포늄이 DNA/RNA, 글루타민산 및 단백질 등 생체분자들과 반응하여 생체내에서 유해한 결과를 초래하는 것이다.

설포늄은 DNA/RNA 등 세포내 단백질의 구성원소인 질소원자와 반응하여 분자사슬을 파손하여 돌연변이를 일으켜 암을 유발하거나, 세포치료 복구과정을 너무 급속하게 진행시켜 세포를 사망케하거나, 교차결합하여 세포분열을 방해한다.

설포늄이 글루타민산과 결합하면 자유 라디칼 억제물질인 글루타티온과 반응하여 글루타민산을 감소시키고 생체내 자유라디칼의 증가를 초래함으로써 세포를 파괴한다. 자유라디칼이랑 짝을 짓지 않은 활성 전자를 가지고 있는 원자

단으로 일반적으로 불안정하고, 매우 풍부한 반응성을 가지며 수명이 짧다.

설포늄이 단백질의 $-NH_2$또는 -SH와 반응하여 효소활성을 억제하고 신진대사 작용 저해를 가져와 세포막 단백질을 파괴하여 세포를 죽게 한다.

다. 혈액작용제(Blood Agents)

혈액작용제 흡입→ 시토크롬옥시다아제와 결합체 형성→ 시토크롬옥시다아제 무력화→ 세포괴사, 사망

혈액작용제는 호흡에 의해 신체에 흡수되어진다.

호흡기를 통해 혈액작용제가 체내에 흡수되면 세포 내에 산소를 공급함으로써 에너지를 세포에 전달하여 세포호흡을 담당하는 효소인 시토크롬옥시다아제(Cyrochromoxidase)의 3가 철 이온(Fe^{+3})과 반응하여 매우 안정한 결합체를 형성한다. 이 결합체는 생체를 구성하고 있는 세포내에서 에너지 생산을 담당하고 있는 미토콘드리아의 호흡과정을 마비시켜 시토크롬옥시다아제를 무력화시킨다. 이로 인해 혈액에 의한 세포로의 산소운반을 불가능하게 하여 신체조직, 특히 중추신경계통의 산소 부족을 초래하고 이로 인하여 인체 기능이 급격하게 저하되어 세포 괴사로 사망에 이르게 된다.

라. 질식작용제(Choking Agents)

질식작용제 흡입→ CO_2, HCl 생성 ① CO_2→신체내 저산소증 유발 ② HCl→폐에 액체생성→ 육지익사

질식작용제는 비보호된 인원의 호흡기(특히 폐)에 침투되어 극단적인 경우 점막은 팽창하고, 폐는 물로 가득 차고, 폐수종(육지익사)으로 인해 사망하게 된다.

질식작용제 주요성분은 Cl로서 기관지에서 수분과 반응하여 이산화탄소(CO_2)와 염산(HCl) 및 기타 부산물을 아래와 같이 생성한다.

질식작용제 ⇒ 이산화탄소 +염산

$$\mathrm{Cl{-}\overset{\overset{\displaystyle O}{\|}}{C}{-}Cl} + H_2 \Rightarrow CO_2 + HCl$$

종류	분 자 식	가수분해물
CG	$COCl_2$	CO_2, HCl
PS	CCl_3NO_2	CO_2, HCl, HNO_3
DP	$ClCO_2CCl_3$	CO_2, HCl

이러한 이산화탄소는 산소의 흡입량을 떨어지게 하여 신체 내 저산소증을 유발하고, 염산은 폐 내의 모세혈관 투과성에 영향을 끼쳐 폐에 액체가 가득 차게 하여 저산소증으로 사망에 이르게 한다.

4. 방독면은 어떤 원리로 화학작용제를 정화시키는가?

화생방작용제에 오염된 지역에서 호흡을 하게 되면 오염된 공기는 정화통을 통해서 흡입이 되어 정화가 된 후 흡기판막, 코틀막, 배기판을 거쳐 대기중으로 배출된다.

배기판에는 고무로 된 배기막이 있어서 내쉬는 공기는 방독면 외부로 나가게 되어 있으나, 방독면 외부의 공기는 숨을 들이 쉴 때 배기판을 통하여 내부로 들어올 수 없도록 되어 있다.

※ 공기흐름 순서

정화통(물리적여과기→ 화학적여과기)→ 흡기판막→ 호흡→ 코틀막→ 배기판→ 대기정화통은 0.4~0.5미리 정도의 내식성 알루미늄 합금판으로 제작된 외피에 흑색으로 칠해져 있으며, 정화통 내부에는 물리적 여과기인 여과지(Filter paper)와 화학적 여과기인 특수처리 활성탄(Active Carbon)이 들어있다.

정화통내의 여과지는 유리섬유로 구성되어 있고 액체작용제나 고체입자를 여과시킨다. 하지만 작용제가 에어라졸인 경우에는 유리섬유간에 공간이 형성되어 공기가 통과하게 되어 있다.

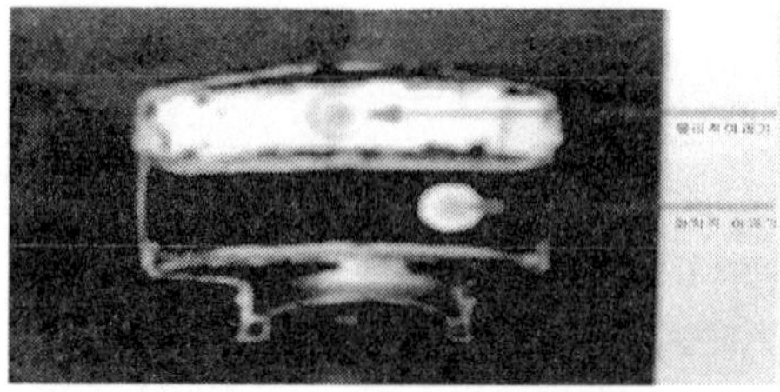

[그림 3-179] 정화통의 구조

이공간은 작용제의 입자보다 크기 때문에 작용제를 차단하거나 여과하지는 못하지만, 작용제 입자가 유리섬유와 충돌하여 흡착되게 함으로써 에어라졸 형태의 작용제를 제거할 수 있다. 그러나 가스형태의 작용제는 그대로 통과하기 때문에 이를 위하여 가스여과기에 특수처리된 활성탄을 포함시켜 가스를 흡착토록 설계되어 있다.

활성탄(AC: Activated Carbon)이란 천연, 또는 합성유기물질을 탄화 및 활성화시켜 만든 다공성 탄소물질로서 재료로는 코코넛 껍질, 석탄 등이 많이 사용된다. 먼저 원료를 공기가 없는 조건에서 탄화시킨 후 이를 다시 이산화탄소나 수증기와 같은 산화가스를 이용하여 800~1000℃ 온도조건에서 활성화시키면 만들어진 탄소의 표면과 내부는 마치 스폰지 표면과 같이 수많은 기공이 형성되는데 이와 같은 형태의 탄소를 활성탄이라 한다.

[그림 3-180] 공기흐름 순서

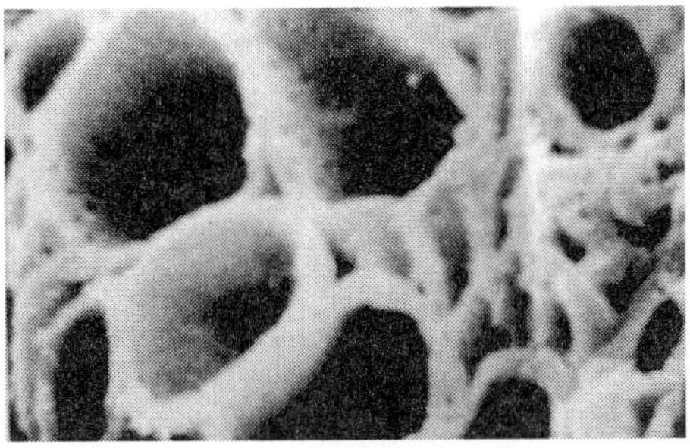

[그림 3-181] 활성탄의 미세구조

K-1방독면에는 ASC 활성탄이 사용되고 있는데 ASC 활성탄은 석탄을 원료로 제조한 다공성의 활성탄에 구리(6 ~ 7%), 크롬(2~3%), 은(0.03%)을 첨가한 것이다.

ASC 활성탄은 약 800~900㎡/g의 큰 표면적을 가지고 있으며, 2㎚ 이하의 미세기공이 잘 발달된 것이 특징이다.

기공분포는 직경 2㎚ 이하의 미세기공이 전체의 약 60 ~ 70%를 차지하며, 활성탄 입자내에서 가스의 이동현상을 원활하게 하는 중요한 역할을 한다.

정화통에 유입된 화학작용제는 활성탄의 미세기공내에 물리흡착되는데 화학작용제의 물성에 따라 활성탄에 강하게, 또는 수포작용제는 활성탄에 강하게 물리흡착하여 쉽게 탈착되지 않으나, 혈액 또는 질식작용제의 경우 흡착력이 약해 쉽게 탈착된다. 따라서 이러한 작용제를 화학적으로 강하게 흡착시킬 수 있는 활성금속을 첨가하는데 ASP 활성탄에 침착된 구리, 크롬, 은이 이와 같은 역할을 한다.

정화통은 다음과 같은 제한사항을 가지고 있다. 정화통은 얼마간 사용후 교체해야 하며, 공기중의 산소 농도가 낮으면(18% 이하) 착용자에게 호흡에 필요한 공기를 제공할 수 없으므로 사용이 불가능하다. 암모니아 가스, 일산화탄소, 산성가스 및 방사성 가스의 방호가 불가능하며 혈액작용제에 대한 보호시간도 짧다. 또한 첨착금속 중 크롬은 고온다습한 조건에서 쉽게 노화되어 CK 여과성능이 감소하게 되며 발암물질로서 인체 및 환경에 유해한 물질로 알려져 있다.

혈액작용제에 대한 보호시간이 짧은 이유는 혈액작용제가 다른 화학작용제에 비하여 분자의 크기가 아주 미세하기 때문이다. 이러한 이유로 보통의 활성탄의 구멍보다 작은 혈액작용제는 활성탄에 흡착되지 않는다.

ASC 활성탄에는 구리/ 크롬/ 은이 포함되어있어, 혈액작용제중 AC와 CK작용제는 Cu^{2+}와 Cr^{6+}가 제거하며 소량 첨가된 Ag는 SA작용제(As3)를 As2O3로 산화시켜 제거한다.

그러나 이러한 금속을 많이 첨가하면 미세한 구멍으로 인하여 공기의 흐름이 미세한 구멍으로 인하여 공기의 흐름이 저항을 받게 되어 호흡이 곤란해지는 문제점이 있다. 이러한 문제점으로 인하여 다량의 금속을 첨가할 수 없어서 소량만을 넣기 때문에 혈액작용제로부터 보호받는 시간이 제한된다.

5. 휴대용 화학작용제 탐지장비는 어떻게 화학작용제를 탐지하는가?

휴대용 화학작용제 탐지장비는 이온이동도 원리를 이용해 극미량의 유독성 화학작용제를 선택적으로 탐지 및 식별하는 장비이다.

이온이동도 분석법(IMS: Ion Mobility Spectrometry)은 대기압 조건에서 전기 장안에 존재하는 가스상태로 된 이온의 이동도를 이용하여 화학물질의 특성을 규명하는 방법이다.

이온이동도(Ion Mobility)란 전기장이 형성된 이동도관(Drift Tube)에서 이온이 이동하는 속도를 의미하며, 이온의 질량에 반비례한다. 이를 이용해 가스상태의 물질의 종류를 알 수 있다.

휴대용 화학작용제 탐지장비는 흡입부, 이온화부, 이동도관, 수집부(Collector)의 4부분으로 나뉘어 진다.

흡입부는 실리콘 멤브레인 설치하여 대기중에 존재하는 화학물질중 분석하고자 하는 물질만을 흡입하는 곳이다.

이온화부는 이온화원을 이용하여 흡입된 물질을 이온화시키는 곳이다.

이온화원으로는 ^{63}Ni 방사능 동위원소를 사용하고 있는데 흡입부로 들어온 물질은 이온화원 및 반응영역을 통과하면서 반응이온(Reactant Ion)과 생성이온(Product Ion)을 형성하게 된다.

일반적으로 공기중에는 분석하려는 물질과 반응하여 분석에 어려움을 야기하는 여러종의 화학물질이 있다. 그러므로 전하이동의 원인이 되는 양자친화력(Proton Affinity)이 큰 반응가스(아세톤, 암모니아 등)를 사용하여 이 보다 양자친화력이 더 큰 시료만을 이온화시켜 감도 및 선택성을 증가시킨다. 신경작용제는 양(+)이온을 형성하고, 혈액/ 수포/ 질식 작용제는 음(-)이온을 형성한다.

이동도관은 이온화원 및 반응영역으로부터 형성된 이온이 이동할 수 있도록 전기장이 형성되어 있는 관이다. 반응이온은 드리프트 영역으로 이온이 주입되는 것을 주기적으로 조절하기 위한 개폐역할을 하는 셔터 그리드(Shutter Grid)를 통과하여 전압구배(초기전압 약 1KV)가 형성된 이동도관 내로 들어가면, 이때 이온들은 자신의 고유한 이동도에 따라 분리되어 수입부에 도달한다.

수집부는 전도성 판으로 이루어져 있으며, 작용제 이온이 이온 이동도관을 지나 수집부에 도달하게 되면 전류 펄스가 생성된다. 이 펄스신호를 증폭하면 작용제의 종류를 식별할 수 있다.

[그림 3-182] 휴대용화학작용제 탐지장비

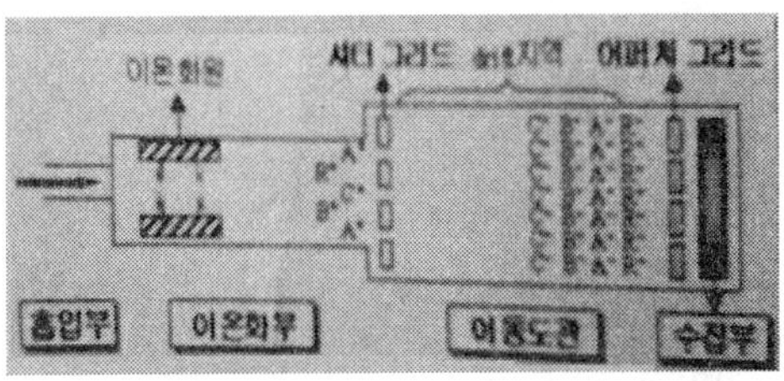

[그림 3-183] 이온 이동도관의 탐지 원리

II. 생물학작용제

1. 생물학무기와 생물학작용제는 같은 의미인가?

생물학작용제란 인체 · 동물 · 식물에 질병을 유발시키거나 물질을 변질시키기 위해 군사작전에 사용되는 미생물(곰팡이, 박테리아, 리켓치아, 바이러스) 및 독소를 말한다.

이중 독소는 생물학무기 및 화학무기 양쪽의 범주에 속하기 때문에 1972년 생물학무기금지협약(BWC), 1997년 화학무기금지협약(CWC)에 의해 금지되고 있다. 화학무기와의 차이점은 독소는 살아있는 유기체로부터 생성되는 것이고, 화학작용제는 합성되어지는 것이다.

생물학작용제 에어로졸은 크기가 1~5㎛일 때 공기 중에 장시간 부유할 수 있으므로 효율적으로 확산되어 호흡기로 흡입이 가능하다.

크기가 5㎛ 이상시 지상으로 가라앉아 폐 흡입이 제한되며, 1㎛ 미만시 폐에 흡착되지 않고 재방출 된다.

폭발에 의한 에어로졸 발생은 0.1~1%만이 1 ~ 5㎛ 크기를 유지하고 폭발시 열과 충격에 의해서 대부분 소멸되므로 매우 비효율적이다. 에어로졸 살포시 에어로졸 발생방법 및 살포기 성능에 따라 액체 생물학무기의 경우 0.1 ~ 25%만이 효율적인 에어로졸을 형성하며, 분말 상태인 경우 약 40%의 확산효율을 가진다.

생물학 무기는 미생물이나 독소 등의 생물학작용제와 살포수단(폭탄, 포탄, 살포기) 및 투발수단을 의미한다.

생물학무기는 메가톤급 핵무기에 필적할 만큼 도시와 같은 취약지역에 대량 사상자를 발생시킬 수 있다.

또한 생물학 무기는 식품 또는 주류 생산 발효장치 및 배양기를 갖춘 공장에서 값싸게 배양할 수 있어서 다른 대량살상무기에 비해서 상대적으로 저비용으로 개발이 가능하다.

유엔 군사전문가들의 보고서에 의하면 일인(一人) 살상에 필요한 평균비용이 재래식 무기의 1/2000 수준이라고 한다. 즉, 가난한 나라들이 최후로 사용할 수 있는 가장 매력적인 무기가 바로 생물무기가 될 것이라는 예상을 할 수 있다.

생물학무기는 오염 원인이 자연발생적인지 인위적인지 구별하기가 어렵고, 행위자를 파악하는 것은 더욱 어렵기 때문에 선전포고 이전의 전쟁무기로 사용될 수 있으며, 테러무기로도 가장 쉽게 사용될 수 있다.

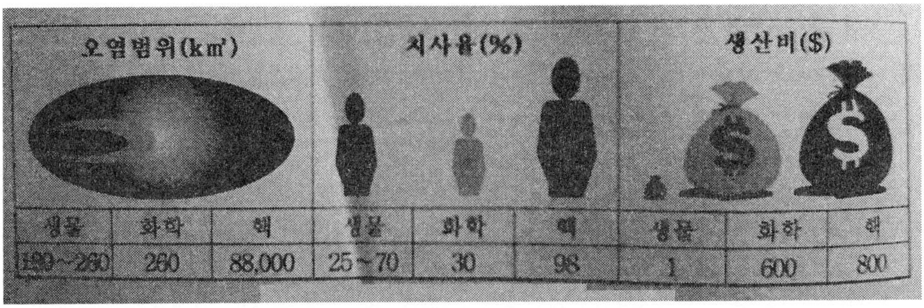

[그림 3-184] 화생방 무기별 효과 비교

2. 생물학작용제로 사용되는 미생물의 종류 및 인체내에서의 발병과정은?

생물학작용제 중 미생물이란 스스로 증식할 수 있는 살아있는 유기체로서 인체에 피해를 주는 작용제를 말하며 곰팡이, 세균, 바이러스, 리케차 등이 있다.

세균(Bacteria)은 0.5 ~ 10㎛ 크기의 단세포이다. 세균의 구조는 DNA · 세포질 · 리보솜 · 세포막 · 세포벽 · 점액층으로 구성되어 있으며 종류에 따라서는 운동기관으로 편모를 가지고 있다.

[그림 3-185] 세균의 구조

세균이 인체내로 침입하게 되면 선천면역체계에 의해 1차적으로 저지당하고 이를 통과한 세균은 증식을 시작한다. 대부분의 세균 증식은 DNA 복제에 이어 세포가 2등분되는 간단한 횡분열에 의하여 일어난다. 증식된 세균은 군락(群落)을 지어 성장하면서 신체를 감염시킨다.

병원성 세균에는 탄저균, 콜레라균, 적리균, 비저균, 유비저균, 페스트균, 부루셀라균, 야토균, 장티프스균 등이 있다.

바이러스(Virus)는 스스로 증식할 수 없고 숙주에서만 증식할 수 있으며 구조가 간단하여 생물과 미생물의 중간체로 간주되며 크기는 0.01~0.27㎛ 정도이다. 바이러스의 구조는 내부에 핵산(DNA나 RNA)이 있고 캡시드(Capsid)라는 단백질이 이를 둘러싸고 있다.

바이러스 증식은 [그림 3-187]과 같은 5단계의 과정을 거친다.

① 바이러스는 숙주세포 표면의 특수한자리(Receptor Site)에 흡착을 하고 ② 바이러스의 특수작용(식작용 또는 융합)에 의하여 세포내로 침입한 후 ③ 바이러스의 핵산이 숙주세포 내에서 해체되면서 ④ 자기 복제를 하고 적절한 구조로 조립된다. ⑤ 조립된 바이러스는 세포 밖으로 방출되어 다른 세포들을 감염시킨다.

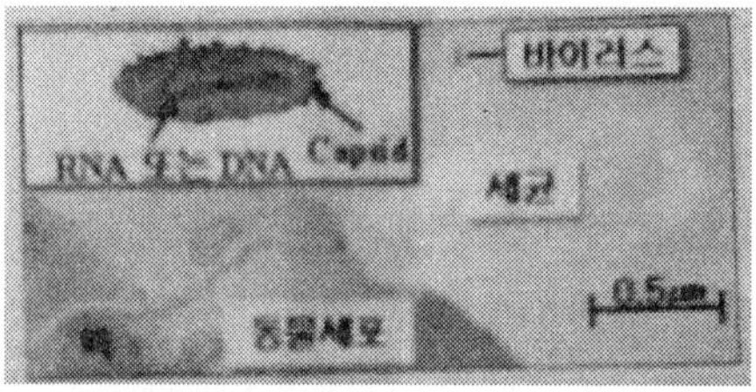

[그림 3-186] 바이러스의 구조 및 상대적 크기

[그림 3-187] 바이러스의 증식과정

바이러스 종류로는 황열병, 천연두, 인플루엔자, 일본뇌염 등이 있다.

리케차(Rickettsia)는 세균과 바이러스의 중간크기(0.3~0.5㎛)로 그 구조는 세균과 비슷하지만, 살아 있는 세포 내에서만 증식이 가능하고 인공배양액에서는 증식하지 못한다. 절지동물에 기생하는데 숙주인 절지동물에게는 질병을 발생시키지 않지만 사람이나 다른 동물이 절지동물에 물리면 중병을 일으킨다.

리케차 종류로는 발진티프스, 록키산홍반열, 큐열 등이 있다.

3. 생물학작용제로 사용되는 독소의 종류 및 인체내에서의 발병 과정은?

독소(Toxin)는 생명체 유래의 독성물질로 동물, 식물, 미생물에 광범위하게 분포한다.

독소의 성분은 일반적으로 단백질이나 지질, 다당류로 이루어져 있으며 독소를 생산한 생물체보다 진화단계가 낮은 생물에는 거의 작용하지 않고 진화단계상 자기보다 더 발달한 개체에 작용하여 해를 입히는 것이 특징이다. 따라서 포유동물이 독소를 생성하는 경우는 없다.

독소는 발생원에 따라 식물독소(Phyro-toxin), 동물독소(Zootoxin), 미생물독소(Microbial Toxin)로 분류하는 것이 가장 일반적인 방법이다.

식물독소는 식물에서 산출되는 독소를 말하며 옻나무 열매에 포함되어 있는 크로틴(Crotine)과 아부르스(Abrus)의 깍지에 포함되어 있는 아부린(Abrin), 아주까리씨에서 추출된 리신(Ricin) 등이 있다.

동물독소는 동물이 산출하는 독소이며 나사 달팽이에서 분비되는 코노톡신(Conotoxin), 복어에서 분비되는 복어독소(Tetrodotoxin), 독사에서 분비되는 코브라독소(Cobrotoxin) 등이 있다.

미생물독소는 미생물이 숙주 안에서 증식할 때 생성되는 신진대사물질이나 미생물이 사멸 또는 분해될 때 방출하는 균체 성분 가운데에서 숙주에 질병을 일으키거나 죽게 하는 것을 말한다.

미생물 독소는 작용기전(Mechanism)에 따라 장독소(Enterotoxin), 세포독소(Cytotoxin), 신경독소(Neurotoxin)로 세분할 수 있다.

장독소는 장을 자극하여 갑작스런 메스꺼움과 근육경련, 설사 및 구토 증상을 유발한다. 장독소의 종류로는 포도상구균장독소(SEB: Staphylococal Enterotoxin B), 대장균장독소 등이 있다.

세포독소는 효소작용으로 숙주의 세포를 파괴하는 독소이다. 일반적으로 독소들은 세포를 죽이지 않고 주어진 세포내에서 활동하면서 점차적으로 약화시키지만, 세포독소는 세포를 죽인다.

세포독소가 피해를 주는 조직들은 회복이 불가능하고, 만성 천식, 간이나 신장 부전, 감염에 대한 저항력 감소, 종양발전 가능성 증가 등이 추후에 나타날 수 있다. 세포독소의 종류로는 T-2 및 트리코테신, 아폴라톡신, 플레이톡신, 아브린, 진균독소, 뱀독, 바다말벌 독소 등이 있다.

신경독소는 신경자극의 전달을 방해하는 독소이다. 신경독소는 ACh 수용체에 ACh이 결합하는 것을 방해하거나, 신경자극 전달을 위한 ACh의 배출을 방해하며 신경 계통의 전기적 전달 과정을 간섭하거나, 신경계를 공격하여 종종 오염된 신경세포를 죽인다. 신경독소의 종류에는 보튤리늄 독소, 복어독소, 색시톡신, 파상풍, 양서류 독소, 전갈 독소, 말미잘 독소, 아나톡신, 마이토톡신 등이 있다.

4. 생물학작용제의 치사량은 얼마나 되나?

생물학 작용제의 효과를 정량적으로 평가하기란 쉬운 것이 아니지만, 어느 정도는 측정 가능하다.

수치로 나타낼 수 있는 유용한 단위는 최소 감염량(MID: Minimum Infective Dose)과 중간치사량(LD50)이다. 일반적으로 미생물들은 MID으로, 독소는 LD50으로 표현한다.

MID는 질병을 발병시킬 수 있는 최소 병원체 수를 말하며 〈표 3-16〉에서 보는 바와 같다. 병원체는 유기체 또는 포자(Spore)의 형태를 취한다.

포자란 다른 것과 합체하지 않고 단독으로 발아하여 새 개체가 되는 무성생식세포로 많은 세균은 그들의 영양상태가 좋지 않을 때 포자를 형성한다.

〈표 3-16〉 생물학작용제의 MID

병원균	탄 저	야 토	페스트	Q 열
MID	8,000~50,000	10~50	100~500	1~10

LD50은 전염된 인원의 반을 사망케할 수 있는 1인당 감염량의 정도를 나타낸다. 독소의 투여 방법(흡입, 경구(經口), 근육주사 또는 경피(經皮))에 따라 LD50은 바뀔 수 있다.

예를 들면, 색시톡신은 복강 주사나 정맥 주사된 쥐의 LD50은 10㎍/kg이나, 경구의 경우는 263㎍/kg이다. 그러나 인체에 대해 직접적으로 시험할 수 없기 때문에 사람에게 이 수치를 그대로 적용하기는 곤란하다.

일반적으로 독소의 독성이 가장 강한 것으로 보고되고 있으며, 특히 보툴리늄(Botulinum) 독소는 가장 치명도가 높은 화학 작용제인 VX보다 15,000배, GB(Sarin)보다는 3백만 배나 독성이 강하며 1g의 보툴리늄 독소는 천만명을 치사시킬 수 있다.

탄저균 포자의 경우는10,000개 흡입시 80%가 사망한다고 가정하면 탄저 포자 1g은 100만 명을 치사시킬 수 있다. 탄저균 10kg의 위력은 신경작용제 GB 1톤과 유사하며, 탄저균 1kg의 오염범위는 약 84㎢이며, 1톤을 동시에 운용시 약 83,300㎢의 오염이 가능하며 이는 남한의 육지면적과 유사하다.

1970년에 WHO의 전문 위원회에서 발간한 계산 모델에 따르면 인구 500,000명이 넘는 도시에 비행기로 2km 윗바람 방향으로 50kg의 탄저균을 살포하면 95,000명이 죽고 125,000명이 병을 앓게 될 것이라고 예측하였다. 이 희생은 원자탄 공격으로 입는 희생과 맞먹는다.

또한 미국 워싱톤시 인구의 반을 사상시키려면 불과 5파운드의 탄저균이 소요된다고 보고되고 있다.

그리고 1993년 미국 Office of Technology Assessmer Institute의 연구결과에 의하면 100kg의 탄저포자를 이상적 조건하에서 한 대의 비행기로 미국 컬럼비아 지역에 살포할 경우 1~3백만 명의 치사자가 발생한다고 하였다.

5. 생물학작용제의 예방 원리는 무엇인가?

생물학작용제에 대한 예방은 인체내에 면역체계를 유지함으로써 달성할 수 있다. **면역**(Immunity)이란 생체의 내부환경이 외부 인자에 대하여 방어하는 현상을 말하며, 외부 인자를 **항원**(抗原, antigen)이라 하는데 그 예로 병원성미생물 또는 그 생성물, 음식물, 화학물질, 약, 꽃가루 등이 있다. 면역의 어원은 라틴어의 immunitas이며 역병으로부터 면한다는 뜻이다. 면역은 선천면역(Innate Immunity)과 후천면역(Acquired Immunity)으로 구분한다.

선천면역은 자연면역이라고도 하며 태어날 때부터 가지고 있는 비특이적 면역체계로 항원에 관계없이 활동하며 특별한 기억작용은 없다.

선천적인 **면역체계**로는 항원의 침입을 차단하는 피부 · 점액조직, 강산성의 위산, 혈액에 존재하는 보체(Complement)등이 있다. **면역세포**로는 이물질이나 체내의 노폐세포 등을 포식하고 소화하는 대식세포(大食細胞, Macrophage)와 다형핵백혈구(Polymorphonuclear Leukocyte), 감염세포를 죽일 수 있는 K세포 등이 있다. 실제로 대부분의 감염은 이 선천면역에 의해 방어된다.

후천면역이란 획득면역이라고도 한다. 처음 침입한 항원에 대해 기억할 수 있고 다시 침입할 때 특이적으로 반응하여 효과적으로 항원에 대해 기억할 수 있고 다시 침입할 때 특이적으로 반응하여 효과적으로 항원을 제거할 수 있는 특징이 있어 선천면역을 보강하는 역할을 한다. 흔히 사용되는 면역의 정의는 후천면역을 말한다.

이물질 즉 항원이 침입한 것을 감지하면 혈액 속에서는 이물질에 대항하는 물질이 생긴다. 이것이 바로 항체이다. **항체**(抗體, antibody)는 혈액속에서 면역글로불린(Immunoglobulin, Ig), 또는 (r)-글로불린이라고도 하는 일종의 단백질로서 존재한다. 하나의 항체는 그것을 만들게 한 하나의 항원하고만 반응한다.

이처럼 항원과 항체의 반응은 상대를 가려서 특수한 한 가지와 반응하는데 이를 **항원항체반응의 특이성**이라 한다. 전염병에 대해 각기 다른 예방 주사를 접종하는 것도 이러한 특이성 때문이다.

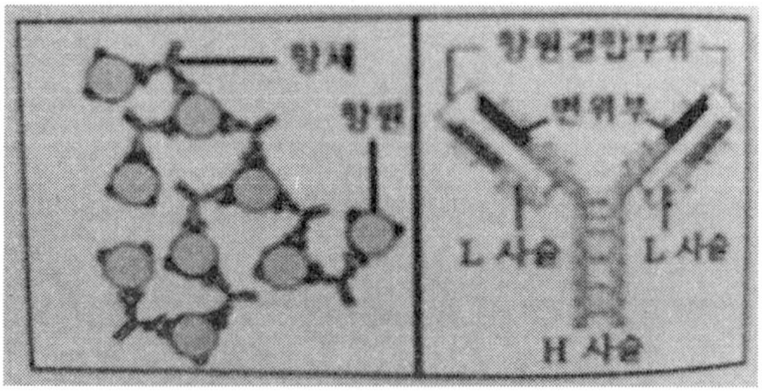

[그림 3-188] 항원항체 반응/항체의 구조

후천면역의 방법에는 능동면역과 수동면역이 있는데, **능동면역**(Active Immunity)은 백신에 의해 특이항체의 생성을 유발하는 것으로 항원의 사전 투여를 의미하고 지속적 효과를 발휘하는데 반하여 **수동면역**(Passive Immunity)은 사람 또는 다른 동물에서 생성된 항체를 이용하는 것으로 항독소(항혈청)

와 같이 독소에 의한 중독의 사전 또는 직후 특정항체를 투여하여 일시적 면역효과를 얻는다.

6. 생물학작용제의 치료원리는 무엇인가?

생물학작용제에 감염되면 일단 원인균을 식별하고 이에 따라 적합한 치료제를 선택해야 하는데 원인균이 세균이면 항생제(항균제), 바이러스면 항바이러스제, 독소라면 항독소제를 사용하여야 한다.

행생제는 대부분 미생물에서 유래되는 저분자성 약물로서 대부분 세균질병에 대하여 효능을 발휘하며, 세균이나 진균류에서 분비되어 다른 유기체의 성장을 방해한다. 항생제는 작용부위에 따라 다음과 같이 나뉘어진다.

① **세포벽합성 저해제**: 세포벽은 세균의 형체를 유지하고 높은 내부 삼투압에 견디는 역할을 한다. 여기에 속하는 항생제는 세포벽 합성의 최종단계에 촉매역할을 수행하는 효소(Glycopeptide Transpeptidase)를 공격하여 결합함으로써 세균의 세포벽합성을 저해한다.

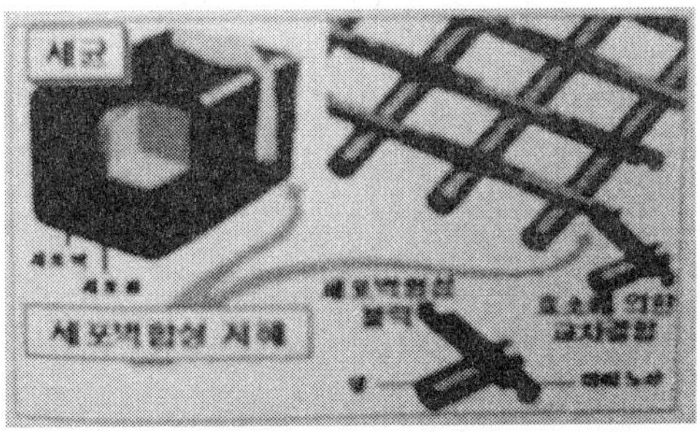

[그림 3-189] 세포벽 합성 저해반응

② **THF 합성 저해제**: DNA의 구성성분인 디옥시티미딘(deoxythymidine)의 전구물질이며 세포성장과 세포복제에 필요한 물질인 THF(Tetrahydrofolate)의 생성을 저해하는 항생제다.

③ **DNA 복제 저해제**: DNA는 유전물질을 가진 핵산이다. 유전물질은 세포분열 전에 DNA 자기복제(Replication)에 의하여 복제되는데, 이 때 작용하는 효소(Gyrase)를 저해하게 된다.

④ **단백질 합성 저해제**: 단백질 합성에 필요한 아미노산(Amino Acid)과 tRNA 결합을 방해하여 틀린 단백질 합성의 결과를 가져오는 항생제이며, 박테리아를 죽이는 작용을 한다.

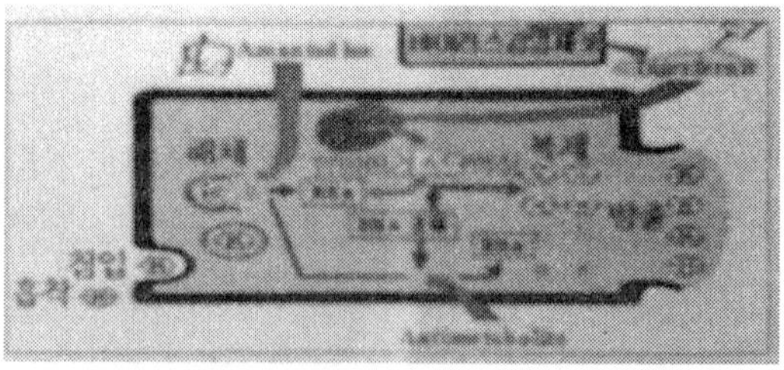

[그림 3-190] 항바이러스제의 작용 메카니즘

항바이러스제는 바이러스 증식 5단계(흡착 ~ 방출)의 각 단계별로 바이러스의 증식을 방해하는 역할을 수행하며, 아직은 해당 질병에 대해 뚜렷한 효과를 발휘하는 치료제가 없고 증상치료에 의존하는 실정이다. 특정 바이러스 감염에 대한 화학치료제는 아직까지는 심한 부작용으로 실제 사용이 제한되고 있다. 바이러스 감염에 의한 질병은 현재까지는 백신에 의한 예방이 최선이라 할 수 있다.

항독소(항혈청)은 독소를 무력화시키는 특이항체를 사용하여 수동면역의 효과를 얻고자 하는 것으로 현재는 말의 혈청을 많이 사용하고 있으며 효능 증진과 부작용을 최소화하기 위해 이를 사람의 항체로 대체하고자 하는 개발노력이 진행중이다.

7. 생물학정찰차는 어떤 장비인가?

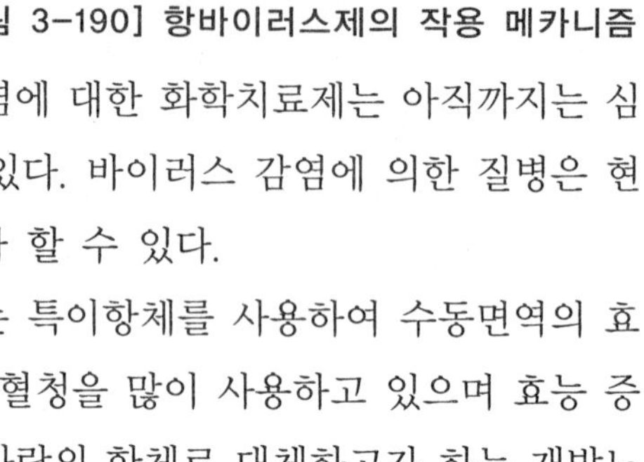

[그림 3-191] 생물학정찰차의 구조

생물학정찰차는 현용 화생방정찰차(K-316) 개조형 차체에 생물학작용제의 탐지 및 식별을 위해 공기수집기, 생물학탐지기, 유전자식별기 등을 탑재시킨 장비이다. 생물학정찰차는 농출시료(미지의 입자) 획득후 3분 이내에 탐지할 수 있고, 탐지후 60분 이내에 8종 이상의 생물학작용제의 종류를 식별할 수 있다. 세부적인 내용은 〈표 3-17〉과 같다.

생물학작용제를 탐지 및 식별하는 절차는 수집, 탐지, 추정식별의 단계를 거친다.

수집단계에서는 대기중의 미지의 입자를 공기수집기로 수집하거나 오염지역에서 수집된 분말시료를 이용한다.

탐지단계는 작용제의 존재유무를 미생물과 독소로 구분하여 탐지하는 단계로 생물학탐지기를 이용한다.

식별단계는 작용제의 종류를 식별하는 단계로 유전자식별기나 면역식별키트를 이용하며, 시료후송세트를 이용하여 시료를 후송하여 실험실에서 정밀하게 식별(확증식별)하게 된다.

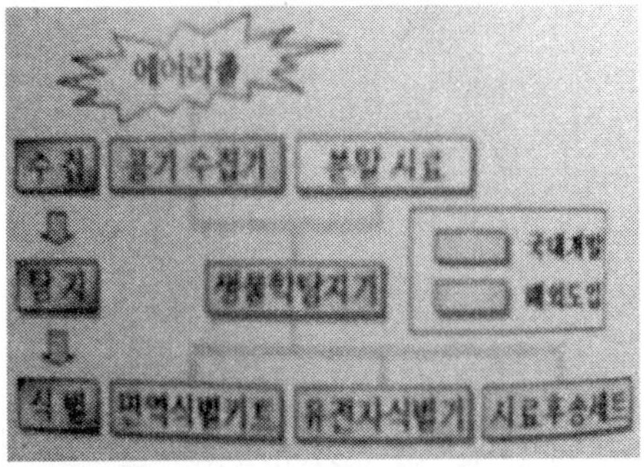

[그림 3-192] 생물학작용제 탐지·식별 절차

〈표 3-17〉 생물학정찰차와 해외 유사장비 비교

구 분	생물학정찰차	BIDS(미국)	4WARN(캐나다)	M2IB(프랑스)
자동화	탐지-식별체계 연동 및 자동화	탐지-식별 절차 수동 조작	탐지-식별체계 연동 및 자동화	
식별 기법	유전자 증폭법 항원-항체법	항원-항체법	항원-항체법	유전자 증폭법
능력	·생물학작용제 3분내 탐지, 60분내 식별	·부유입자 이상징후 3분내 감지/경보 ·화학작용제 탐지/식별 ·생물학 작용제 5분내 탐지, 15분내 식별	·부유입자 이상징후 3분내 감지/경보 ·생물학작용제 탐지/식별(15분)	·부유입자 이상징후 3분내 감지/경보 ·생물학작용제 5분내 탐지, 1시간내 식별
구성 장비	·공기 수집기 ·생물학탐지기 ·유전자식별기	·입자분석기(UVAPS) ·액상수집기/생물학수집기 ·탐지기 / 식별기 ·화생겸용탐지기 (CBMS)	·입자분석기 (UVAPS) ·입자농축기 ·생물학식별기	·입자분석기 (UVAPS) ·생물학식별기 ·액상수집기 ·유전자 식별기

III. 핵무기

1. 핵무기의 탄생 및 발전과정은?

가. 핵무기 개요

핵무기란 핵반응(핵분열 또는 핵융합)시에 방출되는 에너지를 인원과 물자의 살상 및 파괴에 이용한 무기를 뜻한다.

핵무기는 핵 폭발물을 운반하는 수단과 이를 지시 및 통제하는 수단까지 망라하지만, 일반적으로 핵무기라고 하면 핵탄두(nuclear warhead)만을 뜻하고 운반체계는 통상적으로 포함하지 않는다.

핵무기는 반응형식과 사용목적에 따라 분류할 수 있다.

반응형식에 따른 분류는 핵분열을 이용한 **핵분열무기**(nuclear fission weapon)와 핵융합을 이용한 **핵융합무기**(nuclear fusion weapon)로 구분하며, 핵분열무기는 일반적으로 원자폭탄이라고 불리우고, 핵융합무기는 일명 수소폭탄으로 불리 운다.

사용목적에 따른 분류는 전술 핵무기, 전략 핵무기, 전구 핵무기로 구분한다.

전술 핵무기는 전장내의 전투에 사용키위한 소 위력(통상 10단위의 kT급), 단사정(SRBM, 사정거리인 500마일 이하)의 핵무기이다.

전략 핵무기는 전략핵전력이라고도하며 대륙간탄도탄(ICBM), 잠수함발사탄도탄(SLBM) 그리고 장거리폭격기(LRB)의 3지주를 망라한다. 고 위력(20단위의 kT급으로부터 MT급까지), 장거리(MRBM 또는 IRBM의 사정거리 이상)의 핵무기가 포함된다.

전구(Theater) 핵무기는 유럽이나 아시아 등 전구에 배비(配備)한 핵무기로서 전술핵무기를 위주로 하여 일부의 전략 핵무기도 포함될 수 있다. 중거리탄도탄(사정거리 500 ~ 1,500마일의 MRBM과 사정거리 1,500 ~ 4,000마일의 IRBM), 중거리폭격기(MRB, 항속거리 3,500 ~ 6,000마일)가 포함된다.

> ※ 핵무기의 위력
> 1kT: TNT 1,000톤의 폭발력
> 1MT: TNT 100만톤의 폭발력

나. 핵무기의 탄생 및 발전과정

퀴리 부부에 의해서 우라늄을 중성자로 가격하면 처음의 우라늄보다 더 가벼운 새로운 물질이 되면서 동시에 중성자가 몇 개 더 방출된다는 사실이 밝혀졌다. 또한 방출된 중성자들이 다른 우라늄을 가격하여 순식간에 기하 급수적으로 핵반응이 증가되는 연쇄반응이 발견되었다.

미국은 1942년 아인슈타인의 편지를 통해서 원자탄 개발에 착수하였고 루우즈벨트 대통령은 캘리포니아 공대의 오펜하이머(Oppenheimer)교수에게 맨하탄 프로젝트를 수행하게 하였다. 이 프로젝트를 통해서 1945년 7월 15일 "홀쭉이(Thin Man)", "뚱뚱이(Fat Man)", "꼬마소년(Little Boy)"이라는 별명이 붙여진 세 개의 원자폭탄이 완성되었다.

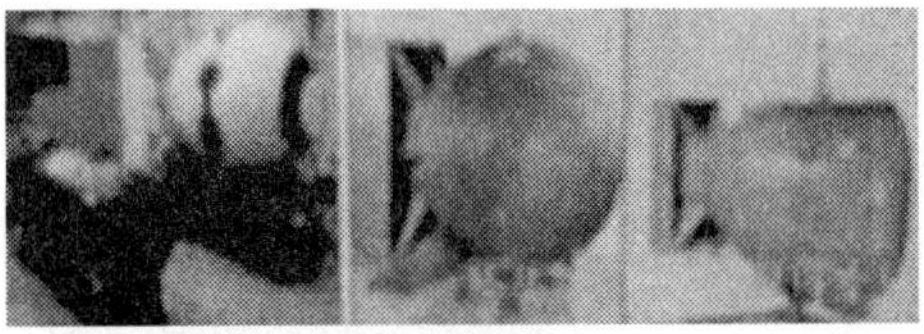

[그림 3-193] 최초의 핵무기

트루먼 대통령은 포츠담 회담에서 일본을 항복시키기 위해 원자폭탄을 사용할 것을 결정하고 마침내 1945년 8월 6일 히로시마 15kT, 8월 10일 나가사끼에 20kT의 원자폭탄을 투하하였다. 이로서 핵의 가치가 위력을 발휘하기 시작했다.

2차 세계대전 이후 핵무기의 개발은 위력이 증가되면서도 소형화되는데 주력하였다. 또한 수소폭탄의 등장과 더불어 핵분열-핵융합의 결합으로 단위 질량 당 폭발력이 대폭 증대되었다. 핵탄의 소형화는 다탄두 미사일의 등장 등 핵무기 다양화를 가능하게 하였다.

1970년대에는 투발 수단의 정확도 향상으로 인해 대규모 폭발력에 대한 필요성이 상대적으로 감소되어 핵탄두의 위력이 작아지기 시작했고 핵탄의 안정성과 신뢰성 향상에 주력하였다.

1980년대 이후로는 핵분열 및 핵융합탄의 비율 조정을 통해 핵무기 효과 중의 일부를 억제 또는 증대시킴으로 요망하는 효과만이 주로 나타나도록 하는 특수 목적의 핵탄이 개발되기 시작했다.

현재 연구개발 단계에 있는 핵무기에는 다음과 같은 종류가 있다,

초(超)플루토늄탄은 플루토늄(Pu)보다 더 무거운 아메리슘(^{242}Am)이나 큐리움(^{245}Cm) 같은 인공핵종을 이용하여 초소형으로 큰 위력을 낼 수 있는 핵분열탄이다.

순 핵융합탄은 핵 분열탄을 기폭제로 사용하지 않는 방법으로 핵융합을 달성하는 것이다.

X선 레이저무기는 핵 폭발시 방출되는 다량의 X선을 접속시켜 원거리 목표물을 타격하는 방법으로 대 위성 무기나 지구 대기권 위로 날아오는 적의 탄도미사일에 대한 방어 무기로 사용될 것이다.

[그림 3-194] X선 레이저 무기

EMP탄은 대기권 상층에서 핵폭발에 의해 생성된 직/간접의 전자기 효과를 이용하여 적 통신/레이다 시설을 마비시키기 위한 것이다.

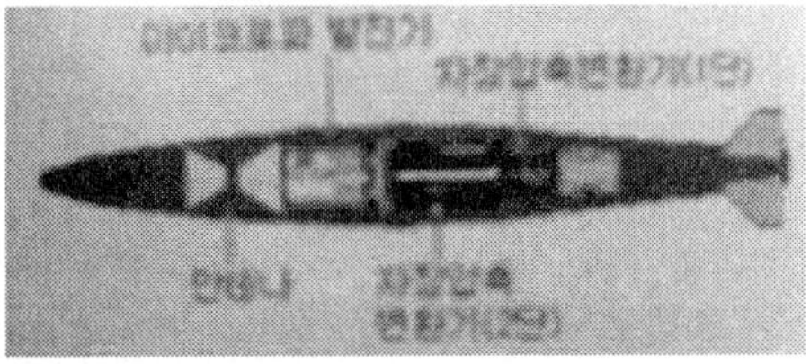

[그림 3-195] EMP탄

그밖에 **고출력 극초단파 접속빔**(high power microwave coherent beam)와 **무선 주파수 무기** (radio frequency weapon)등이 개발 중에 있다.

한편 핵무기는 비군사 부문, 즉 **원자력의 평화적 이용**으로도 활용된다. 대표적인 것이 원자로이다. 원자로는 핵분열의 연쇄반응 속도를 조절해서 발생하는 열로 물을 끓여 이때 생기는 수증기를 이용, 발전기에 연결된 터빈을 돌려 전기를 생산하는 것이다.

이 외에도 X-선을 통한 **암치료**, 체내의 이상을 검출하는 **방사선 단층 화상법**, 방사선의 물질 투과 거리를 이용하여 물질의 종류, 두께 및 밀도를 측정하는 **측후계 및 밀도계, 비파괴 검사장치, 고고학적 연대 측정** 등에 이용된다.

2. 원자폭탄의 폭발원리 및 종류는 무엇인가?

가. 폭발원리

원자폭탄(핵폭탄)은 ^{235}U 또는 ^{239}Pu라는 핵분열성 물질을 순도 높게 농축하여 분리한 다음, 이를 강력한 화약을 사용하여 점화시켜 순간적으로 고압을 가하게 될 때 핵분열반응이 급속히 진행됨으로써 에너지가 폭발적으로 방출되는 원리를 이용한다.

핵분열이란 불안정한 원자가 중성자와 반응하여 더 안정한 원자로 쪼개지는 현상을 말한다. ^{235}U의 핵이 중성자를 흡수하면 핵이 찌그러지는 변형을 가져온다.

즉, 우라늄핵이 늘어나서 걸쭉한 모양을 하게 되면 전기적 척력(斥力, 밀어내는 힘)이 핵력(끌어당기는 힘)보다 강해진다. 이러한 전기적인 반발력으로 우라늄 원자핵이 좀 더 안정된 원자로 쪼개지는 분열 현상이 일어난다.

핵분열 과정은 [그림 3-196]에서 보듯이 ^{235}U의 원자핵이 중성자를 흡수하여 지극히 불안정한 동위원소인 ^{238}U이 되고 이 때 ^{238}U은 2개의 커다란 분열편으로 나뉘어져 막대한 에너지와 평균 2.5개의 고속중성자를 방출한다.

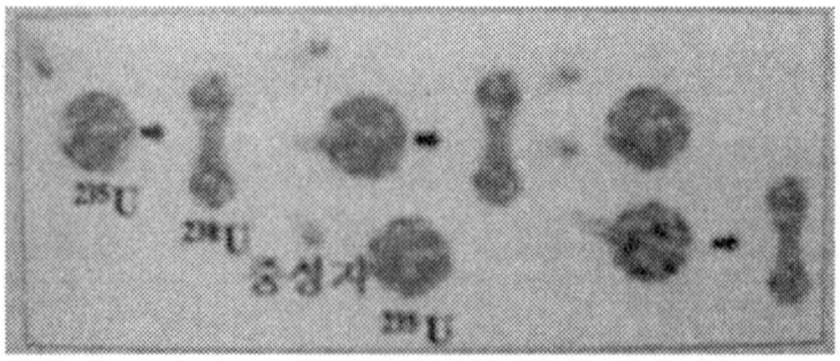

[그림 3-196] 핵분열 과정

방출된 고속중성자는 그 다음 ^{235}U의 원자핵에 흡수됨으로써 ^{238}U이 되는 과정이 반복되는 핵분열 **연쇄반응**(chainreaction)이 일어난다. 따라서 연쇄반응에는 다음과 같은 등식이 성립된다.

$$^{235}U+\text{중성자}(n)\rightarrow\ ^{238}U\rightarrow$$
$$X+Y+2.5\text{개의 중성자}(n)+\text{에너지}$$

연쇄반응이 일어나려면 연쇄반응을 일으키는 최소한도량의 ^{235}U가 필요한데이 양을 **임계량**(critical mass)이라고 한다. 임계량을 초과하는 원료물질이 일격에 연쇄반응을 일으켜 핵분열이 무수히 증대함으로써 폭발하게 된다.

그런데 이때, 쪼개진 원자들의 질량과 흡수한 중성자의 질량을 더해 보면 처음 우라늄의 질량보다 아주 적게 차이가 난다. 이 줄어든 아주 작은 질량은 모두 엄청난 에너지로 변한다.

이대 발생되는 에너지의 방출량은 아인슈타인의 질량과 에너지의 등가원리로 구할 수 있다. 보통 한 개의 우라늄 원자핵이 중성자에 의해 분열하면 2×10^8 eV의 에너지를 내는데 이는 TNT 1개 분자가 내는 에너지(30eV)의 666만 배이다.

$$E = mc^2$$
(m: 질량, c: 광속(3×10⁸㎧))

그러므로 평소에는 임계 질량 상태가 되지 않도록 핵물질을 2개 이상 여러 조각으로 분리시켜 두었다가 필요시에 순간적으로 합쳐지게 하여 임계질량 상태가 되도록 하여 핵폭발이 일어나게 하는 것이다.

폭발은 짧은 시간 동안에 작은 부피에서 많은 양의 에너지를 방출하는 것이다. 핵폭탄의 출력을 높이기 위해서는 많은 원자핵들이 매우 짧은 시간 동안에 급속히 배가되는 연쇄반응을 얻어야 한다.

핵분열 연쇄반응은 세대(generation)로 표현할 수 있는데 한 세대의 시간은 핵분열로 방출된 고속 중성자가 다른 분열 핵종에 흡수되는 평균시간을 말한다.

한 세대의 시간은 대략 0.01u sec이고 이는 사용된 분열물질의 종류, 무기의 설계 및 폭발시 밀도에 따라 변한다. 세대수는 다음 세대의 분열을 일으키기 위해 한 세대의 분열로부터 얼마나 많은 중성자가 남아 있느냐에 따라 결정되며 보통 하나의 핵 분열에서 2.5~3개의 고속 중성자가 발생된다.

만약 다른 핵을 분열시키기 위해 이들 2개가 사용되면 1~100kT의 위력을 가진 핵무기는 총 53~58세대의 분열이 일어날 것이고 방출된 에너지의 99.9%는 마지막 끝부분의 7세대에서 발생한다. 에너지 방출ㄹ은 분열된 핵수에 비례하며 이는 연쇄반응에 관계된 세대수와 동일하다.

나. 종 류

원자폭탄에는 포신형(Gun Type), 내폭형(Implosion Type)이 있다.

포신형은 핵물질(^{235}U)을 두 부분으로 나누어 저장한 상태에서 고폭장약을 터뜨려 포탄을 쏘듯이 핵물질 덩어리를 쏘아서 합치지면 임계질량에 도달하여 핵폭발을 일으킨다.

이는 우라늄 탄에 사용되며, 히로시마에 투하된 형태이다. 포신형은 효율이

나빠 현재는 거의 사용되지 않는다.

내폭형은 ^{239}Pu 및 ^{235}U 또는 두 분열 물질을 혼합하여 제조하며, 핵물질을 귤조각처럼 여러 조각으로 만들어 사이가 뜨고 속이 빈 느슨한 공(珙) 형태로 두고 둘레에 고폭장약을 감싸놓은 모양이다.

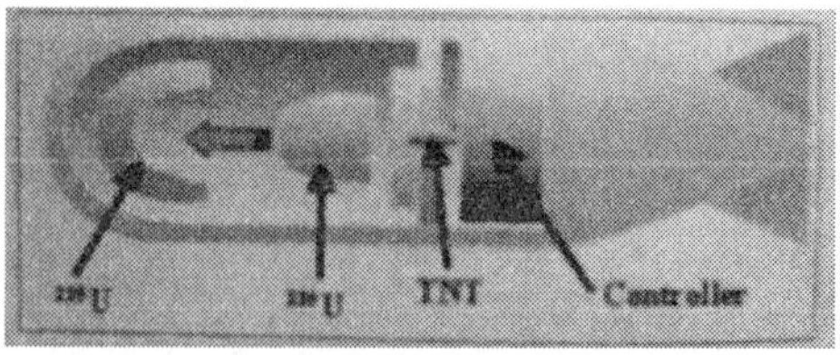

[그림 3-197] 포신형 핵폭탄

고폭 장약을 터트리면 흩어져 있던 핵물질 조각들이 가운데로 압축되면서 폭탄의 중심부는 수백만 파운드의 고압이 생성되고 이에 따라 밀도가 증가되어 입계에 도달하고 핵폭발을 일으킨다.

이는 나가사끼에 투하된 형태이다. 포신형이 상대적으로 간단하게 제조될 수 있음에도 내폭형이 같은 양의 분열 물질을 사용할 때 높은 핵출력을 내기 때문에 대부분의 핵무기는 내폭형을 취하고 있다.

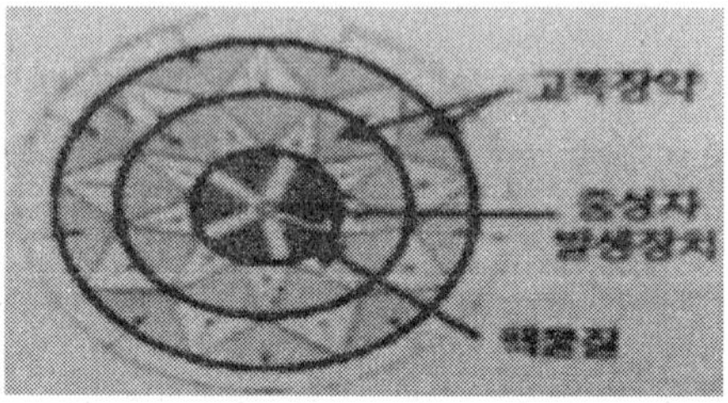

[그림 3-198] 내폭형 핵폭탄

3. 핵융합탄의 폭발원리 및 종류는 무엇인가?

핵융합탄은 수소의 원자핵이 융합하여 헬륨의 원자핵을 만들 때 방출되는 에너지를 살상·파괴용으로 이용한 폭탄으로 열핵무기 또는 수소폭탄이라고도 한다.

핵융합이란 두 개의 가벼운 원자핵이 결합하여 무거운 원자핵을 만드는 반응으로 가장 대표적인 것이 태양의 융합반응이며 핵융합시 막대한 에너지가 방출된다.

핵융합무기 연료로는 수소의 동위원소인 D(중수소, 질량수 2)와 T(3중수소, 질량수 3)가 사용된다. 초기에는 액화된 연료 혼합물 형태로 사용했으며, 수소를 액화시키기 위한 냉동기가 필요하였다. 오늘날은 통상적으로 상온에서 고체화합물인 ^{6}LiD 형태로 사용되며 LiD는 핵융합시 22.4 MeV의 에너지를 생산한다.

$$^{6}_{3}Li + ^{1}_{0}n \rightarrow ^{4}_{2}He + T + 4.8Mev$$
$$D + T \rightarrow ^{4}_{2}He(3.52MeV) + ^{1}_{0}n(14.07MeV)$$
$$^{6}_{3}Li \quad D \rightarrow 2(^{4}_{2}He) + 22.4\ MeV$$

가. 폭발원리

핵융합탄의 폭발은 2단계로 진행된다.

1단계 핵분열 기폭반응은 TNT에 의해 원자폭탄이 폭발하는 단계이며, 2단계 핵융합 물질의 연쇄 반응은 핵분열시 발생하는 고온에 의해 LiD(중수소와 리튬의 화합물) 속의 중수소가 헬륨으로 핵융합하는 반응이다.

수소 원자들이 핵융합 반응을 하여 더 무거운 헬류원자가 되기 위해서는 아주 빠른 속력으로 충돌해야 한다. 왜냐 하면 융합시 (+)전기를 띠는 원자핵들 사이에 작용하는 반발력을 극복해야 되니 때문이다. 그러므로 원자핵들이 이런 빠른 속력을 얻기 위해서는 1억도 이상이 매우 높은 온도가 필요하다. 그 정도의 열을 낼 수 있는 방법은 원자탄밖에 없으므로 핵융합탄의 기폭제로 원자탄이 사용된다.

나. 종 류

수소폭탄의 종류로는 3F탄, 질소폭탄, 중성자탄, RRR탄 등이 있다.

3F(Fission Fusion Fission)폭탄이란 수소폭탄의 주위를 천연 우라늄으로 싸고 폭발 에너지와 잔류방사능을 증대시킨 핵폭탄을 말하며 초우라늄탄이 이에 속한다. 폭발과정은 처음에 원자폭탄이 핵분열하고, 이 때 발생하는 초고온에 의하여 LiD이 핵융합을 일으키며, 마지막으로 천연우라늄(^{238}U)이 고속 중성자와 반응하여 핵분열을 일으킨다.

^{238}U은 분열성이 없어서 핵연료로는 사용하지 못하나 고속의 중상자를 맞으면 강제로 분열되어 막대한 방사능을 갖는 동위원소가 만들어진다. 이 방사선은 인명을 바로 살상하기도 하지만 물질에 흡수되어 방사성 동위원소를 만들고 이들은 길게는 몇 백년동안 방사선을 방출케 하여 사람을 살 수 없게 한다.

이렇게 삼중으로 핵반응이 일어나므로 3F 폭탄이라 한다. 3F 폭탄은 삼중의 핵반응에서 생기는 에너지가 총합되므로

위력이 크고 우라늄이 분열할 때 대량으로 죽음의 재가 발생하므로 더러운 폭탄이라고도 한다.

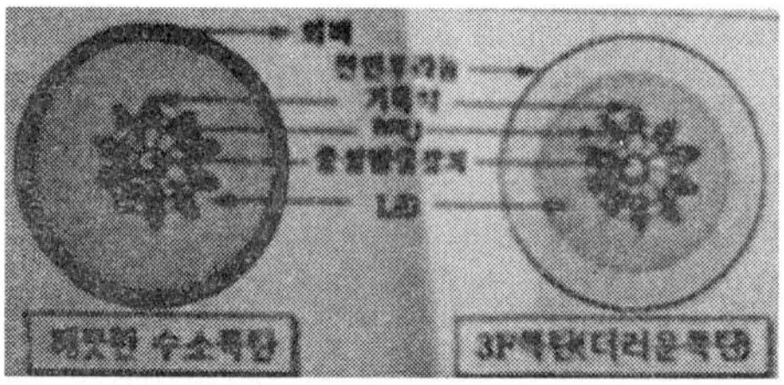

[그림 3-199] 깨끗한폭탄과 더러운폭탄

[그림 3-200] 초우라늄 폭탄(3F폭탄)

질소폭탄(Nitrogen Bomb)은 수소폭탄의 주위를 6질화바륨으로 싼 핵폭탄으로 이 폭탄이 폭발하면 수소폭탄으로부터 방출되는 중성자가 질소에 작용하여 β 방사능을 지닌 ^{14}C탄소(중탄소)로 바뀌며, 이것이 넓은 지역에 뿌려짐으로써 강력한 방사능 오염지대를 형성하며 다른 핵폭탄보다 큰 방사선 피해를 준다.

중성자탄은 수소폭탄의 기폭제인 원자폭탄을 감싸고 있는 ^{238}U을 없앤 형태로 폭풍, 열복사선 및 방사선의 방출을 최대로 줄이는 대신, 투과성이 아주 높은 중성자만을 방출하게 하여 건물을 파괴하지 않고 건물 속에 들어 있는 인명만 살상하도록 만들어진 폭탄이다.

중성자탄은 LiD보다는 D와 T를 사용하여 고속중성자 방출을 극대화한다. D와 T의 핵육합반응은 약 14MeV의 에너지를 가진 중성자를 방출하는데 이때 방출되는 중성자수는 핵분열반응에서 보다 6배 이상 많다.

RRR(Rduced Residual Radiationbomb)은 중성자 폭탄에 이어 미국에서 개발계획중인 신형 핵 폭탄으로 잔존 방사능을 감소시킨 폭탄이라는 뜻이다. RRR은 열과 폭풍을 강화하여 강력한 파괴력을 갖은 폭탄으로 주위의 모든 건물, 무기, 인명을 완전히 파괴시키는 폭탄이다. 방사능을 최소화한 것으로, 「깨끗한 폭탄」으로 불리며, 미래의 핵폭탄이라고 불린다.

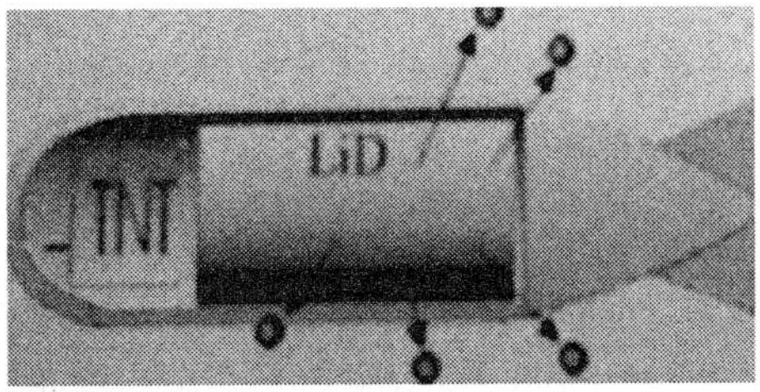

[그림 3-201] 중성자탄

이와 같은 핵융합반응에서 방출되는 에너지는 분열반응보다 적지만 융합반응의 핵연료들이 훨씬 가볍기 때문에 단위 질량당 얻을 수 있는 에너지는 3~4배에 이른다. 순수한 융합무기는 레이저를 이용 그 가능성을 높이고는 있지만 아직까지 제조하지 못하였고, 순수한 분열무기는 낮은 핵 출력을 갖는다. 따라서 높은 핵 출력을 가진 무기는 통상 분열-융합의 조합으로 이루어진다.

핵융합탄은 이론적으로 핵융합연료의 양에 관계없이 무기를 만들 수 있기 때문에 큰 핵 출력을 가진 무기 제조가 가능하다. 지금까지 알려진 가장 큰 핵융합탄은 러시에서 만든 핵분열-융합탄으로 60MT규모이다.

4. 핵무기 초기효과란 무엇인가?

핵무기의 저공폭발에서 발생되는 효과와 에너지의 분포는 대체로 폭풍 50%, 열복사선 35%, 초기 핵 방사선 4%, 잔류핵 방사선 10%, 전자기파(EMP, Electromagnetic Pulse) 1%이다.

초기효과란 핵폭발 1분 이내에 발생되는 효과로서 열복사선, 폭풍, 초기핵방사선, 전자기파가 이에 해당된다.

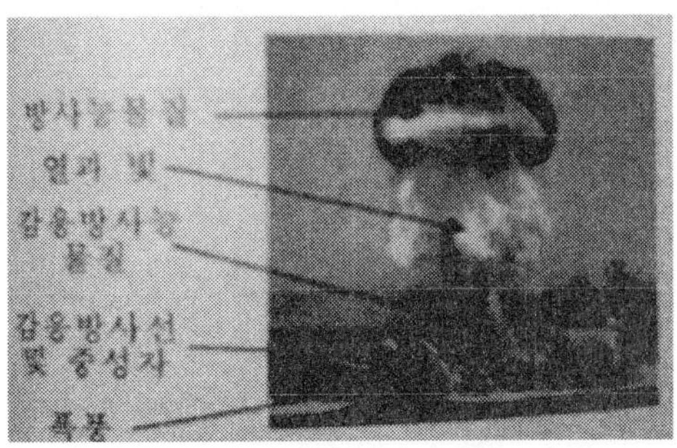

[그림 3-202] 핵무기의 효과

가. 열복사선

핵무기의 폭발은 1μ초(100만 분의 1초) 내에 일어난다. 이와 같이 극히 짧은 순간에 방출되는 에너지의 대부분은 X선이 되면서 사방에 방사된다.

X선은 대기권 밖에서는 흡수되지 않고 원거리까지 전파되는데, 대기권 내에서는 주위의 공기에 흡수되면서 급격히 감퇴되지만 다량의 X선을 흡수한 공기는 고온으로 인해서 불덩어리(화구(火球))를 형성하게 된다.

이 불덩어리에서 적외선·가시광선·자외선 등의 광선이 방출되어 주위 일대에 소이효과(燒夷效果)를 미치게 하고 인원에게는 화상 및 실명을 가져온다.

20kT의 표준 원자폭탄의 경우 1μ초 안에 6,000만℃가 되고, 1.5μ초 후에는 지름 1m의 5,000만℃불덩어리 형성하고, 1만분의 1초 후에는 지름 13~14m의 30만℃ 불덩어리 형성하게 되어 화구로부터 4km 거리에 위치한 인원은 경미한 피부화상을 일으키며, 16km에 위치한 인원은 열을 느낄 정도가 된다. 또한 2.5km이내의 가연성 물질을 연소시킨다.

1kT에서 20MT에 해당되는 핵무기 대한 열복사선에 화상 피해는 다음과 같이 산출할 수 있다(Y: kT 단위).

1도화상 피해거리(km) = $Y^{0.38}38 \times 1.20$
2도화상 피해거리(km) = $Y^{0.40} \times 0.87$
3도화상 피해거리(km) = $Y^{0.41} \times 0.67$

주간의 섬광실명은 2분 이상 지연되지 않으며 야간에 폭파구를 바라본 인원은 35분, 바라보지 않은 인원은 15분간 실명된다. 화구를 바라본 인원은 영구적인 망막화상을 일으킬 수 있다.

나. 폭 풍

핵폭발시의 발생되는 고열은 주위의 공기를 가열시키고, 가열된 공기는 급격히 팽창해서 충격파와 폭풍이 있다.

충격파는 초속 340m의 속도로 퍼져나가 폭발 중심지 주변의 건물을 파괴시킨다. 축격파가 미치는 거리는 다음의 공식에 따른다(Y: kT 단위). 1psi(pounds square inch)의 압력은 유리창문이 흔들리는 정도이며, 3psi에서는 주택건물이 파괴되며, 10psi에서는 콘크리트 건물이 심각한 훼손을 입게 된다.

$$충격파\ 피해거리(km)=Y^{0.33}\times 압력상수$$

압력	1psi	3psi	5psi	10psi	20psi
상수값	2.2	1.0	0.71	0.45	0.28

충격파가 지나간 후 뒤따라 폭발 중심의 팽창으로 폭풍이 불게 된다. 바깥 방향으로 폭풍이 불고 나면 폭발 중심부는 진공상태가 되어 이번에는 거꾸로 같은 세기의 후 폭풍이 몰아치게 되는데 이때에는 1차 폭풍으로 파괴된 온갖 모든 파편들과 모래, 흙 등을 공중으로 끌어 올려 반경 1.5km 이내를 완전히 폐허로 만들어 버린다.

[그림 3-203] 원폭에 의한 폭풍효과

20kT의 핵무기가 폭발시 반경 800m이내 인원은 폐나 고막이 파열되며, 2km 이내의 건물은 완파, 4km 이내의 건물도 반파되는 엄청난 폭풍파가 발생된다. 참고적으로 초속 50m의 바람은 열차를 전복시키고 태풍의 최대 풍속은 초속 32m이며, 초속 35m일 때 사람이 날아가는 풍속이다.

다. 초기핵방사선

초기핵방사선은 군사작전에 가장 낳은 영향을 미치는 요소로서 핵폭발 1분 이내에 발생하는 방사선이며 α, β, γ선 및 중성자로 구성되어 있다. 발생되는 방사선은 광속으로 직선으로 전파되며, 일부는 대기중에서 흡수되거나 산란된다. γ선은 투과력과 비산거리가 가장 길며 중성자는 토양 및 금속원소를 반응시키는 능력을 갖고 있기 때문에 감응방사선 오염지역을 형성시킨다.

핵폭발시 폭풍과 핵방사선 효과의 상대적인 비교는 핵무기 위력에 따라 다르나 무기위력이 적은 핵무기 폭발시 초기핵 방사선은 폭풍보다 더 멀리 효과를 미치며 50kT 이상의 핵무기 폭발시는 초기 핵방사선보다 폭풍의 효과가 더 멀리 영향을 미친다.

20kT의 표준원자폭탄이 공중 또는 지표면에서 폭발한 경우 방사선에 의해서는 1km 이내의 전체 인원에게 치사량의 방사선량을 조사(照射)하게 된다.

라. 전자기파 효과

전자기파는 핵폭발시 방출되는 γ선(초기방사선)이 주위 공기 중의 원자들의 전자를 이탈시켜 폭발주변의 대기를 이온화시킴으로써 발생되는 1㎒에서 수백 ㎒에 이르는 강력한 전자장이다. 이 전자장은 상당히 광범위한 지역에 영향을 미치며 반도체와 각종 장비를 손상시켜 각종 군사장비, 미사일, 항공기 등의 기능을 마비시킨다. 전자기파의 전계강도는 폭발부근은 수MV/m 정도이다.

이런 효과의 피해 반경은 폭풍, 열, 핵 방사선 효과의 반경보다 더 멀리 영향을 미치고 전자장비이 종류, 폭발고도 및 사전 예방조치에 따라 달라진다.

5. 핵무기는 어떻게 구성되어 있는가?

핵무기는 핵물질, 고폭장치, 중성자 발생장치, 격발장치 및 반사재로 구성된다.

핵물질은 핵분열을 일으키는 핵종(원자핵의 종류)을 말하며 가장 중요한 핵물질로 우라늄과 플루토늄이 있다.

우라늄은 ^{235}U의 비율에 따라 자연상태에 존재하는 천연우라늄, 농축우라늄, 감손우라늄(또는 열화우라늄)으로 분류한다.

플르토늄은 원자로내에서 ^{238}U이 중성자를 흡수하여 만들어지는 인공 핵종으로 자연에는 존재하지 않으며 여러 개의 동위원소 중 가장 중요한 것은 ^{239}Pu이다.

〈표 3-18〉 우라늄의 종류

구 분	^{234}U	^{235}U	^{238}U
천연U	0.0054%	0.71%	99.28%
농축U		0.72% 이상 (통상 5~90%)	
감손U		0.71% 미만	

IAEA에서 정의하는 핵물질의 「의미있는 양(Significant Quantity)」은 플루토늄 8kg, 우라늄 25kg이다. 이 정도의 양이면 조잡한 정도의 핵무기를 제조할 수 있는 양으로 보통 기술수준에서 TNT 약 20kT의 위력을 낼 수 있다.

고폭장치는 기폭장치로도 불리며, 분리된 상태의 핵물질을 임계상태로 압축 및 결합시키기 위한 폭약장치를 말한다.

핵폭발이 일어나는 약 백만분의 2초내에 핵물질을 완벽하게 결합시킬 수 있도록 정밀하게 설계, 제작되어야 한다.

핵물질의 이동속도는 최소 1,000m/s이상이 되어야 하므로 폭속이 빠르고 강력한 고성능 폭약이 요구된다.

중성자 발생장치는 핵폭발에 필요한 핵분열 연쇄 반응을 시작하기 위해 최초의 중성자를 제공하기 위한 것이다. 중성자는 베릴륨에 α입자가 충돌하면 발생한다($^{9}_{4}Be + {}^{2}_{4}\alpha \rightarrow {}^{12}_{6}C + {}^{1}_{0}n$).

중성자 발생장치는 폴로늄(Po)이나 라듐(Ra)같이 α선을 방출하는 핵종을 얇은 알루미늄 막으로 감싸서 베릴륨 분말속에 넣고 핵폭발 장치의 핵 물질 중앙에 놓은 것을 말한다.

알루미늄 박막의 두께는 약 0.02mm정도로서 저장시에는 α입자가 베릴륨과 충돌을 못하도록 차단하는 역할을 한다(α입자는 알루미늄막을 투과하지 못함).

격발시에는 고폭장약의 폭발과 더불어 알루미늄 박막이 찢어져 제거되면 α입자가 베릴륨과 접촉하여 반응을 하게 되고, 이때 방출되는 중성자가 핵물질을 타격하면 핵분열을 일으키게 된다.

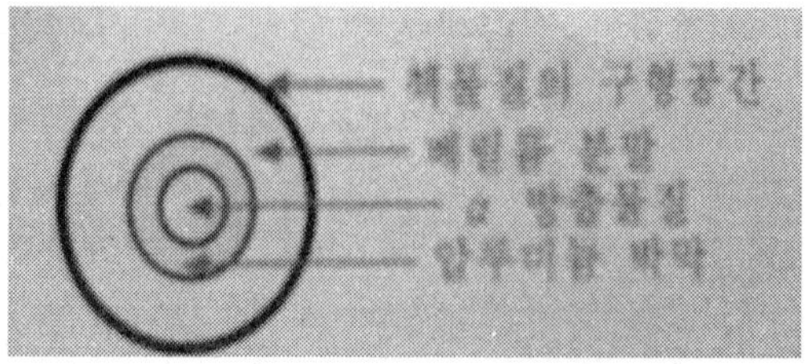

[그림 3-204] 중성자 발생장치

격발장치는 고성능 폭약을 점화하기 위해 사용되며 정교한 다중 동시 격발장치가 필요하다.

반사재는 중성자가 폭발순간까지 우너자탄에서 밖으로 이탈하지 않도록 중성자를 다시 돌려보내는 역할을 하며 핵분자를 다시 돌려보내는 역할을 하며 핵분열 효율을 높일 수 있다. 통상 베릴륨이나 ^{238}U이 사용된다.

6. 핵무기 잔류효과란 무엇인가?

핵무기 잔류효과란 초기효과 이후 나타나는 효과로 낙진과 감응방사선이 있고, 장기간 오염지역을 형성시키기 때문에 군사작전에 커다란 영향을 미친다.

가. 낙 진

핵폭발시 발생되는 방사선중 초기 5%의 초기 방사선 외에 10%의 잔류 방사선은 후폭풍으로 하늘로 올라간 먼지나 파편을 방사화시켜 방사능을 띄는 「죽음의 재」를 형성하며 시간이 지나면서 무거운 순서대로 지면에 떨어져 방사성 낙진이 된다.

낙진은 표면폭발이나 표면하 폭발시에 형성된다.

공중폭발의 경우에는 방사능을 지닌 폭발생성물이나 폭탄의 잔편이 작은 입자가 되어 대부분 성층권으로 올라간 후 서서히 방사성을 줄이면서 넓은 지역에 강하하게 되므로 국지적인 짙은 오염지대를 형상하지는 않는다.

그러나 표면폭발시에는 대량의 흙·암석·먼지 등이 불덩어리에 끌려 들어가 응결되면서 상당히 큰 입자가 되므로 폭심 부근의 바람 부는 쪽에 잔류 강하방사능에 의한 짙은 오염지대를 형성하게 된다.

1MT의 지상폭발에 의하여 발생하는 방사선의 총 선량은 폭발 한시간 후에 1,000억 퀴리(gurie) 이상이다.

이는 시간이 지날수록 점점 줄어들이만 반경 100km 내에는 1주일 동안은 어떤 생명체도 살 수가 없고, 적어도 25년동안은 방사선에 노출될 위험을 안고 있어야 한다.

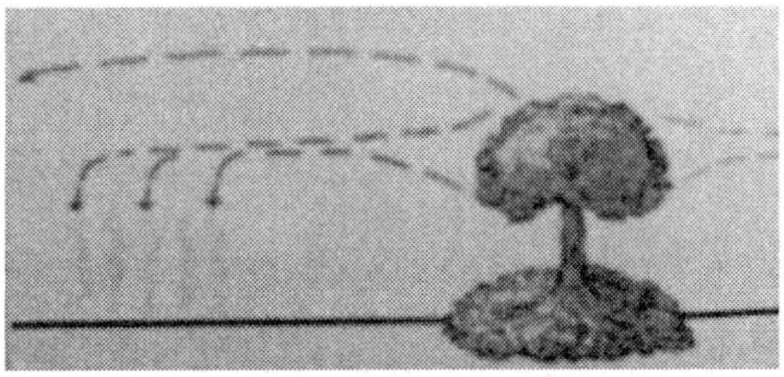

[그림 3-205] 낙진 형성

나. 감응 방사선

감응 방사선은 핵무기가 저공폭발이나 표면하 폭발시 지상원전 주위에서 형성되는데 핵폭발시 방출되는 양성자가 토양내의 원소에 흡수되어 감응방사선 오염지역을 형성하게 된다.

이 지역에서 방출되는 방사선은 비산거리가 길고 투과력이 강한 γ방사선으로 군사작전에 커다란 영향을 미치며 핵 폭발후 2~5일까지 위험이 계속되고 경우에 따라 장기간 계속될 수도 있기 때문에 체류하거나 횡단할 때에는 각별히 주의해야 한다.

7. 핵무기 폭발형태에 따른 핵무기효과의 차이는 무엇인가?

핵무기 효과는 핵탄으 폭발 높이에 따라 달라지는데 폭발고도에 따라 공중폭발, 표면폭발, 표면하폭발로 구분되며 형태에 따라 그 효과가 다르다.

20kT은 공중 300m, 10MT은 공중 2,400m에서 폭발시키는 것이 최대효과를 낸다.

공중폭발은 화구가 지표면에 접촉되지 않으면서 폭발하는 형태로 저공폭발과 고공폭발로 구분된다.

[그림 3-206] 공중폭발(저공/공중)

저공폭발시 폭풍, 열. 초기 핵방사선의 효과가 증대되고 핵폭발이 방출되는 중성자에 의한 지상원점 주위에 감응방사선 오염을 형성하게 되므로 감응오염 지역을 횡단하는 부대는 회단점에서 방사능 탐지를 실시하여 위험정도를 결정하고 우회여부를 판단해야 한다.

고공폭발시 지상원점의 감응방사선 강도를 감소시키거나 노출된 인원, 목조건물 같은 견고하지 않은 표적에 최대의 폭풍피해를 주기 위해 사용되며 공중폭발시는 강우, 강설에 의한 낙진만을 군사적 위험요소로 고려한다.

[그림 3-207] 표면폭발

표면폭발은 화구가 지표면에 접촉되는 형태로서 폭풍, 열, 초기 핵방사선 효과는 공중폭발 때보다 감소된다. 표면폭발시 감응방사선은 무시되나 낙진은 무기위력 및 지상조건에 따라 넓은 지역을 오염시킨다.

표면하 폭발은 지하표적 및 건축물에 피해를 주고 장벽 및 장애물 설치를 위해 폭파구를 형성할 때 사용된다.

[그림 3-208] 표면하 폭발

표면하 폭발은 폭풍, 열, 핵방사선 효과는 크게 감소되나 충격파가 지면에 전달되어 시설물을 파괴시키고 많은 양의 낙진을 형성한다.

IV. 제원 및 특성

1. 화생방정찰차(K-216)

제작사: 대우종합기계
가격(억): 12.5

중량(톤)		13	항속거리(km)	480
제독기	탱크용량	15L	최대속도 (km/h)	70
	살포면적	150㎥	운용요원(명)	4

● 화생방 작용제의 신속한 탐지식별 및 조기경보
● KMK2자동경보기, 기상측정장비 장착
● 양압장치
● 운용: 상비/기계화 사단, 기갑여단, 기동군단

※ 제원 참고: 기술교범 K9(1)-2350-601-34P 화생방정찰차(K-216)

2. 화생방정찰차(K-316)

제작사: 기아자동차
가격(억): 8.5

중량(톤)		13	항속거리(km)	480
제독기	탱크용량	15L	최대속도 (km/h)	80
	살포면적	150㎥	운용요원(명)	4

● 화생방 작용제의 신속한 탐지식별 및 조기경보
● KMK2자동경보기, 기상측정장비 장착
● 양압장치
● 운용: 상비/동원사단, 군단

※ 제원참고: 기술교범 K9(3)-2320-380-20 및 P 화생방정찰차(K-316)

3. KM9제독차

제작사: 기아자동차
가격(억): 0.86

<table>
<tr><td>급수능력
(GPM)</td><td>100</td><td rowspan="3">제
동
능
력</td><td>인원</td><td>48명/H</td></tr>
<tr><td>펌프용량
(1 / 분)</td><td>378</td><td>장비</td><td>21/2톤 8대/H</td></tr>
<tr><td>살포능력</td><td>분당
50 G/A</td><td>지역</td><td>1173㎡/1대</td></tr>
<tr><td>동 력</td><td>21/2차량</td><td colspan="2">인체
샤워
(명/회)</td><td>20명</td></tr>
<tr><td colspan="5">● 오염된 인원, 장비 및 지역제독</td></tr>
</table>

※ 제원 참고: 야전교범 3-30 화생방 장비 운용

제10절 해 · 공군 무기

I. 해군무기

1. 해군 현황 및 해군력 건설방향과 함정의 분류

우리나라 해군의 역사는 크게 초기, 자주국방기, 대양해군 준비기로 나눠 살펴볼 수 있다.

초기('45~'65년)는 해방후 미 군원(지원) 함정을 인수하거나 2차 대전시 사용된 함정을 보유하고 있던 시기였고, 자주국방기('65~'90년)는 국산 고속정, 초계함, 호위함을 전력화하고, 대잠초계 항공기, 함재 헬기를 도입 및 함대함 미사일을 보유함으로 북한 해상침투 대응 능력을 강화한 시기였으며, 대양해군 준비기('93~현재)에는 '92년 잠수함 도입 이후 국내 양산체제를 갖추었으며, 해상 초계기, 한국형 구축함, 기뢰부설함 등을 실전 배치하여 입체적 전력 구축 및 함정 대형화를 이룩함으로서 21세기형 대양해군 건설을 위한 발전의 기틀을 다졌다.

현재 해군의 조직은 참모총장 예하 작전사(3개 함대사), 해사교, 군수사, 교육사, 해병대사로 편성되어 있다.

현재 해군이 보유하고 있는 전력은 해상 · 공중 · 상륙전력이 있다. 해상전력으로 전투함(구축함, 초계함 등), 잠수함(정), 지원함이 있으며, 항공전력으로는 해상초계기, 해상 작전 헬기(대잠, 해상초계), 지원헬기(UH-60, UH-1H)가 있고, 상륙전력으로는 전차, 상륙장갑차, 야포(K-9 자주포 포함)등이 있다.

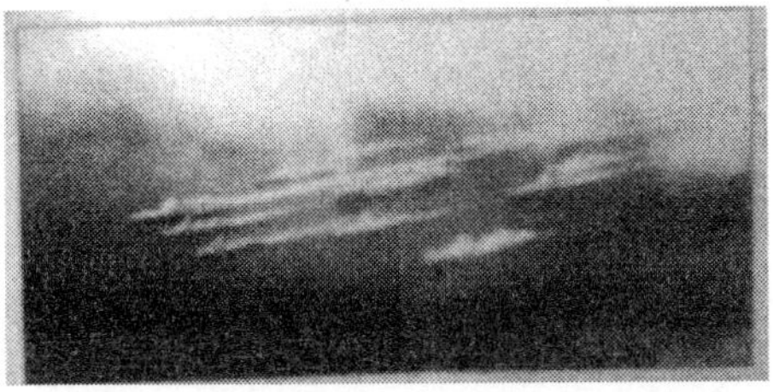

[그림 3-209] 환태평양 훈련 기동장면

해군 작전은 해상, 대잠, 특수, 구조, 상륙작전 및 기뢰전 등이 있다.

전 세계적인 해군 전력은 통상 해상 · 해중 · 항공전력으로 살펴볼 수 있다.

구 분	내 용
해 상 전 력	• 항공모함 · 순양함 · 구축함 • 호위함 · 초계함 · 고속정 • 상륙함 · 기뢰함 · 지원함
해 중 전 력	• 공격잠수함 · 잠수정 • 탄도유도탄잠수함 · 핵추진잠수함 • 핵추진탄도탄잠수함 • 순항유도탄잠수함 • 핵추진순항유도탄잠수함
항 공 전 력	• 고정익 항공기 – 해상초계기, 전투기, 폭격기, 전자전기 • 회전익 항공기 – 대잠 헬기, 해상 초계헬기, 다목적헬기, 소해/공격헬기

해군의 무기체계는 함정, 해중, 항공, 통신전자, 지휘통제, 정보/전자전, 유도, 기

동, 화력무기체계로 9개 무기체계로 구분되어 있으며, 함정의 종류에 따라 다수의 무기체계, 장비가 탑재·연동되어 복합무기체계로 통합성능을 발휘하게 된다.

해군이 건설하고 자 하는 전력은 다양한 임무수행이 가능한 경함공모함과 호위함, 초계함 및 고속정으로 구성된 동·서·남해「해역함대」전력, 최신예 구축함, 이지스(AEGIS)급 구축함으로 구성된「전략기동함대」전력을 균형되게 건설하는 것이다.

함정은 다수의 개별 무기체계 및 장비가 탑재되고 연동되어 통합성능을 발휘하는 복합 무기체계로서, 한국형 구축함인 KDX-Ⅰ의 경우 45종의 개별 무기체계와 105종의 일반장비가 탑재되어 있다.

함정은 무기체계임과 동시에 승무원이 함정내에 거주하며, 작전·정비·훈련 및 행정업무를 수행하는 부대창설 개념이 적용된다. 또한, 해군 작전 형태와 적위협 세력에 대처하기 위해 다종·소량의 함정을 획득하는 특징을 가지고 있다.

함정의 분류는 2차 세계대전까지는 탑재 무기체계와 톤수에 의한 구분이 가능하였지만, 오늘날 이러한 함종을 명확히 규정하는 것은 없으며, 실제로 순양함, 구축함, 호위함, 초계함 등을 규정하기 모호하며, 각국별로 상이하다.

함정분류	함 정 약 호	
항공모함	CV	Aircraft Carrier
잠수함(정)	SS	Submarine
순양함	C	Cruiser
구축함	DD	Destroyer
호위함	FF	Frigate
초계함	P	Corvette
고속정	P	Patrol Boat
상륙함정	L	Amphibious Ship
기뢰전함정	M	Minewarfare Ship
지원함정	A	Auxiliary Ship

함정 약호에 붙여지는 문자는 아래 표와 같은 의미로 지니고 있다(예: CVL 경항공모함).

첨자	내 용
A	• 공기부양(Air Cusion) 함정
B	• 탄도유도탄 보유함정
C	• 주로 연안 운용 함정 또는 고속정
D	• 함미에 램프가 설치된 함정
E	• 탄약 수송 또는 호위임무 함정
G	• 유도탄 보유 함정
H	• 항공기 탑재 함정, 수중익(翼) 장착 함정
K	• 화물을 수송하는 함정
L	• 톤수가 작은 함정(Light)
N	• 원자로를 사용하는 함정
O	• 대양(Ocean) 작전 가능 중형 함정 또는 유류수송 함정
S	• 대잠전 임무 수행 가능 함정
T	• 훈련을 위해 사용되는 함정, 수송함

전 세계적으로 함정이 전력화될 때 고유한 이름을 붙이고 있다. 미국의 경우 핵잠수함인 경우 통상 주(州) 이름을(펜실베니아함, 켄터기함, 미시간함 등), 항공모함은 통상 유명인(니미츠함, 케네디 함 등)의 이름을 붙이고 있다.

우리 해군도 함정마다 이름을 붙이고 있는데, 잠수함에는 유명한 수군(水軍) 장수들의 이름을 (장보고함, 최무선함 등), 구축함에는 역대 왕 및 유명한 장군의 이름을(광개토대왕함, 양만춘함, 충무공 이순신함 등), 호위함에는 도시 및 도 이름을(울산함, 서울함, 전남함, 경북함 등), 초계함에는 도시 이름을(동해암, 수원함, 포항함 등), 지원함에는 호수이름을 붙이고 있다.

2. 잠수함(潛水艦)

잠수함이란 전투, 보조역할, 연구개발 등 어떠한 경우에 사용되더라도 적어도 약간의 전투능력을 보유하면서 자체 잠수할 수 있는 함정으로, 자신의 위치를 노출시키지 않는다는데 가장 큰 장점을 가진 장비이다.

[그림 3-210] Seawolf함(SSN, 미국)

잠수함은 19세기말경인 1890년대 미국에 의하여 최초로 개발되었는데, 그것은 잠수함이라기보다는 잠수 가능한 어뢰정이라 할 수 있었다.

잠수함은 제1 · 2차 대전에서 군수품을 수송하는 상선을 공격대상으로 해상교통로 파괴, 전쟁수행능력 거부 등을 통하여 유효한 해군 전력으로 자리를 굳혔으며, 2차대전 후 스노클 기술의 발전, 핵 추진 기술 발전은 잠수함의 수중작전시간을 증가시켜 새로운 가치로 인식시켰다.

특히 핵추진 체계는 수상기동부대와 동일한 속력으로 기동케 하였고, 장기간의 잠수능력을 부여함으로써 진정한 수중무기 체계로 발전되었다.

또한, 60년대까지는 잠수함의 전략임무는 해상교통로 파괴였으나, 탄도미사일을 탑재 한 잠수함 개발로 새로운 전략적 임무가 추가되었다.

포클랜드 전쟁에서 영국과 싸운 아르헨티나가 10척 내외의 209급 잠수함(장보고함)을 보유하고 20여기이상의 엑소세미사일을 보유하고 있었다면, 60여척으로 이루어진 영국함대는 상당한 피해를 입었을 것이고 전쟁의 양상을 달라졌을 것이다. 비록 잠수함 자체의 한계는 있지만 영국과 같은 해양대국의 세력도 견제할 수 있는 강력한 수단이 되는 것이다. 즉, 잠수함은 어떠한 무기체계보다도 경제적인 방어 및 공격 전력으로 실전적인 가치가 증명되고 있는 것이다.

잠수함은 적 잠수함을 탐색 및 공격하며, 전방 기동전투전대 외곽에 배치하여 정찰, 조기경보 및 대 수상함 공격, 전략 핵무기를 탑재함으로서 중요한 전략 임무를 수행한다.

잠수함의 탑재 무기로는 전통적인 어뢰와 기뢰, 잠수함발사 미사일 등이 있는데, 잠수함의 능력을 극대화하기 위해서는 다양한 무기들을 발사할 수 있는 능력을 갖추어야 할 것이다.

[그림 3-211] Pennsylvania함(SSBN, 미국)

잠수함은 크게 재래식(디젤) 잠수함과 원자력(핵) 잠수함으로 구분되고, 잠수함을 크기에 따라 분류하는 방법은 세계적으로 통일되어 있는 것은 없으며, 정해진 규정 없이 소형, 중형, 대형 등으로 구분하고 있다. 굳이 분류한다면 목적에 따라서 분류하고 있는데, 이도 미국의 방법을 따라서 하고 있는 것이다.

우리나라에서 크기에 따라서 잠수정(200~500톤급), 연안잠수함(300~800톤급), 연안 · 대양잠수함(1,000~1,700톤급), 대양잠수함(2,000톤급) 등으로 구분하고 있다.

잠수함의 분류는 아래 표와 같이 통상 SS로 표기하며, 목적에 따라서 대부분 SS뒤에 필요한 약자를 붙이고 있다.

분류	내 용	특 징
SS	공격잠수함	• 2,000톤급, 22노트 • 장보고함(한), 밍급(중)
SSB	탄도유도탄 잠수함	• 18,000톤급, 24노트 • 오하이오급(미)
SSBN	핵추진 탄도탄 잠수함	• 26,000톤급, 25노트 • 타이푼급(러), 오하이오급(미)
SSN	핵추진 자무함	• 1,500톤 이상, 35노트 • 아쿨라급(러), 씨울프급(미)
SSG	순항유도탄 잠수함	• 2,100톤급, 13노트 • 줄리엣급(러)
SSGN	핵추진순항 유도탄 잠수함	• 18,000톤급, 28노트 • 오스카 Ⅱ급(러)
SSM	잠수정	• 150톤급 이하

잠수함은 미국, 러시아, 프랑스, 영국, 독일, 스웨덴, 네덜란드, 호주, 중국, 일본, 한국, 북한 등 40여개국이 보유하고 있으며, 그 중 핵 잠수함은 2000년 현재 미국, 러시아, 영국, 프랑스, 중국 등 5개국에서 220여척을 보유하고 있다.

[그림 3-212] Oscar Ⅱ함(SSGN, 러시아)

우리 해군은 SS209형 1,200톤급 잠수함을 보유하고 있으며, 차후 1,500톤급으로 성능 개량할 예정이다. 주요 무장으로 어뢰 및 기뢰를 탑재하고 있으며, 대함미사일을 장착하고 있는 잠수함도 있다.

[그림 3-213] 장보고함(KSS)

잠수함은 다양한 무장, 고성능 센서 및 각종 전자장비 탑재 요구로 대형화, 생존성 증대를 위해 수중속력(재래식 잠수함: 20~25노트, 원자력 잠수함: 30~40노트)의 고속화, 저소음 장비의 개발로 은밀화, 통합 전투시스템 구성 등을 통한 자동화, 전략 및 전술적 운용개념에 따라 탄도미사일, 순항미사일, 어뢰/기뢰 등 탑재무장의 다양화 및 동시 다발적 표적에 대처하기 위하여 발사관 수 및 탑재무장 수를 증가시키는 추세로 발전하고 있다.

3. 항공모함(航空母艦)

항공모함은 항공기를 탑재하고 비행갑판으로부터 항공기를 이 · 착륙시키는 군함으로서 항공기, 수상, 수중 및 연안에 있는 적 표적들을 공격하는 공격기를 지휘 및 통제하는 것을 주(主)임무로 하는 함정이다.

영국해군이 1912년에 최초로 항공모함이라는 개념을 발전시켰고, 건조기간을 단축하기 위하여 여객선으로 건조 중이던 배를 Argus라는 해상항공기 탑재함으로 개조함으로서 그 개념이 실현되었다. Argus함은 14,000톤으로서 20대의 항공기를 탑재하였으며, 그 후 영국의 전함으로 건조되었으나 개조 및 개선 과정을 거쳐 22,450톤에 33대의 항공기를 탑재 가능한 Furious함이 오늘날과 같은 모양의 항공모함으로 등장하였다.

제2차 세계대전을 전후하여 항공모함은 다양하게 개발되었는데, 대체로 2만톤전후에 20~30대의 항공기를 탑재하였으며, 제2차 세계대전 중 태평양상에서의 해전을 통하여 해상전투의 주력함 위치를 차지하게 되었다.

추진방식도 증기 추진으로부터 디젤 및 원자력 추진으로 발전하고, 그 유형도 90대 이상의 1개 비행단을 탑재하는 약 10만톤급의 Nimitz함으로부터 헬기와 V/STOL(Vertical/short Take-off and Landing)기 20대 정도를 탑재하는 2만톤 이하의 Invincible급 경항공모함까지 다양하다.

[그림 3-214] Invincible함(CVS, 영국)

경항공모함은 초기에 대잠전을 위하여 개발되었으나, C/STOL기의 출현으로 자체 방공 능력 및 제한적인 전력 투사(projection) 임무를 수행할 수 있게 되었다.

항공모함의 분류는 다음과 같다.

분류	내 용	특 징
CV	공격 항공모함	·30,000톤 이상 ·사출 및 제동장치
CVH	수직 이·착함기 탑재항공모함	·제동장치 미보유
CVHG	수직 이·착함기 및 유도탄 항공모함	·주무장 유도탄
CVL	경항공모함	·30,000톤 이하
CVS	대잠용 항공모함	·주무장 어뢰
CVSG	대잠전 유도탄 항공모함	·대잠 유도탄 탑재
CVN	핵 추진 항공모함	·핵 추진기관 사용

[그림 3-215] Nimitz함(CVN, 미국)

항공모함은 비행갑판/격납고의 대형화로 이 · 착륙시 상호 간섭 최소화, 상부 구조물의 소형화로 스텔스화, 전자기식 항공기 사출장치 개발 등을 추진하고 있다.

4. 순양함(巡洋艦)

순양함이란 함대방어 유도탄 또는 전략 전술 대함 유도탄이 장착되어 있으며 중(重)구경 함포(5인치 이상)를 주요 무기로 중무장되어 있는 수상전투함으로 항공모함보다는 작지만, 1만톤 이상으로 대양에서의 지휘 및 통제 능력을 보유하고 있다.

[그림 3-216] Kirov급 순양함(CGN, 러시아)

순양함이라는 이름은 독자적인 전투능력과 충분한 군수품을 적재하여 대서양을 왕복 항해하면서 작전할 수 있는 순양 능력을 갖춘 것에 기인한 것이다.

러시아 순양함은 수상전투 임무나 대잠전 혹은 그 두가지 임무를 동시에 수행하기 위한 전투함으로 구상되었으나, 미국의 순양함은 항공모함 전투단이나 호송선단의 보호 임무를 수행하기 위한 것이 주요 고려 대상이었다. 그 중에서도 항공위협이 가장 우선적으로 고려되어 현재는 주임무가 대공전이나 일반적으로 주 임무 이외에도 대잠전, 대함전을 수행할 수 있는 기본능력도 갖추고 있다.

순양함의 운영개념은 일반적으로 항공모함 전투단의 방어임무 수행 및 상륙전력을 지원하며, 수상함대의 기함으로서 대 잠수함 작전, 대지미사일 공격, 대 수상함 공격 등의 독자적인 작전을 수행한다.

순양함의 탑재무장과 장비는 임무와 목적에 따라 다르나 함대함·함대공 유도탄, 함포, 어뢰, 대유도탄 기만체계, ESM/ECM, 미사일·함포·대잠 사통장비, 대공·대함·항해 레이다, 능동소나 등을 보유하고 있다.

순양함은 분류는 다음과 같다.

분류	내 용	특 징
CA	대형 순양함	·주포: 5.5인치 이상 다련장 함포
CG	유도탄 순양함	·함포의 유도탄 탑재
CGN	핵추진 유도탄 순양함	·핵 추진기관 사용 ·함포의 유도탄 탑재
CH	항공기 탑재 순양함	·항공기 탑재능력 보유
CL	경순양함	·주포: 5.5인치 이하 다련장 함포

[그림 3-217] California함(CGN, 미국)

순양함은 다중 위협에 대처할 수 있도록 설계되며, 다양한 무기체계 탑재, 핵추진체계 도입, 우수한 성능의 무장 및 전자장비 탑재형으로 나아가고 있다.

5. 구축함(驅逐艦)

구축함이란 대양에서 독자적으로 작전 할 수 있는 수상전투함이나 순양함보다 크기가 작고 무기체계도 적게 장착되어 있으며 항속거리도 짧다.

기능적 임무로는 대잠전, 대공방어, 항공모함 및 선단 호위, 해상 교통로의 보호, 대잠초계, 해상구조 및 항공기 통제 등으로 다양한 임무를 수행할 수 있다.

구축함이라는 이름은 'torpedo boat destroyer'라는 어뢰정 구축함으로부터 기인한다. 1892년 영국은 당시 어뢰정의 공격으로부터 대형함인 전함, 순양함들을 보호하기 위해 200톤급 전후인 어뢰정을 구축하기 위하여 400톤급의 구축함을 설계하게 되고, 이러한 유형이 30노트 이상의 고속을 내면서 함포와 어뢰를 탑재하여 어뢰정의 위협제거에 크게 기여하면서 다양한 구축함으로 발전하게 되었다.

[그림 3-218] Arleigh Burke함(DDG,미국)

오늘날의 구축함은 대잠 · 대공 · 대함전 전투능력을 고르게 갖춘 중 · 소형 전투함으로써 5,000톤~10,000톤이다.

Arleigh Burke함의 주요무장은 순항 미사일 토마호크 8기, 대함 하푼 미사일 52기, 5인치 함포, 어뢰 6기를 탑재하고 있다.

구축함은 분류는 다음과 같다.

분류	내 용	특 징
DD	구축함	• 일반적인 구축함
DDG	유도탄 탑재 구축함	• 기본 무장외 유도탄 탑재한 구축함
DDH	항공기 탑재 구축함	• 전천후 항공기 3대 이상 탑재 가능
DE	호송 및 호위 구축함	• 일반적인 구축함보다 성능 및 크기 다소 떨어짐

[그림 3-219] 광개토대왕함(KDX-Ⅰ)

한국형 구축함은 KDX(Korean Destroyer Experimental)란 사업으로 진행되어 왔다. 해군은 1986년이 이 사업을 본격 추진 1998년 3,800톤급의 광개토대왕함(KDX-Ⅰ)을 취역시킨데 이어 을지문덕함, 양만춘함을 잇따라 전력화했다.

광개토대왕함(KDX-Ⅰ)의 주요무장은 대함 Harpon미사일, 대잠 MK44 어뢰, 127mm 함포, 근접방어무기 Goalkeeper 등이다.

2단계 사업(KDX-Ⅱ)을 진행해 '02년 5월에 4,000톤급의 충무공 이순신함을 진수했다. KDX-Ⅱ는 KDX-Ⅰ에 비하여 약 톤수 1,000톤, 항속거리 1,000NM 정도가 증가되었고, 대공전 능력에 있어서는 KDX-Ⅰ이 자체 대공방어 능력을 갖고 있는데 비해 KDX-Ⅱ는 구역방어가 가능하도록 탑재소량과 사정거리를 증대시킨 SAM을 탑재한다. 그러나 속력은 다소 느리다(KDX-Ⅰ: 30노트, KDX-Ⅱ: 29노트). 주요 무장은 대함미사일, 대잠어뢰, 5인치 함포, 근접방어무기 Goalkeeper와 헬기탑재능력(Super LYNX 2대) 등을 보유하고 있다.

[그림 3-220] KDX-Ⅱ

KDX-Ⅲ 사업은 해군의 부족한 전력 보완과 미래 안보환경에 대비하기 위한

[그림 3-221] KDX-Ⅲ

발전계획(KDX)의 마지막 단계로 2008년 1번함의 진수를 시작을 2012년까지 총 3척의 함정을 국내 건조할 계획이다.

KDX-Ⅲ는 이지스(Aegis) 전투체계를 갖출 예정으로, 이지스 전투체계는 다기능 위상배열 레이더 등을 핵심으로 해서 3차원 정보를 수집하고, 원거리 대공방어와 대함전, 대잠전, 탄도탄(TMD) 요격등을 동시에 수행할 수 있는 첨단 통합 전투체계를 말한다.

'이지스'는 그리스 신화에서 제우스가 그의 딸 아테네에게 선물한 방패의 이름으로, 이지스 전투체계를 탑재한 함정을 '이지스함'이라고 부르고 있다.

전세계에 이지스 전투체계 탑재 함정현황은 다음과 같다.

구 분	계	미국	일본	스페인	노르웨이
'02현재	72	67	4	1	·
계획	31	18	5	3	5
계	103	85	9	4	5

구축함은 발전추세는 다음과 같다.

함정의 피탐 방지를 위해 Stealth화를 추진할 것이며, 함대지, 함대공, 대유도탄 방어 유도탄 등을 탑재 무장의 다양화 및 중무장화로 발전할 것이다.

중거리 대공유도탄, 근거리 대공유도탄등의 유도탄과 근접방어무기체계(CIWS)등을 탑재하여 대공방어 능력을 강화 할 것이며, 복합 전장상황에서 정보수집, 전시, 평가 및 신속한 무장할당이 가능하고 무장 통제기능을 보유한 함정전투체계를 탑재하여 지휘통제 능력 강화할 것이다.

원거리에 위치한 잠수함을 탐지하고 공격하기 위해 음향탐지기 및 대잠 무기체계를 탑재하여 대잠전 능력을 강화할 것이며, 탑재무기 성능의 증대, 헬기 탑재능력 보유 및 원해 장기 기동작전 능력 보강 등으로 인해 함정의 대형화로 나아갈 것이다.

6. 호위함(護衛艦)

호위함은 2등급 구축함이라고 평가되며, 구축함은 다양한 임무를 수행하는 반면, 호위함은 한가지 임무만 수행하도록 되어 있고 크기도 작다.

호위함을 "프리깃(frigate)"이라는 이름을 최초로 사용한 국가는 프랑스였다. 이 함은 소형으로서 속력이 빠르고 경무장을 하므로 최전선 해상전을 수행하는 대형함의 작전을 지원하는 정보수집이나 관측함의 역할이 주임무였다.

영국에서는 순양함급 유형의 함을 뜻하는 것으로 사용하다, 1943년에 초계함보다 약간 대형인 전투함의 유형으로 공식화하기에 이르고, 1,460톤급으로 4인치 함포 2문, 20미리 대공포 10문 및 대잠무기체계를 탑재하였다.

초계함으로는 불가능한 임무 수행을 위하여 제2차 세계대전 후 다양하게 발전한 함형으로서, 호위에 가장 적합하며 잠수함 킬러, 대공전, 정보수집/관측, 항공기 유도 등의 임무에서 세계적으로 가장 보편화된 전투함이다. 3,000톤~4,000톤이 주류이며, 1개 주요 임무를 수행하기에 적합하도록 특수화 구상되며, 약간의 다른 임무수행 능력을 갖추도록 설계되고 있다.

나토국의 대부분의 호위함은 대잠전능력 위주로 개발되었으나, 외해 작전시대공 위협에 대응할 수 있도록 대공무기 체계를 탑재하도록 설계되고 있다.

러시아 호위함은 대함전 위주 혹은 대공전 임무수행에 적합토록 건조된다.

일반적인 공통점은 대함 미사일, 방어용 무장, 다목적 헬기의 탑재이다.

[그림 3-222] Oliver Hazard-Perry함 (FFG, 미국)

호위함의 분류는 다음과 같다.

분 류	내 용	특 징
FF	호위함	• 1,500톤 이상 • 대양작전 능력 보유
FFG	호위 유도탄함	• 기본 무장의 유도탄
FFL	경호위함	• 1,500톤 정도 • 한정된 임무수행

우리나라 호위함의 주요무장은 76미리 함포, 40미리 기관포, 어뢰, 대함미사일 등을 보유하고 있다.

[그림 3-223] 울산함 (FF)

호위함은 설계 단계부터 함정의 전투력 유지를 위한 후속 개량 지원 및 대체가 용이한 모듈화된 무기체계, 선체건조와 무장탑재를 동시 병행하여 건조기간을 단축하는 방향으로 발전하고 있다.

7. 초계함(哨戒艦)

초계함이란 대양에서 수상전투함대의 제한적인 초계 임무수행이 가능하고, 일부 공격 무기체계를 장착하고 있으며, 경(經)호위함과 크기와 능력면에서 비슷한 것으로 보이나, 무기체계 및 탑재장비 등에서 차이점이 있으며, 400톤~1,500톤의 함정을 말한다.

즉, 초계함은 호위함에 비하여 열세한 대잠 및 대함전 능력을 갖추고 연·근해의 초계임무 수행을 목표로 한 1,000톤 내외의 군함이다.

함포와 함대함 미사일을 주 무장으로 하며 특수한 경우 함대공 미사일이나 76밀리 중구경포와 기타 소구경 함포 및 임무용 무장을 탑재한다. 또한, 어뢰발사관을 보유하는 등 톤수에 비해 강력한 무장을 탑재하는 형도 있으며, 헬기를 탑재하는 중무장형도 등장하고 있다.

초계함은 대체로 연안 경비 및 초계임무를 수행하며 해상상태가 비교적 평온한 상태에서만 작전할 수 있다. 미국은 이런 유형을 운용하지 않으며, 중·소형 해군국 및 방어적 해양전략을 채택하는 국가에서 다수 운용하는 경향이다.

[그림 3-224] 동해함(PCC)

초계함의 분류는 다음과 같다.

분류	내 용	특 징
PG	호위 초계함	·2.3인치 이상 함포 ·대잠전, 대함전 수행
PGF	초계함	·속력 20노트 이하
PGG	유도탄 초계 전투함	·기본 무장외 대함 유도탄 탑재
PHM	유도탄 초계 전투함(수중익)	·PGG에 수중익 형태
PGGH	수중익 유도탄 초계함	·PGG에 수중익 형태 ·미국 해군 PHM
PGMG	유도탄 연안 전투함	·함대함 유도탄 탑재 ·속력 35노트 이하

우리 해군의 초계함은 동해급, 포항급 초기형, 포항급 후기형을 나눠 살펴볼 수 있다. 동해급은 대함미사일이 없고 76미리 함포, 30미리 기관포를 장착하고 있으며, 소나와 어뢰, 폭뢰를 장착하고 있어 대잠능력이 있다.

포항급 초기형은 동해급과 마찬가지로 76미리함포, 30미리 기관포를 탑재하고 있으며, 대잠능력은 없는 반면, 엑소세대함미사일을 탑재한 대함 공격함이다.

포항급 후기형은 초기형과 달리 동해급에 비해 화력이 증가된 대잠 공격형 함정이다. 마지막에 건조된 2척은 대공방어에 적합하도록 장비가 개선되었다.

[그림 3-225] Eilat함(PCC, 이스라엘)

초계함은 대함 및 대공 방어능력을 보강하는 추세로 발전하고 있다.

8. 고속정(高速艇)

고속정은 주로 연안에서 활동하며 약 400톤 이하의 함정을 말한다.

현재 세계에 취역중인 고속정은 1,820여척이며, 해군력을 갖추기 시작하는 신흥 해군국의 실질적인 주력함으로서, 유도탄정, 대잠정, 초계정, 함포정 및 어뢰정 등으로 다양한 유형이 있으며, 속력을 내기 위하여 선형을 여러 형태로 개발되고 있다.

고속정은 연 · 근해용으로 200~250톤, 연안용으로 500톤 정도이지만 구소련에서는 중 (重)무장을 탑재한 700톤 이상의 초계함급도 개발되었다.

고속정은 속도가 우선이며, 가장 보편적인 최고속도는 30노트~40노트이나, 50노트 이상도 있다.

저비용으로 해군력을 증강할 수 있다는 점에서 작전반경이 그다지 중요하지 않은 제3세계에서 중시되고 있으며, 빠른 속력을 보유하고 있어 대함미사일을 탑재하고 있으면 소형 고속정이라도 주전투함의 격침시킬 수 있다는 장점을 지니고 있는 함정이다.

고속정은 일반적으로 연안방어 및 항만 방어용으로 운용한다.

[그림 3-226] Pegasus함(PBF, 미국)

고속정의 분류는 다음과 같다.

분 류	내 용	특 징
PB	연안 경비정	·100톤 이하
PBF	고속 경비정	·능력 PB와 유사 ·속력35노트 이상
PBH	수중익 초계정	·수중익 형태의 선형 ·속력 40노트 이상
PC	연안 초계정	·속력이 24노트 이하 ·비유도 단거리 대함 유도탄 장착
PCF	고속 초계/공격정	·속력이 24노트 이상 ·능력 PC와 유사
PCS	구잠함	·전장 43m 이상 ·주임무 대잠전
PSB	항만 경비정	·PB보다 소형 ·주로 항만 경비
PT	어뢰정	·100톤 이하 ·주무장 어뢰 ·대잠전, 대수상함전 수행 가능
PTG	유도탄 경비정, 유도탄정	·주무장 대함유도탄

우리 해군의 고속정의 무장은 일반적으로 40미리, 30미리, 20미리포를 장착하고 있고, 유도탄은 보유하고 있지 않다.

[그림 3-227] PKM함(한국)

고속정은 잠수함 탐지 능력과 공격무기체계 탑재로 대잠, 대함, 대공 능력을 보강한 신형함을 개발하는 추세이다.

9. 어뢰(魚雷)

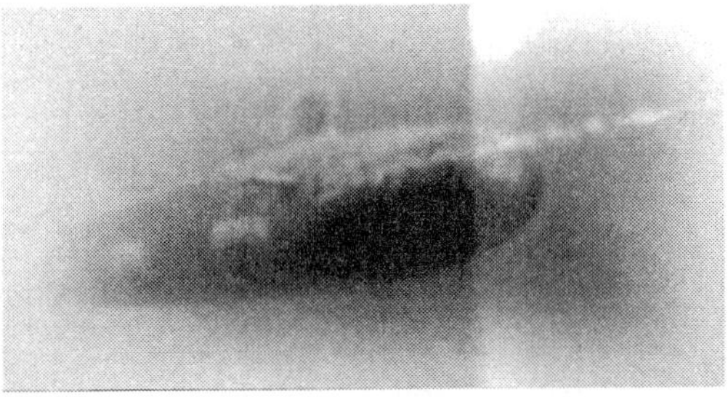

[그림 3-228] Seawolf잠수함 어뢰발사장면

어뢰(torpedo)는 자체 내에 추진 장치를 갖추고 자력으로 수중을 항주(航走)하여 수중이나 수상의 함선을 파괴하거나 격침시키는 무기를 말한다. 이 어뢰는 수상함정이나 잠수함, 또는 항공기로부터 발사되며, 최초에는 어형수뢰(魚形水雷)로 불리었으나, 후에 어뢰로 간소화되어 현재에 이르고 있으며, 영어인 torpedo는 라틴어의 무력화병기(無力化兵器 · torpedo)에서 유래되었다고 한다.

최초의 어뢰는 1866년 영국의 R. 화이트헤드가 오스트리아 해군의 G. 루피스대령과 협력해서 만든'화이트헤드식어뢰'로 길이 355cm, 무게 136kg, 장약량 8kg, 속력 20노트, 사정거리가 900미터였다.

현대의 어뢰는 기본적인 구조와 기능은 '화이트헤드'의 어뢰와 달라진 것이 없으나, 사정거리, 속력 등 성능이 크게 향상되어 1·2차 세계대전을 통하여 눈부신 발전과 그 위력을 나타내었고, 1982년에 발발한 영국과 아르헨티나의 포클랜드전쟁에서도 가동할 만한 위력을 발휘한 바 있다.

어뢰는 기본적으로 경(經)어뢰와 중(重)어뢰로 구분된다.

구 분	중 량	직 경	길 이
경어뢰	200kg~300kg	30~40cm	2.5~3.5m
중어뢰	1~2t	48~55cm	3.4~6.1m

높은 주파수의 음파를 이용하여 목표물을 추적하고 유도 가능한 어뢰는 수중에서만 주행함으로써 흔히 수중 미사일이라고 불리어진다. 따라서, 무기체계 분류상 어뢰는 미사일과 같이 유도무기에 속한다. 미사일과 어뢰는 추적, 공격하고자 하는 목표가 다를뿐, 어뢰나 미사일 공히 장이로, 가속도계 및 심도계나 고도계 등을 사용하여 원하는 목표지점까지 정확하게 유도를 하며, 목표물 파괴를 위해 고폭화약을 사용한다.

그러나 미사일과 어뢰의 차이점을 간단히 비교하여 살펴보면 다음과 같다.

구 분	미 사 일	어 뢰
목표물 추적	공기중 비행, 전자파/적외선 등 이용	수중 진행 음파 이용
추진력	추진제 연소	프로펠러 이용
속 도	마하단위 이상	수십노트

80년대 이후 컴퓨터의 급속한 발달로 어뢰에 컴퓨터의 내장이 가능해짐으로써 많은 성능 향상이 이루어져 왔으며, 인공 지능을 갖춘 유도무기의 개발도 곧 가능할 것으로 예상된다.

10. 음향탐지장비(音響探知裝備)

소나(SONAR: Sound Navigation and Ranging)는 음파를 이용하여 수중목표의 방

위 및 거리를 알아내는 장비로서, 음향 탐지장비 혹은 음탐기라고도 한다.

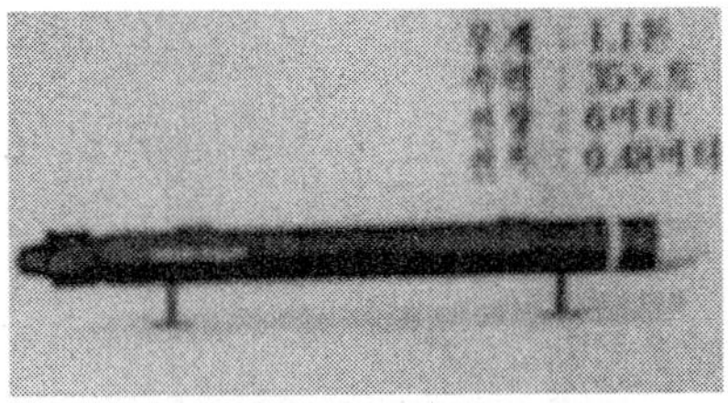

[그림 3-229] 백상어, 한국

공기중에서는 음파보다 전자파가 보다 빠르고 멀리 전달되기 때문에 이를 이용하여 공중, 지상 및 해상의 물체를 탐지 할 수 있도록 개발된 장비가 레이더(RADAR)이며, 파장이 짧은 초음파의 직진하는 성질을 이용하여 개발한 장비가 소나이다.

소나는 함정이 안전하게 항해를 하게 하고 위협이 되는 적의 수중 물체를 찾아내는 역할을 하는 해군의 필수 음향장비이다.

음향탐지는 들려오는 소리를 탐지하는 수동형 소나와 소리를 발생시켜 물체에 반사되어 돌아오는 소리를 탐지하여 정보를 알아내는 능동형 소나로 구분된다.

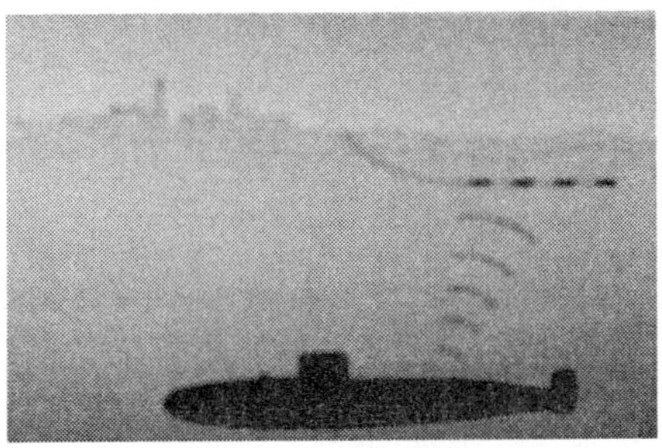

[그림 3-230] 수동소나

수동소나는 잠수함이 항해할 때 엔진이나 프로펠러에서 내는 소음을 먼 거리에서 수신하여 잠수함을 찾아내는 것으로 표적의 종류를 식별할 수 있다.

수동소나에는 항공기에서 투하하는 음향부표(Sonobuoy), 함정에서 케이블로 예인하는 선배열 소나, 함정의 선체 주위에 부착하는 선체 부착 소나, 해저 수백킬로미터에 걸쳐 부설하는 해역감시 음향체계등이 있다.

능동소나는 수상함정에서 발생한 음파가 표적에 반사되어 되돌아오는 신호로 적 잠수함이나 기뢰 등을 탐지하는 장비로서 표적의 방향과 거리를 알 수 있다. 능동소나는 함정 앞부분에 설치하여 운용하는 함정소나, 함정 뒷부분에서 케이블로 예인하면서 사용깊이를 알 수 있는 가변심도 소나가 있다.

소나의 발전과 더불어 발전한 것이 음향 대항 체계이다. 이는 적의 어뢰공격으로부터 아군 함정을 방어하는 체계로서, 어뢰를 기만하는 Soft-Kill, 어뢰를 파괴하는 Hard-Kill, 함의 소음을 감소하는 대책 등이 있다.

[그림 3-231] 능동소나

음향탐지장비는 센서분야에서는 세라믹 수신기의 실용화, 신호처리분야에서는 저주파 광대역 음향송신 기술의 개발, 진동차단재 등을 이용한 신호대 잡음비의 향상, 레이저/자기/광학 및 영상 레이더와 같은 비음향 탐지 기술의 개발, 체계분야에서는 능동소나의 정보를 복합처리 할 수 있는 기술이 개발될 것이다.

11. 해상초계기(海上哨戒機)

넓은 해역에서 은밀하게 작전하는 잠수함을 완벽하게 탐지하고 격퇴하는 일은 수상함으로서는 불가능하기 때문에 항공기의 광범위한 초계능력과 잠수함 탐지기술의 결합으로 탄생한 거싱 바로 해상초계기이다.

자유진영 해상초계기는 세 가지 종류가 있는데, 미국의 P-3C Orion계열, 영국의 Nimrod MR2, 그리고 프랑스의 Atlantic계열이다. 이들 중 설계초기부터 장거리 해상초계의 목적으로 설계된 것은 Atlantic 하나뿐이고, 미국의 P-3C Orion 계열과 영국의 Nimrod MR2는 여객기로 개발된 민수용 기체를 해상초계기로 전환시킨 것이다.

P-3기는 대잠전 능력, 대양에서의 대함전 능력, 장거리 미사일 공격 능력, 수평선 밖에서의 표적 조준 능력 및 통신중계능력을 모두 갖춘 유일한 해상초계기로 걸프전 이후부터 그 중요성을 인정받고 있다. 최근 성능개량된 P-3Crl는 Harpoon과 Maverick 미사일을 포함하여 어뢰, 기뢰, 폭뢰 등 약 10톤의 무장을 탑재할 수 있고, Jammer, 펄스분석능력을 갖춘 전자지원(ESM)장비, 전자광학 센서 및 레이더를 탑재하고 있다. 잠수함을 탐지하기 위해 꼬리부분에 길게 도

출되어 장착된 근거리 자기탐지기(MAD: Magnetic Anomaly Detector)는 지구 자장 변화를 이용하여 목표물을 탐지하며, 동체에 설치된 48개의 투하창에서 투하되는 해저음향부표(sonobuoy)는 바다속의 잠수함 음향을 탐지하여 P-3C에 전파를 송신한다.

P-3계을은 한국 해군, 일본, 노르웨이와 캐나다 등지에서 운용되고 있다.

Atlantic-2는 주익 하단에 4곳의 무장장착대에 잠수함과 수상함 공격을 위한 장비와 여러 가지 해상작전에 필요한 각종 장비들을 수용하고 있다. 대수상함 공격을 위해 2발의 EXOCT 공대함 미사일을 장착하고 있으며, 선택적으로 2-4발의 Magic 공대공 미사일을 장착할 수 있다. 해상 비행안정을 위하여 비행안정시스템을 장착하였고, 대잠작전을 위해 8개의 어뢰와 자기탐지장치를 장착하고 있다. Atlantic은 프랑스, 독일, 이탈리아, 파키스탄 등에서 운용되고 있다.

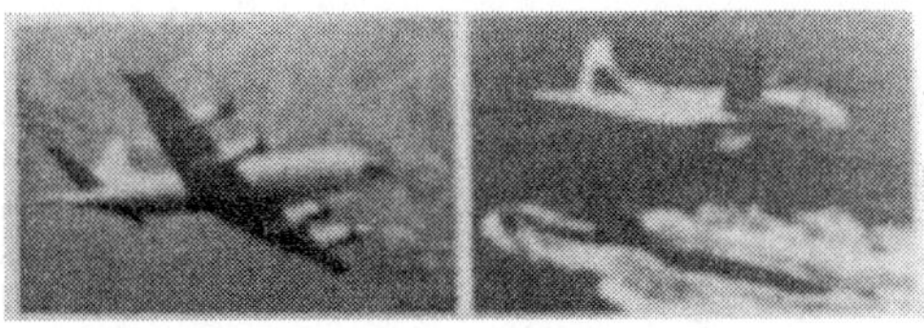

[그림 3-232] 미군의 P-3C와 프랑스의 Atlantic 해상초계기

수상함의 제한적인 기동성과 탐색력을 보완하기 위하여 해상초계기로 헬기가 운용되기도 한다. 현재는 대잠 및 대함전력으로서 필수 무기체계가 되었는데, 한국 해군도 수중음탐기, 열상 / 전자전장비, 미사일/어뢰를 장착한 Super Lynx를 운용하고 있다.

해상초계기는 제한된 시간에 광대한 해역을 효과적으로 초계하기 위하여, 고속화, 체공시간 증대, 임무의 다양성 추구, 무장능력의 향상, 탑재장비의 성능향상이 지속적으로 추구되고 있다.

II. 공군무기

1. 공군무기 분류

〈표 3-19〉 항공기의 분류

항 공 기		임무 / 기능	예
전투기 (Air Combat Aircraft)	공중우세기 (Air Superiority Fighter)	공대공 전투 (Air Combat)	F-14 F-15 MiG-29
	다목적 전투기 (Multi Role Fighter)	공대공전투, 공대지 공격	Tornado F-16, F-18
공격기(Attacker)		후방차단, 전장차단(BAI), 근접지원(CAS)	A-10, F117, Su-25
폭격기(Bomber)		전술 및 전략 폭격	B-2, B-52
수송기(Cargo)		병력 및 물자소송	C-130, C-141
전자전기 (Electronic Warfare Aircraft)	조기경보기(AWACS)	조기경보 및 통제	E-2, E-3
	전자교란기 (Electronic Jamming)	적 레이더 및 통신교란	EA-6B, EF-111B
	대공제압기(SEAD)	적 대공무기 제압	Tornado ECR
정찰기(Reconnaissance)		광학 및 전자정찰	U-2,J-STARS
해상초계기(Marine Patrol)		해상감시통제(해군용)	Atlanntic-2 P-3C
관측 및 통제기 (Observation & Control)		전장감시, 전방항공공통제(FAC)	OA-10 OV-10
훈련기(Trainer)		조종사 훈련	KT-1
헬기(Helicopter)		다목적 기능	UH-60,AH-64
무인기 (Unmaned Aeriel Vehicle)	정찰/목표 탐지용	광학 및 전자정찰	Pioneer
	정보/전자전용	통신정보 및 영상정찰 ECM 및 기상자료 수집	JIN DIVIX
	표적/기만용	훈련용 모의표적 적 미사일의 기만표적	MQM-107A Skeet
	공중공격용	적 방공망교란 및 레이더 파괴	Brave 3000 Harpy

공군무기는 크게 항공기(aircraft)와 항공기에 탑재되는 항공무장, 항공전자장비 및 대공무기로 분류할 수 있는데, 여기서는 항공기에 대해서만 다루는 것으로 한정하겠다.

항공기란 공기부양력과 추진력을 이용하여 공중을 비행하는 기기를 총칭하는 것으로써, 일반적으로 수행하는 임무기능에 따라 〈표 3-19〉와 같이 분류한다.

2. 전투기(戰鬪機)

전투기(Air Combat Aircraft)는 원래 적의 전투기를 공중에서 제압하여 제공권을 장악하는 순수 제공작전용 항공기를 의미하였으나, 현대의 전투기는 자체 무장으로 공대공 전투와 공대지 공격능력 모두를 겸비한 항공기를 총칭하는 개념으로 발전하고 있다.

50년대 초음속전투기와 공대공미사일의 등장은 공대공 요격 및 폭격기 엄호를 주 임무로 하는 공중우세기의 획기적인 발전에 기여하였고, 60년대 팬텀기(F-4)의 등장은 전투기의 공대공 전투뿐만 아니라 공대지 공격임무까지 다양하게 전환수행할 수 있는 다목적 전투기 시대의 시작을 알렸다.

현용 대부분의 신예전투기는 다목적전투기이며, 개발단계부터 다목적으로 설계된 미국의 F-16, F-18, 영국의 Tornado, 스웨덴의 JAS-39 등과, 최초 공중우세기로 개발되었다가 무장과 탑재장비를 개량하여 공대지 공격능력을 추가시킨 F-4E, F-14, F-15E 등의 유형이 있다.

일반적인 다목적 전투기의 특성은 기체를 가볍게 하고, 고성능 엔진을 체택하여 기동성과 가속성을 향상시키고, 무장적재량과 연료적재량을 증대시켜 장거리 항속능력을 갖추게 하는 것이다.

탑재장비로는 공대공 전투 및 공대지 공격임무 겸용 다기능 레이더와 장거리 항법 및 공격장비를 갖추고 있으며, 자체 생존성 증대를 위해 전자전 장비를 탑재하고 있다. 기본무장으로는 파괴력이 강한 기과포 및 단거리 공대공 미사일을 장착하고 있으며, 임무에 따라 공대공 또는 공대지 공격용 무장을 운용할 수 있도록 설계되어 있다. 또한 다목적 전투기는 필요에 따라 정찰 또는 전자전 장비를 탑재하여 정찰, 전자교란 또는 대공제압 임무도 수행할 수 있도록 설계되었다.

현재 한국은 F-4E, F-5E 및 면허생산하고 있는 KF-16 전투기를 보유하고 있으며, 향후 F-15E를 기본모델로 한 F-15K를 보유할 예정이다. 북한은 MIG-29를 비롯한 MIG계열의 전투기를 보유하고 있다.

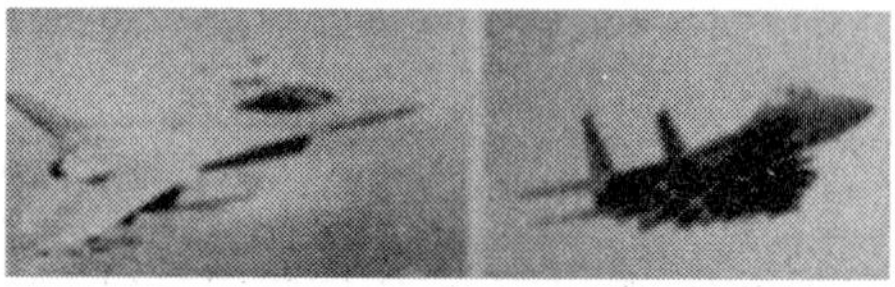

[그림 3-233] 현용 주력 전투기인 KF-16과 차기전투기 기본모델인 F-15E 전투기

〈표 3-20〉 KF-16과 F-15E의 전투기 특성

구 분	KF-16	F-15E
기장(m)	15.03	19.43
기폭(m)	10.0	13.05
기고(m)	5.09	5.53
최대이륙중량(톤)	19.2	36.7
최대속도(마하)	2.0	2.5
항속거리(km)	3,890	4,445
전투행동반경(km)	925	1,270
최대무장(톤)	6.9	11.1
승무원(명)	1(2)	2
엔진(개)	1	2
단가(억$)	0.43	1.0

KF-16의 주요무장으로는 20mm 기총, Sparrow, Sidewinder, AMRAAM 등의 공대공 미사일, Maverick, HARM, HARPOON 등의 공대지(함) 미사일을 들 수 있고, 탑재장비로는 LANTIRN 열상장비, APG-68 방향탐지레이더, GPS, ALQ-165 자체보호용 전자전 장ㅂ지 등의 항공전자장비가 있다.

F-15E는 첨단 항공전자장비와 공대공 및 공대지 정밀유도무기를 장착하여 공중전투능력뿐만 아니라 장거리침투에 의한 공대지(함) 공격능력이 우수한

기종이다. AN/APG-70 필스도플러 레이더를 장착하였는데, 이는 18km의 상공에서 2.6m의 작은 지(해)상 목표물 식별이 가능하고, 큰 목표물은 180km 거리에서 판별능력을 가지고 있어서 공대공 및 공대지 2개 모드에서 고속의 해상목표물까지도 포착가능하다. 야간 악천후하 저공침투 공격능력향상을 위해 LANTIRN 열상장비와 저고도항법 및 공격장비, 지형추적용 레이더 등을 장착하여 200피트(66M)의 저공비행이 가능하다. 전자전 장비로는 레이더 경보수신기, 레이더 교란징치, 전자전 경보기, 자동채프 발사기 등을 탑재하고 있다.

최근 항공선진국에서는 경쟁하듯 차세대급 전투기를 개발하고 있는데, 미국의 F-22, 프랑스의 Rafale, 영국/독일/이탈리아/스페인의 EF-2000, 러시아의 SU-37등이 대표적이다.

체세대급 전투기들은 일반적으로 초음속 순항(Supersonic Cruise) 능력, 뛰어난 기동성, 스텔스(Stealth)성, 첨단 항공전자장비 및 무장 등을 장비하고 있거나 또는 제한적으로 갖추고 있다.

[그림 3-234] F-22(좌상), Rafale(우상), EF-2000(좌하), Su-37(우하) 전투기

초음속 순항능력은 엔진의 성능을 지속적으로 개선함으로써 모든 고도에서 가능해질 것이며, 뛰어난 기동성은 러시아의Su-37에 적용된 추력변향제어(TVC: Thrust Vectoring Control)2) 엔진을 통하여 더욱 발전할 것이다. 또한 기체는 은밀

2) TVC: 기존의 엔진에 별도의 추력편향노즐을 장착하여 배기구를 상하좌우로 가변시켜 순간 방향전환 능력, 높은 공격각도, 짧은 이착륙거리, 저속/저고도 조종성능 등을 개선하는 장치임.

한 침투가 가능토록 스텔스 기술을 적용할 것인데, 이는 곧 가벼워진 기체에 무장을 내장해야하는 단점도 수반되므로 스텔스와 무장능력은 상호상쇄(Trade-off) 개념의 적용이 불가피하다.

첨단의 항공전자장비와 무장의 탑재는 21세기 전투기에서 요구되는 가시거리 밖(Beyond Visual Range) 전투능력을 향상 시킬 것이다. 우세한 레이더와 C4I 능력 및 정확한 원거리 미사일은 속도와 민첩성을 적을 압도하기 보다는, 적이 자신을 탐지하기 전에 적을 탐지하여 가시거리 밖에서 제압하는 것이다.

3. 공격기(攻擊機)

공격기(Attacker)는 아 지상군에 대한 화력지원과 적 지·해상군의 전술목표를 파괴하기 위한 항공기를 말한다. 구체적으로 전선에서 작전중인 지상군을 화력지원하는 근접항공지원, 적 지상군 제2제대의 전선투입을 거부하기 위한 전장항공차단, 적 후방지역공격임무인 항공후방차단, 적 해상전력에 대한 대함공격임무 등을 수행한다.

공격기는 전차위협에 대응하기 위해 50년대 후반 Fiat G91을 NATO의 표준기로 개발한 것을 토대로, 영국의 수직이착륙기인 Harrier기가 1969년에 등장하였고, 미국에서는 대전차 대량공격이 가능한 A-10A Thunderbolt Ⅱ가 1975년에 그리고 코소보전에 처녀출격하여 닥월한 임무수행을 한 반면에 소련제 대공미사일에 격추되기도 했던 스텔스기 F-117 Nighthawk를 개발하였다.

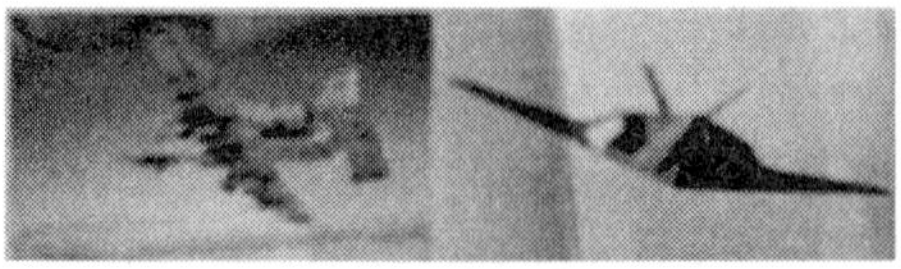

[그림 3-235] 미군의 A-10A 공격기(좌)와 F-117 스텔스 공격기(우)

〈표 3-21〉 A-10A와 F-117 공격기 특성

구 분	A-10A	F-117
최대이륙중량(톤)	22	24
자체중량(톤)	11	–
최대속도(마하)	0.6	0.9
항속거리(km)	4,002	1,000
전투행동반경(km)	1,000	806
최대무장(톤)	7.3	–
실용상승고도(km)	13.7	–

A-10A 항공기는 근접항공지원(CAS)이라는 단일목적에 주안점을 두고 대규모 기갑부대의 파상공격에 대비하여 직전차파괴용으로 개발된 전차킬러로, 근접항공지원 임무에서 요구되는 공격기의 요건을 거의 완벽하게 갖추고 있다.

고아음속권에서 성능이 좋은 터보팬엔진을 사용하여 효율이 높고 소음이 적으며, 어느 공격기보다 우수한 체공능력과 타전투기에 비해 2배 이상의 대기갑화력을 이용한 전투 지속능력이 커 1회출격에 16대의 1전차를 파괴할 수 있다. 저공비행으로 인한 피탄시 생존성 향상을 우려하여 조종실 주위와 밑부분을 티타늄 강판으로 둘러싸 23mm 기관포탄에도 조종사를 보호할 수 있도록 하는 등 주요부위는 장갑이 되어 있다. 반쯤 노출된 형태로 주착륙 바퀴가 접혀 들어가게 한 것도 불시착할 경우의 안전성 확보를 위해 속도를 희생한 것이고, 또한 전방활주로에서 시동을 건 상태로 재출동 분비를 할 수 있도록 엔진이 동체후부 양쪽 뒷면에 돌출되어 있다. GAU-8 기관포를 기축선상에 장착하였으며 사격시 요잉(Yawing) 현상을 줄이기 위해 전방착륙 바퀴를 기수 우현쪽으로 가까이 붙인 것은 어느 항공기에서도 볼 수 없는 독특한 설계이다.

A-10A는 현재까지도 세계에서 유일하게 미공군만이 운용하는 공격기로 주요 항공전자장비로는 AN/ASN-141 관성항법장치, AN/ALR-96 레이다 경보수신기, 야간침투공격을 위한 LANTIRN 열상장비 등이 탑재되어 있고, 11개의 무장장착

대에 탑재된 주요 무장으로는 AGM-65 Maverick, MK-82 Snake Eye, AIM-9 Sidewinder 등의 미사일과 GAU-8/A30mm 기총이 있다.

A-10A 공격기가 실전에 참가한 것은 걸프전이 최초로서, 총 144대가 투입되어 총 출격횟수 약 100회를 기록하였고 3대의 A-10A가 손실되었다. 걸프전에서 A-10A가 수행한 주요임무는 후방차단 작전에서의 대전차파괴 임무였으며, 서부 이라크 지역에서의 주간 스커드 미사일 발사대 추적, 이라크 방공망 압박, 조기경보 레이더 공격 등의 임무도 수행하였다.

현재 한국에는 A-37 Black Eagle과 A-50 Golden Eagle(개발중) 경공격기가 있고, A-10A가 주한미군에 배치되어 있는 반면, 북한은 Su-25를 보유하고 있다.

[그림 3-236] 공군의 현용 A-37 공격기(좌)와 향후 전력화될 A-50 경공격기(우)

〈표 3-22〉 A-37과 A-50 경공격기 특성

구 분	A-37	A-50
최대이륙중량(톤)	6.4	12.1
자체중량(톤)	–	6.5
최대속도(마하)	0.6	1.4
항속거리(km)	1,200	1,850
전투행동반경(km)	370	444
최대무장(톤)	–	2.7
실용상승고도(km)	7.0	14.8

A-37 항공기에는 T-37훈련기에 F-5엔진을 개량 탑재 후 대지공격용 무장을 장착하여 경공격기로 개량한 것으로 국지적인 근접항공지원, 항공정찰, 공중전방통제 임무 등을 수행하며, 현재 한국공군의 Black Eagle 공격기는 기존 A-37

공격기의 우측좌석을 제거 후 스모그(연막) 분사장치를 장착하여 에어쇼 임무도 병행할 수 있도록 개조하였다.

A-50은 향후 전력화를 목표로 고등훈련기 T-50의 다른 버전으로 개발하고 있으며, 항공우주산업(KAI)이 미국 Lockheed Martin사로부터 기술도입 생산을 하고 있는 한국 고유의 초음속 차세대 경공격기이다.

A-50은 공대공 무장으로 20mm 기총과 적외선 센서가 장착된 AIM-9 Sidewinder 공대공 미사일을 장착할 예정이고, 공대지무장으로 자유낙하 폭탄, 레이저 유도폭탄, Maverick 미사일, 적 전차, 장갑차 및 밀집부대 파괴용인 확산탄, 대전차용 2.75인치 다련장 로켓발사기 등이다.

A-50의 개발이 성공적으로 끝나면 기존의 노후된 A-37의 임무뿐만 아니라 F-4E와 F-5E의 임무도 어느 정도 대체해 줄 것으로 기대하고 있다.

향후에도 공격기는 지상군 무력화를 위해 속도는 다소 저하되더라도 무장탑재량을 증가시키고, 임무에 따라 항속능력과 침투능력을 고려한 자체 방어용 전자장비를 장착하며, 레이더파에 대한 노출을 줄이기 위해 스텔스 기술을 적용해 나갈 것으로 예상된다.

4. 폭격기(爆擊機)

폭격기는(Bomber)는 적국의 군사목표는 물론 전선 전후방에 위치한 전략적 목표 및 산업기반 자체를 초토화시켜 전쟁의 지를 무력화시키는 역할을 주 임무로 하는 항공기를 말한다.

폭격기가 공중에서 폭격하는 방식은 적지침투 후 다량의 재래식 폭탄을 투하하거나, 재래식 폭탄에 화력통제장비를 연동 또는 유도장치를 장착하여 정밀도를 높인 폭탄을 투하하거나, 아니면 고도의 정밀도를 가진 공중발사미사일을 발사하는 방식 등이다. 현대의 폭격기는 이와 같은 방식 모두를 다 활용할 수 있는데, 이 가운데 공중발사 순항미사일(ALCM: Air Launched Cruise Missile)을 고고도에서 발사할 수 있는 능력을 갖춘 미국의 B-52, B1B, B-2 등과 구소련의 TU-26, 95, 160 등은 상당히 위협적인 존재로 인식되고 있다.

폭격기는 수십톤의 무장탑재로 인해 기동성이 떨어지기 때문에 상대적으로 민첩한 현대의 초음속 전투기에 취약한 존재일 수밖에 없다. 따라서 이를 극복하기 위해 구소련에서는 마하 2.0 이상의 고기동성을 갖는 폭격기인 T-26과 T-160을 개발하였고, 반면에 미국은 속도보다는 자체 생존성이 탁월한 B-2 Spirit 스텔스기를 개발하였다.

현대의 전략폭격기는 대륙간탄도미사일(ICBM: Inter-Continental Ballistic Missile) 및 잠수함발사탄도미사일(SLBM: Submarine-Launched BM)과 더불어 초강대국간의 전쟁억제력으로 운용되고 있다.

(a) B-1B Lancer (b) Tu-160 Blackjack (c) Tu-26 Backfire (d) B-2 Spirit

[그림 3-237] 최신의 전략 폭격기

〈표 3-23〉 T-26과 B-2의 비교

구 분	T-26	B-2
기장(m)	39.6	21.03
기폭(m)	23.4-34.3	52.43
기고(m)	10.8	5.18
최대이륙중량	127톤	167톤
자체중량(톤)	55	73
최대속도(마하)	2.0	0.85
항속거리(km)	8,520	12,223
최대 무장(톤)	26	23

전략폭격기가 ICBM이나 SLBM에 비해 목표도달시간이 길고 적의 방공망에

취약한 약점에도 불구하고 전쟁억제력을 갖는 이유는, 운용상의 융통성과 유사시 핵탄두 순항미사일을 탑재하여 핵 보복전력으로 활용할 수 있기 때문이다.

장차 폭격기는 정밀도가 높아진 순항미사일을 포함한 공중발사 미사일을 탑재하는 방식으로 변화되고 있다. 또한 장거리 저공침투를 위해서 저고도 초음속폭격기나, 순항미사일 및 다량의 재래식 폭탄을 탑재한 채로 고고도에서 은밀하게 침투 가능한 스텔스기를 개발시켜 나가고 있다.

5. 수송기(輸送機)

초기의 군용순송기의 임무는 후방에서 연락이나 병력 및 장비의 소규모 수송에 그쳤으나, 항공기의 발달과 그에 따른 작전운용개념의 발전과 더불어 오늘날의 수송기는 전략 및 전술적으로 매우 중요한 역할을 하고 있다.

수송기는 보통 전략물자를 대양너머로 수송할 수 있는 능력의 유무에 따라 전략수송기와 전술수송기로 구분하는 데, 현재 전략수송기를 운용하고 있는 국가는 미국과 러시아뿐이며 대부분 전술수송기를 운용한다. 전술수송기는 전투지역내에서 다양하게 군사작전을 지원하는 역할을 하는데, 공정부대의 침투, 특수전부대의 투입 및 철수, 부상자 후송, 보급물자의 공중투하 등이 포함된다.

대표적인 수송기로는 미국의 C-17과 C-130, 러시아의 IL-78 등이 있다. 이들 중 전세계에서 가장 많은 활약을 하는 수송기는 1954년에 처녀비행 후 현재까지 운용되는 C-130 중거리 대형수송기이고, 계속 성능개량되어 현재는 C-130J모델이 있다. 한국은 대형수송기 운용의 필요성에 따라 탐색 및 기상레이더와 항법장비가 장착된 C-130H 수송기와 장거리항법장치, 피아식별기, 레이다 경보기, Side Winder 미사일 등을 장착한 CN-235 전천후 중형수송기를 각각 1988년과 1994년에 도입하여 운용중이다.

[그림 3-238] C-130(좌)와 CN-235(우)

〈표 3-24〉 C-130 및 CN-235 수송기 비교

구 분	C-130	CN-235
기장(m)	29.79	21.35
기폭(m)	40.41	25.81
기고(m)	11.66	8.18
최대이륙중량	79.4톤	15.8톤
순항속도(km/h)	556	452
항속거리(km)	4,002	1,528
자체중량(톤)	34.4	8.6
실용상승고도	10.1km	7.6km

실전 배치된 수송기 중 항공기술의 집약체로 불리는 미군의 최신 C-17기는 78톤의 화물 또는 144명의 무장한 병력을 적재하고 4,500km를 850km/h의 속도로 순항할 수 있고, 폭 18m, 길이 610m의 간이 활주로에서도 이 · 착륙이 가능하여 전략 및 전술수송능력을 겸비한 것으로 평가받고 있다.

최근의 수송기는 병력 및 장비 등을 장거리 대량수송하기 위한 전략수송과 전투지역내에서 작전지원하는 전술수송을 동시 달성할 수 있는 혼합형 수송기가 선호된다. 이를 위해 수송기는 위성항법장비, 전자전 장비 등의 첨단 항공전자장비를 탑재하여 높은 위협상황하에서도 주야간 공수임무가 가능하고 초대형 탑재능력, 단거리 이착륙 및 고속비행 능력을 가진 체계로 발전될 것이다.

[그림 3-239] 미군 최신 전략전술수송기 C-17

6. 전자전기(電磁戰機)

전자전(Electronic Warfare)기는 적 징후 조기경보 및 항공통제용의 조기경보 및 통제기(AWACS: Airborne Warning And Control System), 적 레이더 및 통신을 교란하는 것을 주임무로 하는 전자교란(Electronic Jamming)기, 그리고 적 지대공 미사일 등 대공무기를 파괴하거나 무력화시키기 위한 대공제압(SEAD: Suppression of Enemy Air Defence)기를 포함하는 포괄적인 개념으로 쓰인다.

가. 공중 조기경보 통제기

AWACS는 걸프전 당시 전쟁초반부터 이라크군의 지휘통제망을 붕괴시키고 제공권을 장악하게 함으로써 다국적군의 일방적인 승리를 이끌어냈다. AWACS는 지상레이더 보다 우수한 수색 및 탐지능력을 가지며, 360° 전방위 수색능력과 아군항공기의 효과적인 공중통제가 가능하여, 항공무기체계의 발전에 따라 그 중요성이 더욱 부각되고 있고, 현대전에 있어서 전쟁의 승패를 판가름할 수 있는 중요한 공군 C4I체계의 핵심이다.

미국은 2차대전말 일본특공대에 대비하여 레이더를 비행기에 탑재된 TBM-3W라는 조기경보기를 처음 운용하였는데, 이후 레이더와 컴퓨터 그리고 전시기술의 발전으로 지휘와 통제기능이 추가된 오늘의 AWACS가 후속 등장하게 되었다. AWACS의 장점은 지상레이더가 탐지할 수 없는 저공침투기와 미사일 등을 원걸에서 탐지 경고할 수 있다는 것과, 우군기 간의 사고를 예방하여, 적에 대한 효율적, 효과적인 공격을 수행하도록 항공기를 통제할 수 있다는 것이다.

[그림 3-240]은 대표적인 AWACS인 미국 E-3C이다. E-3C는 보잉 707기를 기본모델로 개발하였으나, 1998년 보잉 767기에 E-3C와 동일한 성능의 장비를 탑재한 E-767AWACS를 일본에 인도한 이후부터는 E-767기로 계속 생산될 전망이다. E-767은 AN/APY-2 레이다를 장착하고 14km 고도로 비행하며, 800km 떨어진 목표물을 360°전방위에서 탐지하는 능력을 갖고 있다.

현재 AWACS를 운용하고 있는 나라는 13개국이며, 호주와 이탈리아 등 7개국에서 신규도입을 검토하고 있다. 주요국가의 AWACS는 미국의 E-3C, 러시아의 IL-76, 일본의 E-767, 이스라엘의 Phalcon-767, 중형항공기를 활용한 스웨덴의 SAAB-2000 등이다.

21세기의 AWACS는 지상발사 미사일의 발진을 사전탐지하고, 미사일의 비행항로를 추적하기 위하여 적외선 추적기, 레이더, 기타 센서 등을 사용하며, 위성통신체계와 컴퓨터 체계간을 상호 연결하여 육·해·공군에 조기경보하여 다가올 위협요소를 발진전이나 비행중에 파괴하도록 발전해 나갈 것이다.

최대속도	마하 0.8
임무고도	14km
항속시간	7-12h
레이더	AN/APY-2
경계범위	+550km

[그림 3-240] 미국 공군의E-3C AWACS

나. 전자교란기 및 대공제압기

전자교란기(EJ: Electronic Jammer)를 적 레이더의 전파를 교란함으로써 침투항공기에 대한 탐지를 불가능케 하는 소극적 방공제압기라고 한다면, 적의 레이더에서 방사되는 전파를 탐색 및 추적하여 파괴하는 적극적인 방공제압기를 대공제압(SEAD)기라고 부른다.

정보통신기술의 발달에 의하여 전자전장비와 대전자전 장비가 획기적으로 발전하게 되었으며, 이들이 항공기와 결합함으로써 전자전지가 더욱 빠른 속도로 발전할 수 있게 되었다.

2차대전 중 영국군이 웰링턴폭격기에 전파방해장비를 탑재하여 아프리카전역에서 독일군의 지휘통신망을 교란하는데 성공한 것을 기점으로, 월남전에서 구소련의 대공유도무기 위협에 대처하기 위하여 폭격기를 개조한 EB-66와 F-4 및 F-105를 개조한 Wild Weasel의 등장은 대공무기에 의한 항공기의 손실을 현저하게 감소시켰다.

첨단 전자무기가 총동원되었던 걸프전에서도 다국적군이 단기간에 실전경험이 풍부한 이라크군을 섬멸할 수 있었던 것도 개전초기부터 다국적군의 EA-6B, EC-130H, EF-111, F-4G 등의 EJ 및 SEAD기에 의해 이라크의 개동방어망이 와해되어 조직적이고 효과적인 반격을 할 수 없었기 때문이다.

EA-6B는 능동 및 수동 전자방해능력을 완전통합시킨 ALQ-99 전술전자방해 시스템과 UHF 통신전파 방해기, 다중대역 자체 방어 전자장비, 전술지휘 및 통제 대응장비 등을 갖추고 있다. 주 임무는 공격편대군과 함께 Escort Jamming을 하거나, 적의 대공무기 사거리 밖에서 선회대기비행하면서 공격편대군의 침투 및 이탈 회랑내의 적 레이더 활동을 방해하고 공격편대군의 피해를 방지하고 공격효율을 극대화할 수 있도록 하는 것이다. 또한 EA-6B는 AGM-88 HARM(High speed Anti-Radiation Missile)을 장착함으로써 SEAD임무를 부여받아KT고 또한 1998년 EF-111A의 퇴역으로 그 역할도 한층 더 증대되었다.

1990년 독일공군에 실전 배치되기 시작한 Tornado ECR은 전천후 주야간 전자정보수집능력, 적 지휘 및 관제 통신시스템 방해능력, 적외선 탐지 및 라인스캔능력, HARM 발사능력을 보유한 다기능 전자전기이다.

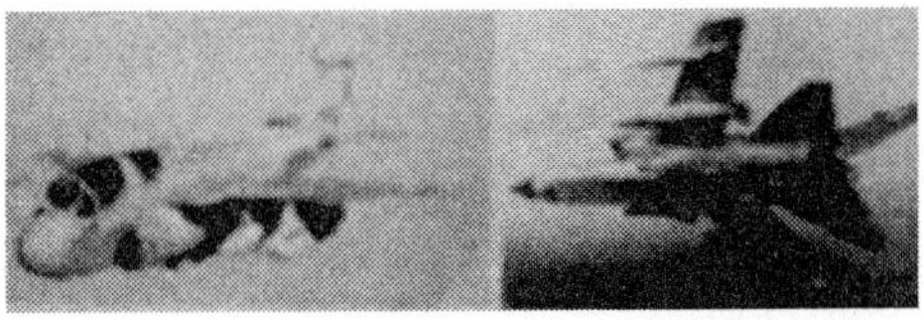

[그림 3-241] 미국의 EA-6B와 독일의 다기능 전자전기 Tornado ECR

EJ 및 SEAD기는 고도의 전자공학기술을 요구하고, 기술개발 및 체계개발시 막대한 비용과 시간 및 노력을 필요로 하므로, 전자전 전담기를 개발하기 보다는 기존 항공기를 기본 모델로 하여 성능개량을 하는 것에 주력하고 있다. 향후에도 여러 중진국의 수요를 고려하여 고가의 전자전기 보다는 성능이 다소 떨어지더라도 가격이 저렴하고 운용성이 좋은 전자전기의 개발이 전망된다.

7. 정찰기(偵察機)

항공정찰은 항공기가 전쟁무기로 사용되기 시작한 때부터 수행되어온 아주 고전적인 임무로, 무기체계가 발전하고 전쟁양상이 더욱 복잡해짐에 따라 항공정찰의 중요성이 더욱 증대되었는데, 여기에 전자광학기술의 발달은 정찰기의 발전에 새로운 활력을 불어넣었다.

정찰기는 운용목적에 따라 전선지역의 전술목표를 정찰하는 전술정찰기와, 국가의 전략목표를 정찰하는 전략정찰기로 구분할 수 있다. 전술정찰기는 Phantomrl를 개조한 RF-4, 러시아의 MIG-25RB등이 대표적이고, 전략정찰기는 미국의 U-2R과 러시아의 TU-22C 등이 대표적이다. 최근에 전술정찰기는 저가소형의 안전한 무인항공기로 대체되어 개발되는 추세이고, 전략정찰기는 첨단 전자광학장비 및 사진판독장비의 발달로 인해 첩보 및 정찰위성에 그 자리를 점점 내어주고 있는 실정이다.

그러나 정찰기는 아직도 그 중요성 때문에 탑재장비 중심으로 계속 보완 발전시켜나가고 있다. 합동전장감시 및 표적공격 레이더 체계인 E-8 J-STARS(Joint Surveillance and Target Attack Radar System)는 15km 이상의 고공에서 240km 떨어진 거리에 위치한 적의 고정 및 이동표적을 탐지, 추적가능한 지상작전지원의 핵심 C4I체계로 그 중요성을 더해가고 있고, 이는 E-3 AWACS가 공대공 C4I체계의 핵심인 것과 그 기능이 구별된다.

전자정찰장비의 발달은은 정찰기를 사진 정찰에서 신호정보(SIGINT: Signal Intelligence) 수집까지 확대시켜나가고 있다. SIGINT는 상대방 레이더의 능력과 특성을 파악하는 전자정보(ELINT: Electronic Intelligence)와 통신내용을 파악하는 통신정보(COMINT: Communication Intelligence) 수집 모두를 포함하는데, 앞으로 정찰기의 발전은 이들에 대한 수집능력을 강화시키는 방향으로 발전시켜 나갈 것이다.

[그림 3-242] 한국공군의 RF-4 정찰기

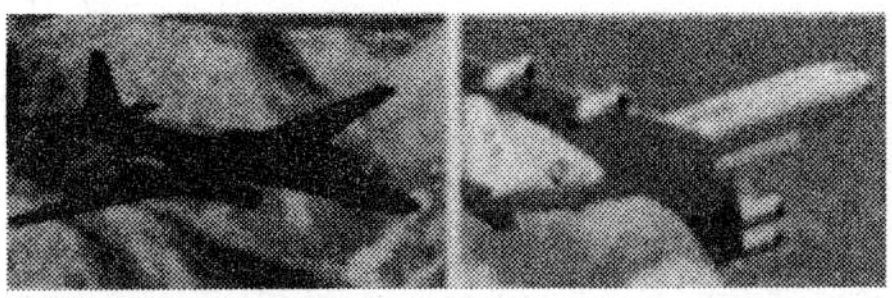

[그림 3-243] 미군의 U-2R (좌) 및 E-8 J-2STARS(우) 정찰기

〈표 3-25〉 U-2와 E-8 J-STARS 비교

구 분	U-2R	E-8E
기장(m)	19.20	46.61
기폭/고(m)	31.4/4.9	45.2/12.9
항속시간(h)	12	8
최대속도(마하)	0.8	0.8
최대운용고도	27km	18km
항속거리(km)	10,052	7,950
레이더 (탐지거리)	ASARS-Ⅱ 56(km)	AN/APY-3 240(km)
주요탑재장비	전자광학, 적외선장비, 고해상도 카메라,	전자광학, 적외선장비, 고해상도 카메라, 위성수신기

8. 기타 공군무기

기타 공군 무기체계로 공중급유기, 훈련기, 관측 및 통제기, 헬기 및 무인항공기가 있다. 헬기와 무인항공기는 각각 6장과 7장에서 다루고 있고, 관측 및 통제기는 KT-1 훈련기를 기본모델로 하여 개발할 계획이므로 KT-1 훈련기를 참조하고, 여기서는 공중급유기와 훈련기에 대해서만 소개하겠다.

가. 공중급유기

공중급유기(Tanker)는 각종 군용기의 항속거리를 연장시켜 작전행동반경을 증가시키는 역할을 한다. 전술폭격기도 공중급유를 통해 대양횡단이 가능하고, 전투기나 공격기도 공중급유를 통해 항속거리 신장 및 체공시간 연장으로 초계임무를 계속 수행할 수 있고, 공중전으로 연료를 다 소모하더라고 무장이 남아있는 경우 공중재급유를 통해 계속 작전을 수행할 수 있다. 공중급유는 또한 무장탑재량을 증가시킬 수 있어 최대무장탑재량만큼 탑재를 가능하게 하여 항모 탑재기의 경우 큰 혜택을 볼 수 있다.

공중급유 방법은 크게 Flying Boom과 Probe & Drogue의 두 방식으로 나눌 수 있는데, Flying Boom 방식은 급유기에서 긴 급유호스가 나와서 접근해 오는 수유기의 수유구에 Boom을 삽입하여 급유하는 방식으로 수유기에도 설계시부터 수유구를 설치해야하는 방식으로 미 공군에서만 사용하고 있다.

Probe & Drogue 방식은 급유기에서 나온 급유호스의 끝에 있는 삼각 플라스크 모양의 Drogue에 수유기에 기장착된 Probe 끝을 집어넣어 급유를 하는 방식으로, 항공기 제작 후에도 급유체계의 추가 설치가 가능하여 미국, 영국, 프랑스, 러시아, 이스라엘 등 여러 국가에서 사용하고 있다.

공중급유는 1930년 영국이 최초로 호스방식으로 운용한데 이어 미국이 1948년 B-29를 급유기로 개조하여 운용한 것을 시작으로, 현재는 KC-135와 같이 전용 급유기와 KC-10A와 같이 화물을 동시 적재하여 해외전개시 인원/물자 수송과 급유를 동시에 해결할 수 있는 혼합형도 있다. 기타 주요 공중급유기로는 러시아의 IL-78, 프랑스의 VC-10K3 등이 있다.

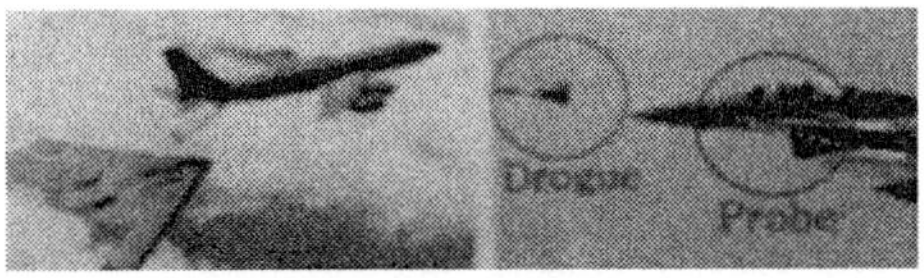

[그림 3-244] Flying Boom 방식의 공중급유기인 KC-135가 B-2 폭격기에 공중급유하는 모습(좌)과 또 다른 급유방식인 Probe & Drogue 모습(우)〉

〈표 3-26〉 KC-135와 KC-10공중급유기 비교

구 분	KC-135	KC-10
기장(m)	41.53	55.35
기폭(m)	39.88	50.39
기고(m)	11.68	17.71
최대이륙중량(톤)	146	268
최대연료탑재(톤)	92	139
최대적재화물(톤)	-	65
순항속도(마하)	0.9	0.9
실용상승고도(km)	12.2	-

나. 훈련기

조종사를 양성하고 조종사의 전기연마를 위해 조종훈련이 용이하고, 교육단계별 기종전환이 가능토록 설계된 항공기가 훈련기이다. 훈련기는 조종사를 양성해야 하는 고유의 특성 때문에, 조종이 어려워서는 곤란하고 너무 쉬워도 기량을 향상시킬 수 없어, 조종사가 전술기로의 전환을 어렵게 만든다. 따라서 훈련기는 교육목표를 달성할 수 있으면서 다음 훈련단계로 용이하게 나아갈 수 있고, 훈련기간을 단축시켜 최대의 경제효과를 얻는데 기여해야 한다.

초등 및 중등 비행교육과정에서는 비행적성훈련 및 기본비행훈련을 목표로 하므로, 속도가 빠르지 않고 경제적이며 안전한 저속프롭이나 터보프롭 항공기를 주로 사용하며, 고등과정에서는 공중사격, 공중전투 기동훈련을 위해 터보제트나 초음속 항공기를 사용하고 있다. 최근에는 지상모의 훈련장비의 발달로 초·중·고등훈련의 3단계에서 기본 및 고등훈련의 2단계 형태가 주류를 이루고 있다.

기본훈련의 대표적인 저속프롭 훈련기는 한국의 KT-1과 미국의 T-34C가 있고, 고등훈련과정의 초음속훈련기는 미국의 T-38, 프랑스/영국의 Jaguar, 일본의 T-2 등이 있다.

KT-1은 전술통제용으로의 운용을 위하여 저위협 지역에서의 근접지원항공기 유도통제, 저공저속에 의한 전장감시, 공중 통신중계 임무수행능력을 부가하였으며, 외부에도 무장장착이 가능하여 제한적인 근접항공지원 임무도 수행할 수 있도록 하였다.

장차 훈련기는 터보팬 엔진을 장착한 초음속 고등훈련기가 등장할 것인데, 이는 필요시 무장및 항공전자장비를 탑재하여 전술기로의 임무전환을 꾀할 수도 있다. 한국공군의 T-50 고등훈련기가 이러한 목적으로 개발되고 있는데, 이는 F-16, Rafale, F-22, JSF 등 세계 최고성능의 전투기 조종훈련을 위해서 설계된 훈련기로, 21세기 첨단의 훈련기 및 경공격기 개발을 목표로 하고 있다.

[그림 3-245] 한국공군의 기본훈련기인 KT-1(좌)과 고등훈련기-50(우)

〈표 3-27〉 KT-1 및 T-50 훈련기 비교

구 분	KT-1	T-50
기장(m)	8.0	13.14
기폭(m)	10.0	9.45
기고(m)	2.95	4.94
최대이륙중량(톤)	–	12.1
최대순항속도(마하)	0.4	1.4
항속거리(km)	925	1,850
자체중량(톤)	2.0	6.5
실용 상승고도(km)	9.0	14.8
기동성(G)	+6/–3	+8/–3
예상단가(억원)	59	240